人人要懂的Office文件設計美學

渡邊克之 著・許郁文 譯

■ 作者簡介

渡邊克之

科技專欄作家。曾於IT顧問公司、廣告代理商、出版社服務，於1996年開始獨立接案，在出版規劃、寫作方面擁有豐富的經驗，也活躍於企業採訪與行銷企劃領域。以Office軟體、Windows VBA為主題的工具書目前已經寫了五十本。於Sotech出版社出版的「簡單易懂」系列因為許多實例與圖解而廣受好評。最近於Sotech出版社出版的是《世界一やさしい プレゼン・資料作成の教科書 1 年生》(2020年)。證照與興趣是IT Passport、足球、歷史經濟小說。

《簡單易懂系列》

「伝わる」のはどっち？ プレゼン・資料が劇的に変わる デザインのルール(2019年)
「伝わる資料」PowerPoint 企画書デザイン(2018年)
「伝わるデザイン」Excel 資料作成術(2017年)
「伝わるデザイン」PowerPoint 資料作成術(2016年)
「伝わる資料」デザイン・テクニック(2015年)

前言

利用黃金規則將想法化為簡單易懂的資料

工作總少不了「製作資料」這個部分，許多人會為了各種用途製作簡報資料，例如「想製作說明為主、圖解為輔的資料」、「想放入照片，說明商品概念」、「想製作銷售資料記錄表與預測報告表」。

此時大部分的人會模仿前輩的版型，或是從雜誌或網路尋找靈感，抑或以自己的方法製作資料，但往往完成度與投注的勞力不成比例，也對自己很失望。大家應該都有過類似的經驗才對。

版面設計的優劣雖然與個人能力有關，但其實是有讓訊息更容易傳遞的呈現手法，也就是「如此配置，觀眾就能接受到這些資訊」的規則。

其中包含字型的選擇、段落的設定、顏色與圖形的安排、照片與圖表的效果。就算是相同的版面或設計路線，選用元素的標準、版面的設計，都會讓整份資料看起來變得不一樣。版面編排的重點在於了解每項素材扮演的角色，以及選用最適合傳遞訊息的技巧。

本書整理了一些 Office 應用程式適用的黃金法則，包含版面編排的基本知識以及製作簡單易懂的資料所需的設計技巧。所有範例都會利用〇、X、Good、Before、After 這類標題強調結果的差異，讓各位感受編排技巧的效果。

此外，Part 5 整理了許多實用的設計技巧範例。如果各位能瀏覽這些在修正錯誤之後，脫胎換骨的版面設計，應該就能從中找到一些立刻能派上用場的資訊。

每個人都想製作「方便閱讀」、「簡單易懂」、「整齊美觀」的資料。只要對設計多一點了解，你製作的資料就會變得「淺顯易懂」。

若各位能利用本書介紹的黃金法則製作報告與資料，那將是筆者無上的榮幸。但願本書真能在職場助各位一臂之力。

2021 年 8 月

著作謹誌

CONTENTS

製作簡單易懂的圖表

編排工整的表格

讓照片留下深刻的印象

1

從整理思緒開始

製作者的思路清晰，資料就會簡單易懂。要想正確傳遞資料裡的訊息，就從整理思緒開始吧！

1　什麼叫做說明？

Key word
▼
說明

要順利推動工作，就省不了簡報、以及用於報告或達成共識的資料。花了時間製作資料之後，應該都希望對方能仔細看，或是給出明確的評價。如果希望對方能照著我們的想法行動，就必須正確地進行**說明**。

讓對方照著我們的想法行動的說明

拼命說明，對方的反應也很冷淡的理由有可能是「要說明的內容沒說清楚」、「就算說清楚，說的方式也不足以讓對方採取行動」。

單方面的說明就只是「傳遞」資訊，所以必須在內容放入足以讓對方採取行動的強烈訊息。

當對方覺得「試試看好了」，才算是真的讓對方接受到訊息。

平常在說明事物的時候，必須注意三個步驟

❶ **說明與「傳遞」內容**

❷ **讓對方「聽懂」內容**

❸ **對方願意「採取行動」**

自顧自地說明資訊屬於「傳遞」，接著是讓對方「聽懂」說明的資訊，最後則是讓對方做出判斷與「採取行動」。

做生意的時候，必須讓對方採取行動才能締造想要的成果。在企劃案放入讓對方願意採取行動的強烈訊息，並且向對方「傳遞」這個訊息，對方才會主動「採取行動」。

若只是一味地強調自己的意見有多麼正確，或是利用一些花俏的表演引起對方共鳴，都不算是真正的「說明」。

在商場的「說明」就是「讓對方採取行動」的行為。

2 為了什麼製作資料？

Key word
▼
目的

說明就是讓對方採取行動的行為，所以製作簡報、說明會資料、演講稿的**目的**也是為了「讓對方採取行動」。為了讓對方「購買商品」或是「投資」，就必須準備一份能讓對方認同的資料。

設定目標、構思故事

製作資料的步驟
1
寫出目的
2
構思故事
3
導向終點

製作資料的第一步就是設定「最終希望對方採取何種行動」的終點。

在設定目標時，必須兼具「具體」、「明確」與「單行完成說明」這三個特徵。與終點有關的敘述越是具體，就越能在不知下一步該怎麼進行時，找出正確的方向。

決定目的這個「終點」之後，接著要構思一個將聽眾導向終點的故事。此時的重點在於描述現狀與理想，以及弭平兩者落差的內容。

現在遇到什麼問題，該做什麼才能解決問題的資訊屬於現況評估，而「最終可得到這個結果」的資訊屬於「理想」的部分。記得讓對方了解要實現這個理想，必須理解哪些事情以及要採取哪些行動。

上述的道理不僅能於企劃書或提案應用。只要懂得上述的道理，就算是只需說明事實的調查報告表，也能在對方徵求你的意見之際，立刻說明自己的想法。

將重點放在華麗的辭藻是無法達成目的。

3 為了誰製作資料？

Key word
▼
對象

釐清製作資料的目的之後，接著要釐清「目標對象」。如果沒先釐清說明或簡報的**目標對象**，論點有可能會離題或是產生矛盾，也沒什麼說服力。建議大家注意內容的寫法以及文體，將資料做成方便目標對象閱讀的格式。

製作適合目標對象閱讀的資料

如果是針對顧客的企劃案，對方的負責人或是負責人的上司就會是目標對象，這時候就必須根據對方的學識、個性、嗜好選擇「先從結論說起」或是「使用對方喜歡的重點色」。

如果是針對現場來賓的簡報，則可利用個案研究、未來展望與預測這類現場來賓能感同身受的資料引起對方的興趣。

如果是上司要求你做的提案資料，則可以省去背景與現狀的說明，直接撰寫核心部分。如果是專案的會議資料，則可在達成共識的情況下，利用照片、圖案、分析圖表討論主題。

此外，了解目標對象的評估標準也很重要，舉例來說，對方是想要開發新商品創意的人，想了解外國銷售管道的人、想了解投資性價比的人或是想改善業務流程的人。

目標對象的評估標準往往會隨著立場或現狀改變，所以當我們知道對方的評估標準，就必須根據對方的評估標準製作資料，提案才會比較容易通過，內容也會比較簡單易懂。

先製作摘要頁面、先寫出預算、先預測改善方案的效果、先製作參考資料。在外部進行簡報時，必須考慮決策者的個性、組織內部的情況或是對方的立場，才能做出讓目標對象點頭說好的資料。

知道資料的目標對象之後，就能做出適合自己與對方的資訊，也能讓對方快速了解內容。

4 是否是對方期待的內容？

Key word
▼
說服力

「我知道你在說什麼，但是…」、「所以你到底希望我怎麼做？」大家是否遇過這類情況？缺乏**說服力**的資料通常都不是對方期待的內容。請讓對方知道採取行動有什麼好處，提升資料的說服力。

製作滿足對方期待的資料

有圖解、有圖表、內容整理成條列式，看起來很容易閱讀。照片看起來也很漂亮，但實際一讀卻發現，整篇內容只有大道理，毫無深度可言。這種資料通常沒有能讓對方覺得「原來如此！」、「想試試看做〇〇〇」的訊息。

製作商業資料的目的在於讓對方採取行動，而要讓對方根據你想要的結果採取行動，資料就必須具有

創造讓對方願意採取行動的理由，置入適當的訊息，讓對方認同

的特質。

對方對你通常沒什麼興趣，所以千萬別天真地以為「只要好好說明，對方就會理解」。

此外，在進行簡報時，外部的噪音、個人的待辦事項、空調、天氣都會讓對方對你的簡報沒那麼有興趣。

要讓難纏的對手願意回頭看著你，就要創造讓對方願意採取行動的理由，讓對方「想聽你的說明」、「想了解內容」、「想試著採取行動」，而不是一直大聲地說明你想要說的事情。

● 傳遞具有說明力的訊息

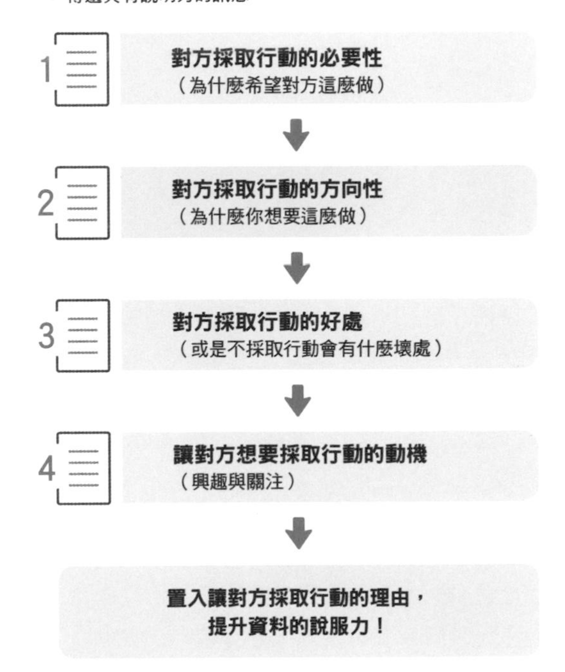

1
對方採取行動的必要性
（為什麼希望對方這麼做）
2
對方採取行動的方向性
（為什麼你想要這麼做）
3
對方採取行動的好處
（或是不採取行動會有什麼壞處）
4
讓對方想要採取行動的動機
（興趣與關注）
置入讓對方採取行動的理由，
提升資料的說服力！

5 如何製作簡單易懂的資料？

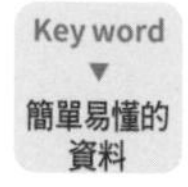

在做生意的時候，必須迅速理解內容、評估內容以及採取下一個行動，所以不會想花太多時間或精力了解資料的內容。此時需要的是只憑編排就能讓人了解內容的資料。也就是所謂的「**簡單易懂的資料**」。

利用圖解說明

所謂的「簡單易懂的資料」指的是不執著於文字的資料。不管辭藻有多麼華麗，只要不夠直接了當，讀者就有可能「放棄閱讀」。雖然可將內容編排成條列式，或是縮短句子，比起閱讀文字，圖解或是圖表還是比較直覺。

總括來說，照片、圖表、圖解這類視覺設計比文字更容易理解，也更容易留下印象，也更有效率。使用這類資訊元素，就能編排出讓人一眼就看懂的版面(投影片)。

所以我建議各位大膽地使用圖解。圖解能透過視覺感受具有邏輯的資訊，所以能快速吸收與留下印象。比起文字，圖解更容易讓讀者想像，也能了解更多資訊。

一眼就能看懂的資料，是非常符合性價比的商業資料。要補充的資訊，就透過會話或是肢體動作補充。

此外，圖解也能讓製作資料的人釐清想法與發現論點的矛盾，因為在製作圖解的時候，會不斷翻新自己的想法。

商業資料必須在短時間裡介紹內容，以及讓對方明白遠景。圖解則是製作「簡單易懂的資料」的最佳工具。

6 設計資訊

Key word
▼
設計

所謂的**設計**就是整理資訊，製作正確且簡單易懂的視覺效果。設計的任務在於將訊息傳遞給對方，讓對方願意根據我們的目的採取行動。比起花俏的效果，商業資料的設計更需要以簡單易懂為第一優先。

簡單易懂的設計

在版面配置文章、圖案這類資訊元素的過程稱為版面編排。版面編排包含選擺與配置資訊元素，調整資訊元素的大小、強弱、位置、距離或是顏色，賦予資訊元素各種意義。

此外，包含圖解或是其他視覺效果的版面編排能讓人印象深刻。雖然文字得花一點時間閱讀才能理解，但比較正確與明確。

就算內容相同、方向性相同，使用不同的元素與版面，就能以完全不同的方向呈現內容。版面編排的重點在於了解每個資訊元素的任務，選擇最適合傳遞訊息的技巧，以及正確地使用這些技巧。

商業資料最重要的是「簡單易懂」。
不要被看起來很酷的設計迷惑了。

該在什麼時候使用哪些技巧？這件事無法在一朝一夕之內學會，但大家也不用太過悲觀。因為商場常見的版面設計幾乎都是「看起來平凡無奇」卻能傳達製作者意思的版面。

製作商業資料的重點在於「簡單易懂地傳遞訊息」而不是專業級的設計技巧，能否透過設計告訴對方「我想說的是這個」才是關鍵。

7 盡量保持簡單

設計是個人技巧決定優劣的大型作業。如果能做出美侖美奐的設計當然很好，但過度執著於外觀的美麗或資訊量，往往會疏忽製作資料的目的。建議大家拒絕這些誘惑，把資料做得越**簡單**越好，因為排除冗物，想傳遞的資訊就自然變得明確。

資料要力求簡單

文字的辨識性與易讀性越高，版面編排就顯得越整齊俐落，因為在編排過程中，已經篩選出必要的資訊。

如果已經知道想傳遞的資訊，不妨讓版面編排簡單一點。大部分的人都喜歡精簡的資訊。

能讓人一讀就懂的資料一定是文字與圖版配置在正確的位置，文字的內容與格式也都非常一致的資料。換句話說，資料之中的資訊已經過整理。

比起冗長的句子，條列式的內容更容易閱讀。比起羅列一堆數值，圖表更方便說明數值。比起完美的文章，照片與圖解更容易讓讀者理解。當版面的資訊越來越少，邏輯也就越來越清楚。如果能完成這種版面設計，誰都能一眼讀懂資料。

要完成這種設計就必須不斷地留下或淘汰資料。能精選資訊，剔除多餘脂肪的方法就是「簡單」的呈現方式。總括來說，簡單易懂的資料就是編排簡單的資料。

大部分的人都喜歡文字較少的資料，所以在製作資料的時候，別為了讓自己安心而放入資料，而是要勇敢地剔除多餘的資料。

8 使用三個規則

商業資料的版面編排其實就是利用最佳的方法呈現資料，以便達到目的的過程。「想要傳遞的資料是什麼？」、「最適合用於傳遞資料的技巧又是什麼？」依照這三個規則編排，就越能作出簡單易懂的資料。

遵守三個基本規則

雖然設計技巧越高明，資料的易讀性就越高，但其實設計是有共通的基本規則的。本書的 Part 2 將為大家介紹三個基本規則，幫助大家設計簡單易懂的版面。

規則 1 讓外觀變得「簡單」

規則 2 讓人一眼看到「整體」

規則 3 適度地「視覺化」

這三項規則可於製作企劃書、提案資料以及大部分的商業資料時應用。請依照這三項規則，設計頁面、故事以及文章、圖版、配色這類細節。

力求簡單、注意整體平衡、視覺化。依照這三個規則編排版面，就能清楚而直接了當地傳遞訊息。

Part 4，會透過各種例子介紹不同的技巧。希望大家都能在製作商業資料的時候使用這些技巧。

版面編排必須滿足傳遞資訊這個目的，如果能讓對方接受到訊息，這個版面編排就算是成功的。

根據三項規則思考設計

在製作資料的時候，必須採用最能傳遞訊息的設計。要編排成條列式嗎？要利用照片說明事實嗎？該強調哪個部分？都是製作資料的人必須決定的事，但不管是什麼情況，都請依照這三項規則製作。

冗長的版面會讓訊息被埋沒，簡單的版面能讓讀者一眼看到所有訊息，而視覺化的版面則可清楚呈現資料的走向。只有設計成這類版面才能受到讀者歡迎。

✕ 文字密密麻麻的資料會讓人失去閱讀的意願。讓讀者「不想讀」就代表「讀者不會了解內容」也代表「簡報失敗」。

永不懈怠的治水策略

日本の夏は、年々猛暑化する傾向にあります。頻繁に上陸する台風や猛烈な雨は、工場・倉庫への浸水、商品破損や電気設備の故障だけでなく、原材料の流出などで周辺地域へ被害をもたらし、強いては企業の社会的責任が問われます。従業員を守り、地域社会の安心を確保するには、「水害対策準備室」を立ち上げてリスクに対処する必要があります。スピーディーな対策と実行が、企業活動を持続可能にする最適な方法です。

(1)
気象庁の統計によれば、全国の1時間降水量50mm以上の年間発生回数は増加しています。最近10年間の平均年間発生回数は、最初の10年間と比べて約1.5倍に上ります。つまり、いつ風水害が起こってもおかしくないわけです。「突然」であたふたしているようでは、正確な判断と行動を望むべくもありません。平時からさまざまな事前準備を進めておく必要があります。
メーカーである当社の場合、工場・倉庫は生産ラインが稼働・持続する生命線です。当該施設において、その被害発生の危険性を回避・低減するため、必要な措置の検討と計画策定を行うことを優先すべきです。併せて、社員の安全も考えて、必要な教育・訓練なども行う必要があります。

(2)
風水害の対策を計画策定するために、「水害対策準備室」の立ち上げを行います。ここで必要な措置の検討と計画策定を行います。人員の構成は、工場から5名、本社から3名の合計8名体制でスタートし、室長は工場長が兼務します（別紙参照）。定期会議は週1回、工場内の会議室を使いますが、リモート会議やWeb研修にも率先して対応します。
「水害対策準備室」では、まず必要な措置の検討と計画策定を行います。ここには従業員の教育・訓練も含まれます。行政が発表しているハザードマップをベースに、当社の経験を加味した現実的ですぐに実行できる対策を作成していきます。

(3)
喫緊の課題は、台風シーズンに向けた工場・倉庫の止水対策です。工場の社員が対応してきた付け焼刃の対策をやめ、「水害対策準備室」で対策グッズを用意・指示するのが最良です。少しでも被害を軽減するため、以下の3つの水害対策品を用意しておきます。
1つ目は、土のうです。土のう袋はホームセンターですぐに買えますが、一定量を備蓄しておくべきです。工場と倉庫の構造上、300袋程度が適当です。2つ目は、土にかわりに水を入れる「水のう」です。水のうは注水だけでその場に"低い壁"が出来上がります。3つ目は、止水版です。出入り口や搬入口にサッとおけるのが最大のメリットです。

(4)
水害は、浸水で機械や設備までダメにしてしまいます。事業の稼働・継続に必要な機器や書類は、高層階に設置するのがよいでしょう。また、保険に加入しておくことも欠かせません。保険に加入しておけば、事業復旧にかかるコストを減らすことができるため安心です。「水害対策準備室」では、長期視点の水害対策が求められます。

永不懈怠的治水策略

創立「治水對策小組」、保護員工與在地社群

■平時から事前準備を

1. 大雨の発生回数は、最近の10年で1.5倍※になる。
2. 平時からさまざまな事前準備が不可欠。
3. 災害時の生産ラインの危険性の回避の計画策定が必要。
4. 社員の安全も考えて、必要な教育・訓練が求められる。

※2011～2020年÷1976～1985年

■「水害対策準備室」の立ち上げ

1. 「水害対策準備室」を立ち上げる。
2. ここで風水害に必要な措置の検討と計画策定を行う。
3. 人員体制は8名（工場5名、本社3名、室長は工場長が兼
4. 定期会議は週1回で開催する。
5. リモート会議やWeb研修にも率先して対応する。

■まずは止水対策から

1. 喫緊の課題は工場・倉庫の止水対策。
2. 「水害対策準備室」で対策グッズを用意・指示する。
3. 水害対策品「土のう」の用意。
4. 水害対策品「水のう」の用意。
5. 水害対策品「止水版」の用意。

■長期視点の水害対策を

1. 生産機器や事務書類は、高層階に設置する。
2. 風水害の災害保険に加入しておく。
3. スピーディーに対策と実行をする。
4. 長期視点で水害対策を考える。

〇 以條列式資料為主軸的簡單版面。由於文字很簡潔，所以讀者能一下子讀出重點。

永不懈怠的治水策略

「治水對策小組」的配置與營運

1. 平時から事前準備を

大雨の発生回数

約1.5倍

2,260回 → 3,344回

1976～1985年　2011～2020年

施設の被害発生の危険性を
↓
必要な措置の検討と計画策

社員の安全確保を考慮
↓
必要な教育・訓練を実施

2. 「水害対策準備室」の立ち上げ

風水害の対策を計画策定するために、「水害対策準備室」の立ち上げを行う。ここで必要な措置の検討と計画策定を行う。
ここには従業員の教育・訓練も含まれる。行政が発表しているハザードマップをベースに、当社の経験を加味した現実的ですぐに実行できる対策を作成する。

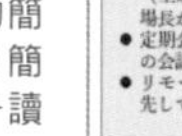

- 人員は当面8名体制でスタート（工場5名、本社3名、室長は工場長が兼務）。
- 定期会議は週1回の開催（工場内の会議室を使用）。
- リモート会議、Web研修にも率先して対応する。

3. まずは止水対策から

- 喫緊の課題は工場・倉庫
対策。
- 「水害対策準備室」で対
ズを用意・指示する。
- 水害対策品「土のう」の用
- 水害対策品「水のう」の用
- 水害対策品「止水版」の用

4. 長期視点の水害対策を

- 生産機器や事務書類は、
に設置する。
- 風水害の災害保険に加入
き、事業復旧のコストを
- スピーディーに対策し、
移していく。
- 長期視点で水害対策を考

〇 利用箭頭創造動線，以及透過邏輯說明內容。讀者會覺得能一下子掌握整體的內容。

標題：永不懈怠的治水策略

日本の夏は、年々猛暑化する傾向にあります。頻繁に上陸する台風や猛烈な雨は、工場・倉庫への浸水、商品破損や電気設備の故障だけでなく、原材料の流出などで周辺地域へ被害をもたらし、強いては企業の社会的責任が問われます。従業員を守り、地域社会の安心を確保するには、「水害対策準備室」を立ち上げてリスクに対処する必要があります。スピーディーな対策と実行が、企業活動を持続可能にする最適な方法です。

1 平時から事前準備を

気象庁の統計によれば、全国の1時間降水量50mm以上の年間発生回数は増加しています。最近10年間の平均年間発生回数は、最初の10年間と比べて約1.5倍に上ります。つまり、いつ風水害が起こってもおかしくないわけです。「突然」であたふたしているようでは、正確な判断と行動を望むべくもありません。平時からさまざまな事前準備を進めておく必要があります。
メーカーである当社の場合、工場・倉庫は生産ラインが稼働・持続する生命線です。当該施設において、その被害発生の危険性を回避・低減するため、必要な措置の検討と計画策定を行うことを優先すべきです。併せて、社員の安全も考えて、必要な教育・訓練なども行う必要があります。

2 「水害対策準備室」の立ち上げ

風水害の対策を計画策定するために、「水害対策準備室」の立ち上げを行います。ここで必要な措置の検討と計画策定を行います。人員の構成は、工場から5名、本社から3名の合計8名体制でスタートし、室長は工場長が兼務します（別紙参照）。定期会議は週1回、工場内の会議室を使いますが、リモート会議とWeb研修にも率先して対応します。
「水害対策準備室」では、まず必要な措置の検討と計画策定を行います。ここには従業員の教育・訓練も含まれます。行政が発表しているハザードマップをベースに、当社の経験を加味した現実的ですぐに実行できる対策を作成していきます。

3 まずは止水対策から

喫緊の課題は、台風シーズンに向けた工場・倉庫の止水対策です。工場の社員が対応してきた付け焼刃の対策をやめ、「水害対策準備室」で対策グッズを用意・指示するのが最良です。少しでも被害を軽減するため、以下の3つの水害対策品を用意しておきます。
1つ目は、土のうです。土のう袋はホームセンターですぐに買えますが、一定量を備蓄しておくべきです。工場と倉庫の構造上、300袋程度が適当です。2つ目は、土にかわりに水を入れる「水のう」です。水のうは注水だけでその場に"低い壁"が出来上がります。3つ目は、止水版です。出入り口や搬入口にサッとおけるのが最大のメリットです。

品名	数量	単価	金額
土のう	300	700	210,000
水のう	300	900	270,000
止水版	50	10,000	500,000
予備		一式	220,000
合計			1,200,000

4 長期視点の水害対策を

水害は、浸水で機械や設備までダメにしてしまいます。事業の稼働・継続に必要な機器や書類は、高層階に設置するのがよいでしょう。また、保険に加入しておくことも欠かせません。保険に加入しておけば、事業復旧にかかるコストを減らすことができるため安心です。「水害対策準備室」では、長期視点の水害対策が求められます。

〇 這是文字很多，但編排非常仔細的版面。置入圖表、表格、照片這三個視覺元素，內容就變得更簡單易懂了。

2

掌握基本規則，
製作簡單易懂的資料

版面編排就是整理資訊，以及使用簡單明瞭的視覺設計。為了正確傳遞訊息，就要先了解版面編排的基本規則。

9　編排版面與投影片

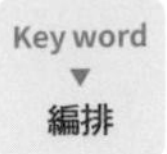

當資訊經過整理，就會變得更容易閱讀與簡潔。正確的**編排**可讓資訊變得更有秩序，閱讀動線更加清楚，資訊也更容易傳遞。在進行賦予資料各種意義的編排之前，必須先思考誰是受眾。

需要設計的理由

要向他人說明某些事物時，必須好好整理資訊，這也是正確傳遞資訊的最佳方式。

所謂的**設計**就是整理資訊，以及透過視覺效果讓資訊正確地傳遞，也變得更加簡單易懂。傳遞訊息，讓對方願意照著你的想法行動，就是設計的功能。

要有效地傳遞資訊，就必須澈底了解資訊的受眾，舉例來說，了解受眾的性別、年齡層、出生地區、興趣，我們也必須根據不同的目標族群選擇傳遞資訊的方法。

此外，在視覺化資訊的時候，可挑選受眾喜歡的顏色、情景以及呈現方式，讓設計完成應有的功能。

是要營造柔和的印象，還是強調正確的資訊，還是要一邊對話，一邊隨性地進行簡報？不同的目的都有適合的呈現方式。

了解設計的功能，依照受眾選用最適當的呈現方式，就越能做出簡單易懂的資訊。

● 依照受眾選擇呈現方式非常重要（例）

適合男性的呈現方式
↳ 陽剛味十足的字型、像電影海報般的插畫

適合女性的呈現方式
↳ 柔和的字型、質感優雅的照片

適合年輕族群的呈現方式
↳ 隨性、活潑、熱鬧

適合銀髮族的呈現方式
↳ 內斂、優雅、沉著的氣氛

● 設計的功能在於傳遞資訊，讓受眾願意採取行動。

傳遞資訊的人

↓ 傳遞資訊

舉例來說
❶ 企劃書：了解創意
❷ 報告表：認同報告的內容
❸ 商品宣傳：了解商品名稱
❹ 活動說明：了解活動

資訊的受眾

↓ 採取行動

❶ 願意採用與執行
❷ 願意改善與推動
❸ 認同與購買
❹ 來到會場與參與活動

傳遞資訊的目的

配置資訊元素的編排方式

在製作商業資料時，少不了**編排**這項作業。所謂的編排就是在版面或投影片配置資訊元素（版面設計）的意思。

常於商業資料使用的資訊元素通常是文字、圖解、表格、圖表、插畫、照片，而進行編排時，會先從選擇這些資訊元素開始，之後再調整這些資訊元素的大小、強弱、位置、距離與顏色。

由於配置資訊元素的方法可賦予這些元素意義，所以要依照目的編排這些資訊元素。在編排版面的時候，必須以最佳方式呈現內容與傳遞訊息，才能達成目的。

簡單易懂地傳遞訊息

在構思版面時，會遇而「缺乏視覺素材」、「只能使用文字」、「想讓效果最優先」這類限制或要求，而就這點來看，版面編排的創意可說是無限的。

不管是哪種編排方式，重點都是清楚地傳遞**訊息**，也就是兼顧右側的重點，正確地傳遞想傳遞的訊息。

不論採用何種編排，都一定要確定「想讓對方知道什麼訊息」這點。千萬不要漫無目的地使用照片或插圖，而是要根據想傳遞給受眾的目的，選出最適當的資訊元素，再將這些資訊元素放入版面。

● 根據資訊的受眾設計版面

（例）

如果是開發新保險商品的企劃

讓人感到安心與誠實的版面

如果是適合成年人造訪的祕密餐廳的企劃

讓人抱有期待的特別版面

如果是新型智慧型手機的提案

讓人覺得很開心、很有活力的版面

如果是新書導覽的活動

利用卡通人物插畫吸引目光的版面

● 編排重點

方便瀏覽

方便瀏覽的版面可一眼看出主張。可試著使用留白（White Space）讓版面變得簡潔，或是利用分割線誘導視線，也可以利用配色營造氣氛。

讓受眾覺得版面很漂亮

不要塞太多資訊，不要過度設計，營造讓人想「讀看看」的感覺。讓資訊井然有序，以及使用符合目的的結構或配色，就能讓受眾覺得版面很漂亮。

營造張力

替資訊排出優先順位，才能透過有限的版面與時間，讓資訊更有張力。「利用照片大膽地傳遞資訊」、「利用文案吸引受眾的注意力」、「將相同種類的資訊整理成表格」，只要確定那些資料要更加簡潔，哪些資料需要強調，就能賦予內容張力。

10 了解版面編排的元素

Key word
▼
資訊元素

版面編排所需的資訊元素大致可分成**文章（文字）**與**圖版**這兩種。用意在於提供他人閱讀的文章能正確地傳遞資訊，而圖版則可以營造意境。能確實傳遞訊息的版面就是能將藏在訊息之中的意圖傳進受眾心中的版面。

適當地使用文章與圖版

文字最能夠正確地傳遞資訊。標題、引言、小標、內文，依照這些文字的功能設定強弱或優先順序，資訊就會變得井然有序，受眾也更容易閱讀。字型的種類、文字的大小、字距、行距、段落設定都能控制文字給人的印象。

不過，有些資訊無法透過文章傳遞，此時可利用圖版讓這些資訊視覺化。舉例來說，比起「遼闊的沙灘」這幾個字，藍天與白色沙灘的照片更能直覺地讓受眾感受到意境。思考怎麼做，才能最有效地傳遞內容，再選擇圖解（圖案、圖形）、表格、圖表、照片、插畫這類資訊元素。

● 同時有文章與圖版的資料範例

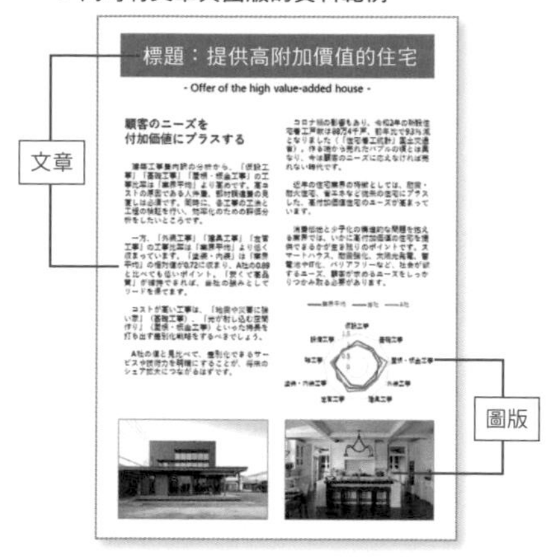

讓元素的選擇與配置具有意義

假設你正準備撰寫一份日式餐廳的計畫書。

此時，可以將「和風」二字大大地放在版面中，激發「受眾的想像力」，或是利用「寂靜的庭園照片」營造氛圍，也能利用「竹林、日式紙傘、和服」這類插圖傳遞概念。

此外，如果要以文字突顯日式風格，可以在標題或是引言使用「和風」這個字眼。

在選擇做為主角或配角的資訊元素時，必須依照不同的主題與受眾挑選。讓元素的選擇與配置具有意義，再從眾多排版技巧之中，挑出最能具體傳遞訊息的種類，才能讓受眾接受到正確的訊息。

● 資訊元素在不同的版面有不同的使用方法（呈現方式）

	資訊元素	功能與使用方法
文章（文字）	標題	故事開頭最重要的部分。要讓這個部分更顯眼、更令人印象深刻。
	引言	在短時間內誘發受眾興趣的部分。需要讓內容更加簡約，將受眾誘導至內文。
	小標	一般來說，每個段落都會有一個小標。要讓小標具有摘要或文案的功能。
	內文	用於說明的文章。必須以易讀性為最優先。
	圖說	說明圖案的補充資訊。比內文的版面還小。
圖版	圖解	透過圖案說明，呈現要表達的內容。
	表格	排列資訊，讓資訊變得簡單扼要。框線的有無會改變表格的感覺。
	圖表	讓數值視覺化，說明數量或相關性。不同的圖表可呈現不同的內容。
	照片、插畫	透過照片呈現實際的物品或事實，或是透過插畫呈現意境。

使用資訊元素的重點

到底該怎麼編排版面？版面編排的主旨在於「要以何種方式向誰傳遞什麼內容」，所以，製作者可隨自己的想法編排，版面編排也沒有正確答案。

不過，「該怎麼編排才能正確地傳遞資訊？」、「該怎麼編排才能令人印象深刻？」就有非常有效、有用的方案。

舉例來說，要以圖解代替文章時，依照規則決定圖案的大小、位置、方向、形狀、顏色、線條粗細，就能讓圖解變得非常簡單易懂。

下面是使用資訊元素之際的基本重點，大家可參考這些重點，打造近似理想的版面。

主旨清晰的版面能讓受眾了解主旨。
資訊越簡潔，越能讓人印象深刻。

● 編排資訊元素的思維與方法（例）

資訊元素	建立資訊元素的思維	具體的編排方式
文章	①試著將冗長的內文整理成條列式 ②加上標題或小標 ③使用相同的文體（書面體／口語） ④將文字當成文案使用	①決定內文的字型與大小 ②字型的種類最多不超過2～3種 ③替標題、內文、圖說設定相同的字型 ④統一段落符號與縮排的設定
圖解	①使用方形、箭頭這類基本圖形 ②以各種圖形進行說明 ③與其他資訊元素搭配 ④以同一套規則製作圖形	①突顯組合圖形的意義 ②根據資訊的動線以及讀者的視線再進行編排 ③利用圖形的大小、框線的粗細、相關位置設定強弱與優先順序 ④利用顏色優化外觀
表格	①項目太多時，就整理成表格 ②要說明的數字太多時，就整理成表格	①盡可能不要使用垂直框線 ②替標題列以及相鄰的列設定不同的顏色，增加表格的重點 ③項目太多時，可試著調整框線的種類
圖表	①依照訊息的種類選擇最適當的圖表 ②為了提升視覺效果將資訊整理成圖表 ③為了強調數值的落差將數值整理成圖表	①圖表資料不需要太過精密 ②適度地設計外觀，強調圖表元素的存在感 ③一頁不要超過兩個圖表 ④如果要簡單地強調資訊，就改用圖形呈現
照片、插畫	①想營造意境時，就插入照片與插畫 ②照片與插畫會限制受眾的想像力，所以要注意使用方式 ③不漫無目的地使用	①設定成適當的大小 ②利用裁剪的方式改變照片與插畫的印象 ③使用數位相機自行拍攝 ④從網路下載

11 注意版面率與圖版率

編排就是**版面**設計，即決定文章與圖版要各佔多少面積的作業。一般來說，都會先設定版面，再將要傳遞的資訊元素配置在版面。周邊的留白多寡也會改變版面的印象。

利用版面率調整印象

除了配置章節標題的**柱（標題空間）**、代表頁數的**頁碼**、以及常於字典看到的**索引**，配置文章與圖版的位置就是版面。版面的留白（邊界）越廣，版面就越窄，而版面佔整個頁面的比例就稱為**版面率**，頁面給人的印象也取決於版面率。

版面率越低的版面編排意味著周圍的留白較寬，也給人較為沉著的感覺，此時頁面的資訊比較少、文章的分量也比較少，比較能降低閱讀者的心理負擔。

版面率較高的版面編排則因為塞了比較多的資訊，所以給人熱鬧與活潑的印象。如果要使用圖版，通常會讓圖版大一點，此時頁面會變得比較有動感，但文字一多，整個版面會變得很緊湊。這種版面比較適合重視意境的簡報資料。

版面的位置也會讓人有不同的印象。舉例來說，位於下方給人比較穩定的印象，位於上方則能營造輕快、俐落的印象。由此可知，版面率是決定頁面個性的重要元素。

● 版面率較低的編排方式。
字數較少，比較容易閱讀

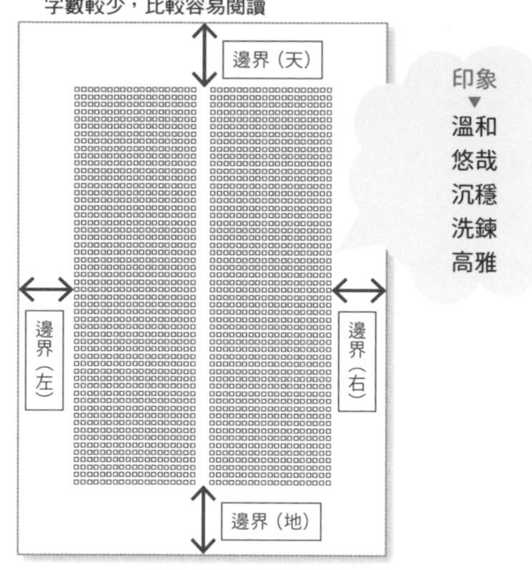

● 版面率較高的編排方式。
資訊較多，元素的密度較為緊湊

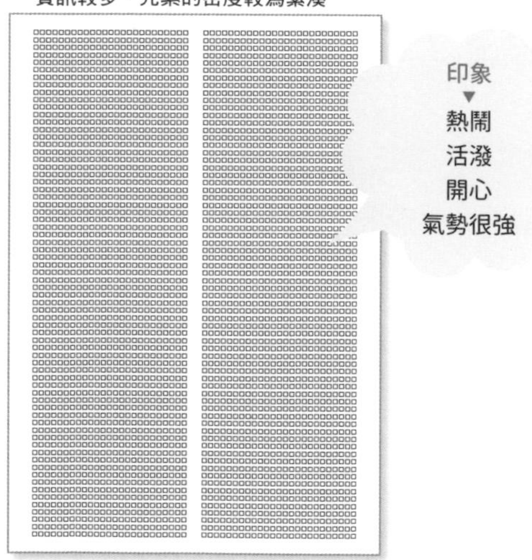

圖版率越高，越直覺

頁面的質感不是只由版面率決定。版面率再低，只要照片這類圖版的比例太高，視覺效果就會很強烈，也帶有主動出擊的感覺。反之，版面率再高，圖版的比例若是太低，就會給人沉靜、高雅的感覺。這種圖版佔整體頁面的比例稱為**圖版率**。

圖版率較低的版面就屬小說，如果沒有插畫的話，圖版率等於零。圖版率越低，越重視閱讀，也越給人艱澀的印象。

反觀時尚雜誌、繪本、圖鑑就是圖版率較高的版面編排。圖版率越高，就越能直覺感受內容，所以越適合以意象為訴求的版面。

此外，週刊雜誌、資訊雜誌是屬於文字與圖版幾乎比例相等的版面，也是利用文字資訊與圖版引導讀者視線的版面。

此外，圖版率較低的版面通常會調整文字大小、行距與標題，好讓讀者能輕鬆地閱讀。如果文字實在太過密密麻麻，可試著放寬邊界，調降版面率，就能讓版面看起來不那麼雜亂。

由此可知，版面率與圖版率可決定版面編排的方向，若能在適當的時間點使用基本技巧，就能做出更簡單易懂的資料。

● 圖版率較低的版面編排，仔細閱讀就能了解資訊。

由敏感的情緒編織而成的世界觀非常美麗
『Ghost、Beat、Portable3rd』

「ゴースト・ビート・ポータブル3rd」は、ダブルミリオンセラーを達成した前作の拡張版です。驚異のヒットを記録した前作の世界観をそのままに、初めてプレイする人にも十分楽しめるように難易度を下げた一方で、細部にこだわって、より微細により親切に仕様を見直したゲームソフトです。2013年末に発売以来、子供も大人も楽しめる作品として、前作以上の高い評価をいただいています。

「ゴースト・ビート・ポータブル3rd」では、本体とソフトを持ち寄ってその場でマルチプレイが行えるようになりました。契約や認証などは一切必要なく、簡単にマルチプレイできるシンプルさと期待感が多くのユーザーを獲得し始めています。2014年に入ってからは口コミが一気に広がり、プレイヤーの数が急上昇しています。前作を大きく上回る販売本数を達成できそうです。ゲームを批評するWebサイトや各種のゲーム雑誌でも、「ゴースト・ビート・ポータブル3rd」は高い評価をいただいております。「細部の作り込みに好印象」「キャラクターに人間味あり」「戦闘環境と生活環境の二面性が楽しい」といった意見が寄せられています。プレイヤーの感情移入を第一に考えた設計が多くのファンから賛同を得ています。

人間界とはまったく異なる生態系を持つゴーストが住む世界。そこで強大なゴーストを倒すバスター（討伐者）として生活する壮大なアクションゲーム、それが「ゴースト・ビート・ポータブル3rd」です。バスター自身はレベルアップせずに、倒したゴーストから得たさまざまな武器や技術を使うことで強くなっていきます。また、ある種のゴーストのみ、味方に引き入れることができます。どんなに強く体力のあるバスターでも、一瞬の気の緩みが死に直結しますので、緊張感やワクワク感も十分です。

ゴーストを退治した任務完了後は、お金と報酬品としてのアイテムが支給されます。比較的倒しやすいゴーストから対決を開始し、ある程度アイテムを揃えてから強いゴーストに立ち向かいましょう。ゴーストにはいたずらだけをするちょっかい系、騒々しい絶叫系、そして獰猛な肉食系と、さまざまな種類が生息しています。正攻法だけで勝つことができない場合は、手元のアイテムを巧みに使いこなしてゴーストを討伐してください。

本作から最大4人でプレイすることができるようになりました。もちろん3人でも2人でも、1人でもOKです。前作のフィールドとの連動も可能ですから、キャラクターの生活環境を変えてプレイできる楽しみが加わりました。国内出荷ダブルミリオンを達成した前作は、爆発的な人気を博しましたが、本作も前作同様に、発売当日から全国の量販店で長蛇の列ができ、発売第1週で出荷90万本に到達していました。

これは、業界の垣根を超えたさまざまな販促活動の実施や、スピンオフ作品、TVアニメ、モバイルゲームなどを通じて新規顧客層にアプローチしたことが要因に挙げられます。

公式、非公式を問わないケータイサイトのファンクラブをバックアップするなど、きめ細やかで持続的な情報発信により幅広い層に認知、告知が浸透していった結果だと考えています。

今年もまた、さらなるユーザー層の拡大を目指して、温泉郷の旅館と連携したコラボ企画や都内遊園施設で大規模なイベントを開催したり、各製菓会社との連動プロモーションを企画しています。さらに夏には、全国8地区で「ゴースト・ビート・フェスタ」の開催を予定しています。

● 圖版率較高的版面編排，比起只有文字的版面更能直覺感受資訊。

12 改造不易閱讀的版面

Key word ▼ 規則

總括來說，那些讓人看都不想看的版面都有「就是讓人覺得很難閱讀」的感覺。會這樣通常是因為「內容排得亂七八糟」。沒有半點整體性的版面通常無法清楚說明論點，所以建立配置資訊元素的規則才這麼重要。

對齊元素，營造穩定與整齊的感覺

版面是由各種資訊元素組成，而這些資訊元素的形狀都不一致，所以若不事先規劃配置的方法，看起來就會很不整齊，也讓人覺得這些資訊不怎麼可信。

依照規則配置各項元素除了能讓版面變得整齊，還能營造**安定感**，這也是製作簡單易懂的資料必須遵守的原則。

舉例來說，「讓標題與內文的開頭一致」、「讓彼此分離的項目名垂直對齊」、「讓圖解的主要關鍵字位於水平中央」，只要花一點時間在對齊元素上面，頁面就會變得很**穩定**，讀者也會覺得很**整齊**。就算只是對齊那些意義不大的元素，也能讓版面的質感更上一層樓。

建立規則，避免亂七八糟

讓人覺得「看起來很美」的版面通常都具有整體性。只要有整體性，版面裡的元素就會和諧地共存，想要分享的訊息也能傳遞給讀者。外觀若是簡潔美麗，讀者就能放心地閱讀。

要打造具體整體性的頁面就必須建立配置元素的**規則**。如果是扮演的角色相同、功能相同、意義相同的文章，就要讓文字的大小、字型、字量、起點一致，如果是相同的圖版，則要讓形狀、大小、粗細、位置、距離、高度、寬度與顏色一致。

● 元素沒對齊就會讓人「讀不懂」、「不想讀」。

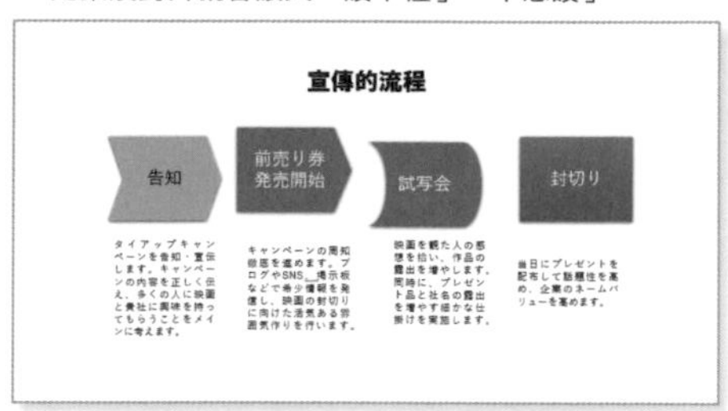

● 元素對齊後，就會讓人「想理解」、「想閱讀」。

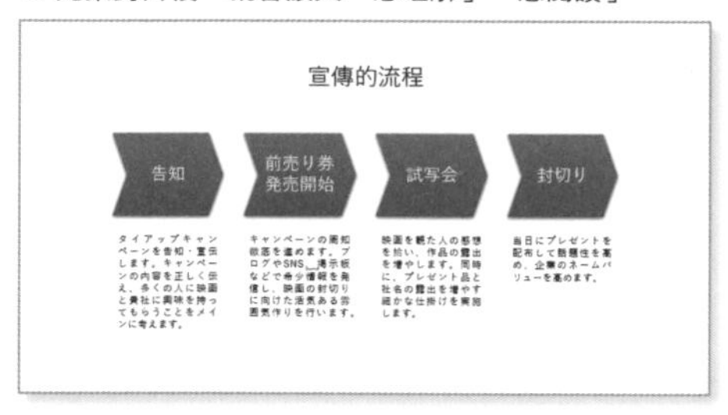

● 要賦予版面整體性，
就要替資訊元素建立明確的配置規則。

文字的規則

- 將小標設定為粗體字型
- 替每個段落設定小標，內文不要縮排
- 利用色塊當背景，突顯白色文字
- 將文章的起點設定為靠左對齊的格式
- 替照片裡的文字設定邊框
- 讓圖說的字數相同

圖版的規則

- 只使用圓角矩形圍住關鍵字
- 讓框線、裝飾線的種類與粗細都相同
- 公司標誌或文案都一直放在同一個位置
- 讓圖表放在左側，說明放在右側
- 插圖的風格不要同時有好幾種
- 排列四張以上的照片時，讓其中一張有點變化

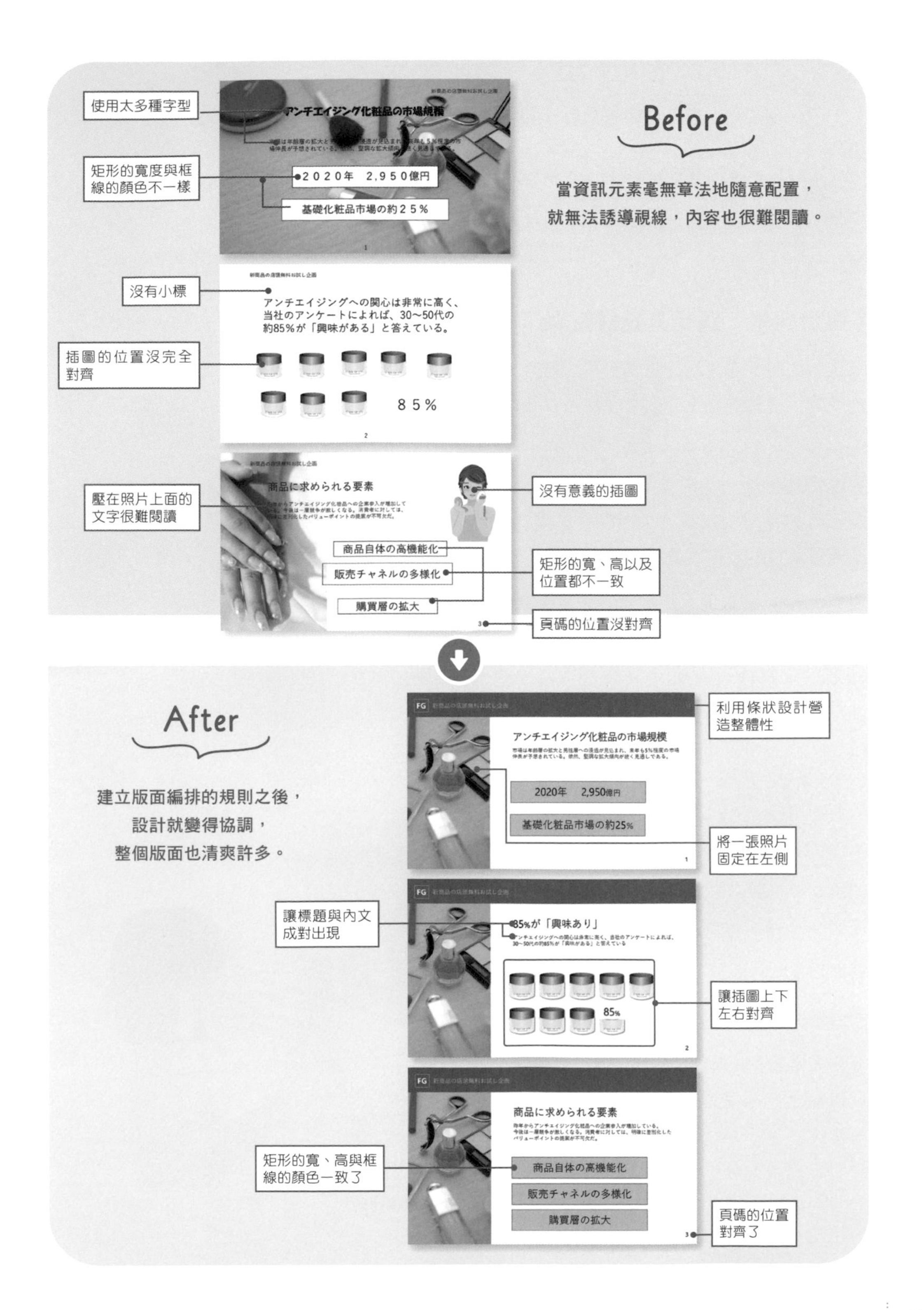

Before
當資訊元素毫無章法地隨意配置，
就無法誘導視線，內容也很難閱讀。
使用太多種字型
矩形的寬度與框線的顏色不一樣
アンチエイジング化粧品の市場規模
2020年　2,950億円
基礎化粧品市場の約25％
沒有小標
アンチエイジングへの関心は非常に高く、
当社のアンケートによれば、30～50代の
約85％が「興味がある」と答えている。
插圖的位置沒完全對齊
85％
壓在照片上面的文字很難閱讀
商品に求められる要素
沒有意義的插圖
商品自体の高機能化
販売チャネルの多様化
購買層の拡大
矩形的寬、高以及位置都不一致
頁碼的位置沒對齊
After
建立版面編排的規則之後，
設計就變得協調，
整個版面也清爽許多。
利用條狀設計營造整體性
アンチエイジング化粧品の市場規模
2020年　2,950億円
基礎化粧品市場の約25％
將一張照片固定在左側
讓標題與內文成對出現
85％が「興味あり」
85％
讓插圖上下左右對齊
商品に求められる要素
矩形的寬、高與框線的顏色一致了
商品自体の高機能化
販売チャネルの多様化
購買層の拡大
頁碼的位置對齊了

13 了解設計的基本原則

Key word
▼
基本原則

所謂的版面編排就是在釐清設計的目的之後，思考文章或圖版該配置在「何處」，又該「如何」配置的作業。基本上，設計有對齊、鄰接、強弱、反覆這四個原則。學會這四個技巧，就能簡單明快地傳遞訊息。

對齊元素，讓元素變得簡潔

編排版面時，最先該注意的就是「**對齊**」，也就是讓複數的文章或圖形對齊。

舉例來說，只要文章的起點是固定的，讀者就能輕鬆地一直閱讀下去。相同種類的圖形若是依照規則排列，讀者就會以為這些圖形屬於同一群或是同一類。

對齊元素可讓頁面更加穩定，也能讓讀者覺得版面很簡潔穩定。

換言之，對齊元素的目的不只是為了美觀，更是為了突顯元素之間的關係。

● 對齊這些元素！！

- 對齊文章的起點
- 統一圖形的高度
- 對齊圖形的垂直與水平位置
- 統一圖形的大小、形狀與顏色
- 統一元素的間距

■ 完美地對齊

請讓文章、圖形、照片、插圖以及所有資訊元素對齊。

對齊的重點在於

一公釐的誤差都沒有，完美地對齊。

哪怕元素只有一點點沒對齊，看起來都會覺得很礙眼。所以該對齊的時候，就要「完美地對齊」。

正確對齊元素，
訊息就會變得鮮明

利用距離的遠近說明關係

說明元素關係性的技巧就是**鄰接**。元素不該「毫無章法」地配置，舉例來說，關係較近的元素應該要放在一起，關係較遠的元素就要離得遠一點。

由此可知，距離相近的元素會被歸類為同一個群組，而距離較遠的元素則會被視為獨立的資訊。

假設 A 與 B 的元素很接近，就能說明這兩間公司的共同之處、公信力、兩項商品的類似程度或是證明這兩項商品是同系列的產品。當 D 位於比較遠的位置，就能說明 D 是具有創新能力、獨創性或不同業種的企業。

如果能讓讀者透過距離了解元素之間的相關性，就能正確傳遞內容。

● 元素的距離與形狀具備這些意義！

元素的距離	相近	相遠
相關性	強烈、親密、隨性	弱、疏遠、制式
時間	較短、最近、這陣子	較長、過去、未來
場所	距離較近、附近、近郊	距離較遠、遠方、郊外
階層	同等、同質、同種	特別、落差明顯、異種

元素的形狀	相近	相遠
顏色	同質、同種	異質、異種
形狀	同種、同系統	多種、其他系統
大小	同種、同量	多種、落差明顯

在編排版面時，注意元素的遠近可說明元素之間的相關性。

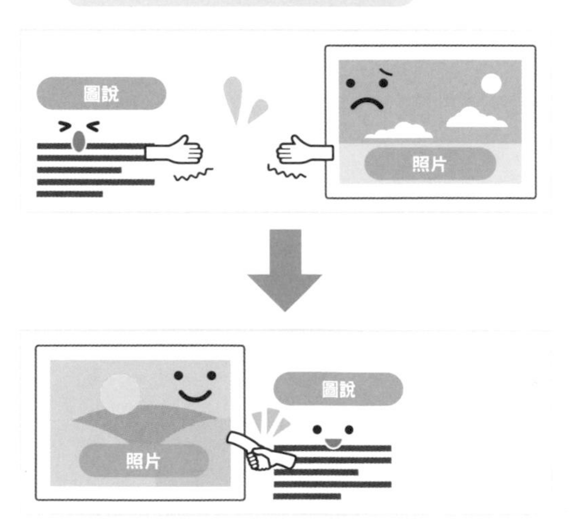

賦予元素強弱，決定優先順序

平實的版面編排雖然帶有沉穩的感覺，卻讓人很難找到重點。由於版面的空間有限，所以應該讓讀者先閱讀優先順序較高的資訊才比較有效率。

賦予元素**強弱**，就能突顯元素的優先順序。

當版面具有輕重緩急，讀者就能快速找到該閱讀的部分，製作者也能強調該傳遞的資訊。

思考能營造張力的強弱

賦予元素強弱的意思是釐清每個資訊元素的功能，賦予版面張力的意思。

具體來説，就是調整文案與內文的文字大小，以及調整照片、圖表的面積與配色，進一步突顯優先順序較高的元素。

既然優先順序較高的元素要放大與強調，那麼優先順序較低的元素當然也要縮小與低調一點。

基本上文章與照片的呈現方式都會隨著強調的部分而不同。

字數較多的資料可參考新聞報導的編排，例如會透過小標強調最想説明的部分，也會利用引言摘要內容，再透過內文説明整個內容。

最需要説明以及最重要的內容先寫，就不需要讀完所有內容才能了解內容的大意。

賦予元素強弱，
讀者自然會看到重點。

● 賦予元素強弱的時候…

- 不要看不出大小的差異
- 要大膽而極端地創造差異
- 不要隨便增加要強調的部分
- 利用留白創造效果

讓元素反覆出現，營造整體性

所謂的**反覆**是指讓元素的顏色、形狀、尺寸、線條粗細、字型這類視覺元素根據某種規則一再重複的意思。

學例來說，不管翻到資料的哪一頁，都可以看到下列的結果。

- **標題與內文的位置固定**
- **文案永遠在右上角**
- **利用共通的配件將照片做成符號**
- **照片的排列方式一致**

讓元素反覆，就能創造協調與一致的設計，讀者也能放心閱讀，進而慢慢地了解內容。

傳遞版面編排的用意

反覆的另一個效果就是讓讀者了解版面編排的用意。舉例來說，將重要的詞彙設定為鏤空文字，讀者就會在下一頁看到鏤空文字時，知道「這個鏤空文字的訊息很重要」。

此外，永遠將「結論」放在頁面的最下面，或是在圖表的右側配置偌大的文字，都是能讓讀者了解版面編排目的的方法。由於呈現的方式一致，讀者的負擔也會減輕不少。

只要能讓讀者了解版面編排的用意，讀者就能自行推測與理解內容，讀者也就能一口氣讀完所有資料，中途不會有半點停滯。

● **讓元素反覆的重點**

創造規律
透過元素的反覆創造規律，讓讀者輕鬆地跟著閱讀

嚴守規則
尊守反覆的規則，盡可能不衍生例外

在相同的位置配置相同的元素
不管是哪一頁，都要讓讀者能瞬間掌握資料的「動線」

統一元素的格式
讓相同位置的元素在尺寸、形狀與顏色一致。

讓元素反覆，就能創造規律，打造簡單易懂的設計。

14 規則 1 讓外觀變得「單純」

Key word
▼
單純

大部分的人都沒興趣閱讀商業資料。如果讀者問你「可以用一句話總結重點？」代表你說明得再清楚，對方也沒興趣閱讀。要讓讀者在看到資料的瞬間產生「讀讀看好了」的想法，就必須力求版面**單純**，冗長的文章與複雜的圖解只會惹人厭煩。

減少字數

到底在寫什麼？怎麼讀也讀不出重點，之所以資料會變成這樣，全是因為塞了太多資訊，或是解說太過無厘頭。

想要多說明一點，想讓資料更具權威性，很容易一不小心就把句子寫得太長。過度修飾詞彙有時連製作資料的當事人都會看得一頭霧水。

首先該做的，而且每個人都做得到的是減少字數，「縮短句子」。拿掉過多的修飾，捨棄多餘的語意，光是這樣就能清楚地傳遞訊息。

● 修飾的詞彙過多會難以閱讀

✕「週末の集客率が高い郊外の大型書店とコラボし、商品の宣伝・拡販を狙ったイベントを実施する」 43個字

● 寫得簡單明快，句子就會變得簡潔有力。

○「書店とタイアップした週末限定の販促イベントを行う」 24個字

一個句子一個意思

原則上，商業資料的文章最好**一個句子，一個意思**。

從字面應該不難知道「一個句子，一個意思」的意思，而當句子的字數減少，意思就會變得簡單易懂，也就不會出現主語與述語不一致，或前後的內容產生矛盾這類現象。沒有多餘部分的文章，語意就會變得明確。

盡可能刮除文章的脂肪，留下最低限度所需的詞彙，也就是說，力求句子簡潔單純。只要句子簡潔單純，讀者不需要多費力氣思考也能理解內容。

● 一句話有兩個意思就很難懂

△「野菜は新鮮なものが好きだが、無農薬の方がもっと好きだ。」

△「商品の販売量は増えているが、なぜか利益率は低下している。」

● 一句話一個意思，就會變得簡潔有力。

○「野菜は新鮮なものが好きだ。でも、無農薬の方がもっと好きだ。」

○「商品の販売量は増えている。しかし、利益率は低下している。」

頁面的呈現方式需要經過設計

縮短句子，改成條列式的文章雖然簡潔，但有時會變得過度抽象，此時必須補充適當的說明，但文章明明好不容易瘦身，又再額外添加內容，就會回到原點，所以這時候必須思考該怎麼**設計頁面**。

所謂的頁面設計就是不侷限於文字資訊的設計，也就是資訊的圖解。這類頁面能讓讀者順著邏輯閱讀資訊，所以能邊整理邊閱讀內容，也就能快速吸收內容。

「閱讀」資料其實是在閱讀文字的意思，但「瀏覽」資料卻是直覺地吸收資料的意思。藏在圖解之中的意象可讓讀者更想理解內容的意義，所以要讓讀者在短時間內有效率地了解商業資料，使用圖解可說是非常有效且高明的手法。

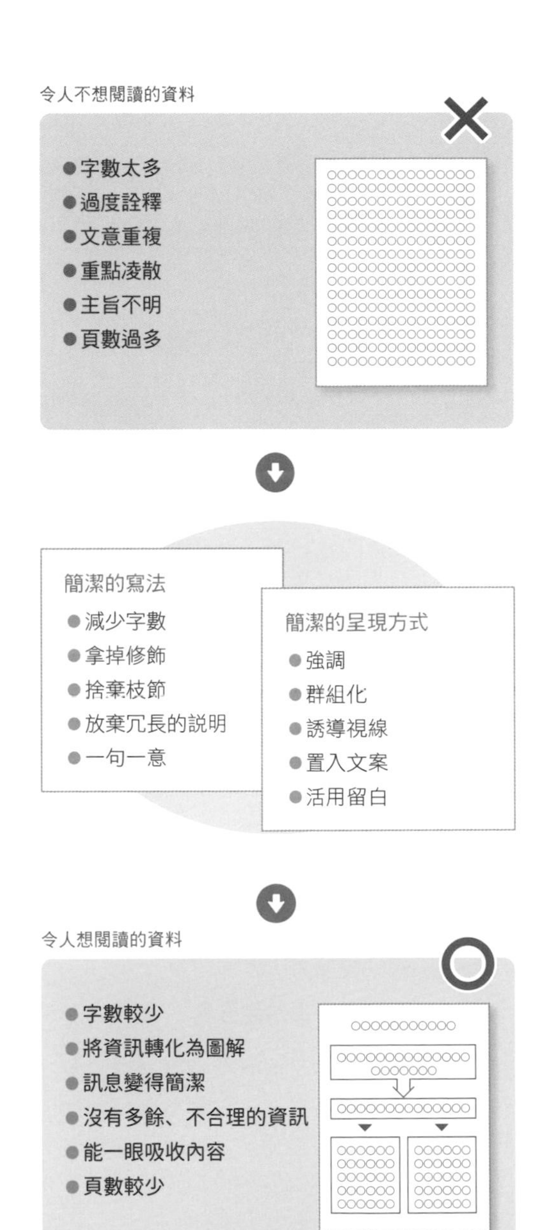

令人不想閱讀的資料
字數太多
過度詮釋
文意重複
重點淩散
主旨不明
頁數過多
簡潔的寫法
減少字數
拿掉修飾
捨棄枝節
放棄冗長的說明
一句一意
簡潔的呈現方式
強調
群組化
誘導視線
置入文案
活用留白
令人想閱讀的資料
字數較少
將資訊轉化為圖解
訊息變得簡潔
沒有多餘、不合理的資訊
能一眼吸收內容
頁數較少

圖解就是頁面簡潔化

圖解就是讓**頁面變得簡潔**。簡潔的頁面沒有多餘的資訊，所以要傳遞的訊息會自然浮現，讀者也能「一眼看懂」資料製作者的意圖，簡報的成功率自然會一口氣提升不少。

雖然圖解是非常重要的呈現手法，但不代表要做得創意十足，只需要依照「強調」、「群組化」、「誘導視線」這類基本原則編排版面即可。這部分的技巧會於 Part 3 與 Part 4 解說。

對讀者來說，過多的資訊就如同噪音，而這些噪音會阻礙讀者理解主旨，也會讓讀者的思維變得混亂。為了避免讓讀者做出錯誤的判斷，**文章與頁面都必須力求簡潔**。

15 規則 2 讓讀者一眼看到「全貌」

要讓讀者一拿到資料就「想讀讀看」是件非常困難的事。如果能讓讀者在迅速翻過一遍之後，有「這資料好像很好讀」的感覺，簡報就算成功了一大半。簡單易懂的資料就是讓讀者在看到的瞬間，就覺得能理解箇中意義的資料。

能看到全貌就會想要閱讀

不管是誰，在看到資料的時候，都會有「到底寫的是什麼？」、「到底是什麼內容」這類印象，如果是不知所云的資料，恐怕會立刻放棄閱讀。據說當我們看到一張海報時，3 秒內就能決定是否要繼續瀏覽海報的內容。所謂的「電梯簡報」就是要在 30 秒之內說明想法的簡報方式。

要與讀者達成共識，就必須讓讀者**能看到全貌**，讓讀者瞬間了解你想要說的內容。

要讓讀者「看得到全貌」，必須符合下面幾點。

- **找到該頁需要理解的內容**
- **自然地引導讀者的視線，讓讀者依序閱讀該閱讀的內容**
- **論點輕快無壓力**
- **頁面的項目數量恰到好處**

讀者若不閱讀內容，當然無法了解資料製作者的想法，但存在感十足的頁面一定能喚醒讀者想要了解製作者的意願。讓讀者看到全貌可說是將資料做得簡單易懂的一大關鍵。

讀者翻了 2、3 頁之後「來讀一下好了」

讀者翻了 1 頁之後「這資料整理得很好耶」

開始閱讀文章之後「喔喔！原來是這樣啊」

如果能將資料做成這樣，讀者不就會讀得很開心了嗎？

● 只翻幾頁就覺得不錯！

整理得很整齊
整理得很簡潔
要不要仔細閱讀呢？

● 開始閱讀後，就見到全貌

論點
很流暢
重點都
整理出來了
小標的數量
恰到好處

建立論點的邏輯

接著讓我們一起思考該怎麼將資料製作成讀者能綜覽全貌的格式。第一步必須先建立**架構**。所謂的架構就是讓 A 與 B 這類元素與已整理完畢的 C 建立相關性的流程，而這就是**論點的邏輯**，也就是所謂的**故事**。

現狀與目標這類資訊建立論點的邏輯。釐清每個項目的主旨，透過版面編排的手法將讀者的視線引導至下一個項目。

接著整理整體的流程，讓作為前提的資訊量恰到好處，排除邏輯的矛盾與主旨的曖昧，精簡各段落與各頁面的要旨。

假設各項目的文字量不符預期，可試著與其他項目、章節、頁面整合，如果文字量超過預期，則可將多餘的文字整理成另外的項目。

知道該放哪些元素，以及該說什麼之後，應該就能做出全貌清晰的資料。如果覺得內容很模糊不清，就代表論點的邏輯尚不明確。

● 能一窺全貌的架構

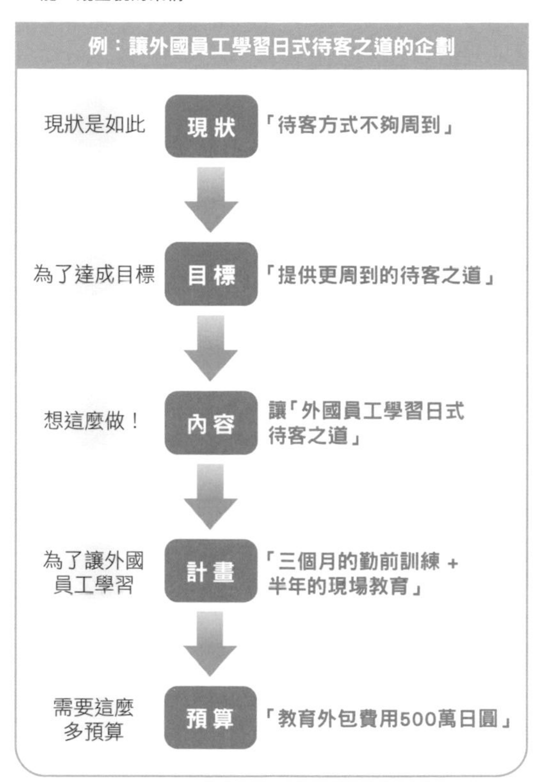

製作消除落差的提案

在建立論點的邏輯與架構時，可提出消除現狀與理想之間落差的方案。如果企劃書、提案這類簡報資料缺少了這個部分，就只是一堆**資訊或資料**。誇大已知的事實是無法引起目標對象興趣的。

該怎麼消除落差，接近理想呢？將版面編排成能清楚看到這類解決方案也是非常重要的一環。所謂「看得到全貌」，就是能立刻找到重要的解決方案與要點。找出關鍵字或使用圖解，讓讀者知道「這裡很重要」，就是能讓讀者一窺全貌的版面。

● 提出消除現狀與理想之間落差的方案

16 規則 3 適當地「視覺化」

Key word
▼
視覺化

簡報的成功與否，不完全是由創意的優劣決定。可是有時候讀者只讀了第一行內容，就會覺得「之後有空再讀好了」；發表資料與會議資料都有這類情況。將資料做得簡單易懂之後，要讓讀者有興趣閱讀，就必須讓頁面**視覺化**。

視覺化的資料 將變得更直覺

商業資料都必須經過整理，也就是讓讀者能直覺理解內容的呈現方式。

以線上學習為例，如希望將讀者從「智慧型手機」與「學習」引導到「App」，可在圓餅圖的交集之處放入「App」，讀者應該就能憑直覺了解箇中意義。調整圓餅的大小、距離、線條的粗細或顏色，就能調整圖解本身的含意。要製作簡單易懂的資料，圖解是最有效的方法。

利用圖解説明的資料非常單純，所以讀者能「一眼了解」資料製作者的意圖。能讓讀者願意閱讀的資料就是能直覺傳遞訊息的資料，也就是經過**視覺化**的資料。

不過，只有圖解稱不上是視覺化。放入照片就能直接了當地説明事實，在長條圖的某個長條加上顏色，就能強調該長條代表的元素。將表格的奇數列與偶數列設定成不同色，就能讓讀者快速閱讀資訊。

適當地視覺化重要的資訊，就是視覺化的本質。

● 文字需要「閱讀」，圖解需要「瀏覽」

	以文字為主	以圖解為主
理解速度	△	○
對內容有多少印象	△	◎
記住多少內容	△	○
資訊的正確性	○	△

圖形、照片、圖表都能以視覺效果呈現資訊，能讓讀者記住資訊，並且在短時間之內理解。

所以視覺化可幫助讀者憑直覺了解資料

● 閱讀文字可以了解意思

隨時隨地都可學習的「學習維他命」

スマホと学習を組み合わせた
専用アプリの導入で
受験生の合格を
サポートします。

● 圖解可放入更多資訊

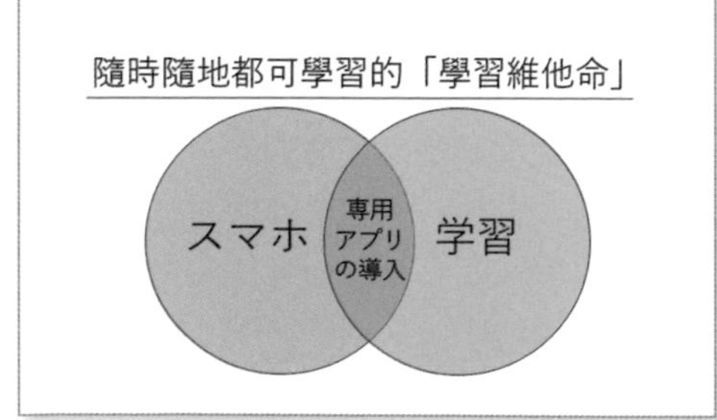

利用架構＋版面編排＋配色達成視覺化的目的

視覺化的重點在於架構、版面編排與配色。在**架構**的部分，要準備必要的資訊與建立想要的「邏輯」。在製作資料的時候，會遇到論點矛盾、說明不足或說明過於冗長的情況，此時請裁掉多餘的說明，讓架構變得更簡潔有力。無法透過文字說明的部分，請盡可能利用圖解說明。

版面編排則是配置資訊的作業。一般來說，都會由上而下，由左而右地配置資訊。第一步可先粗略地配置條列式的文字方塊，接著再依照論點調整配置的位置，也可視情況使用圖解或圖表視覺化。

配色則是替組成整個版面的素材設定顏色，英文為「Coloring」。配色的注意事項包含：

- **最多不超過 2 ～ 3 色**
- **利用同系色統整，再利用顏色的濃淡創造差異**
- **將需要強調的位置設定為深色**

商業資料所需的視覺化就是能淡淡地說明資料的意義與內容的設計。

若能讓讀者覺得資料整理得不錯，很容易閱讀，而且又很有張力，就算是成功的、符合商業所需的的版面設計了。

資料雖然排列得很整齊，但讀者一點都不想讀，也就沒機會了解資料。

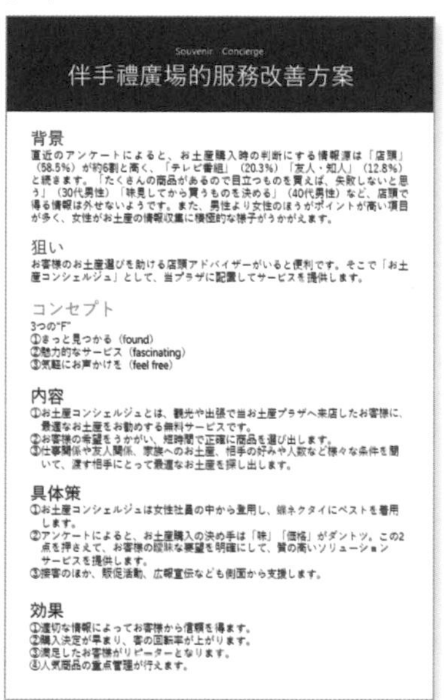

建立內容的架構與邏輯。圖解的每個元素之間都有相關性，能一步步了解內容。

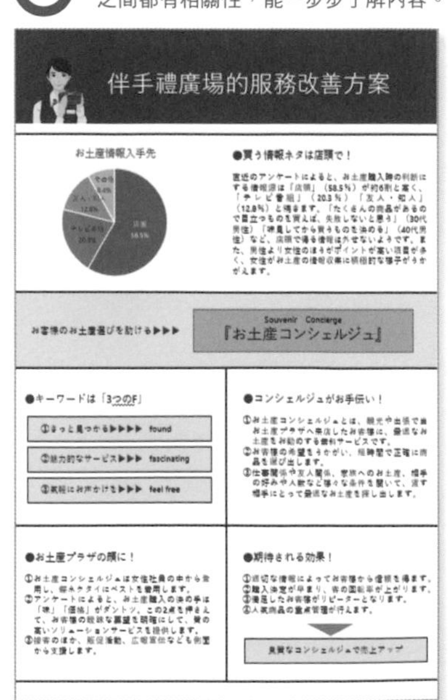

17 了解顏色的基本知識

顏色在版面設計擔任了非常重要的角色，也會左右讀者的心理，所以「顏色也是一種資訊」。在設定配色時，絕對不能不知道的就是顏色的三種屬性。讓我們一起澈底了解**色相**、**明度**與**飽和度**。

RGB 色彩與 CMY 色彩

雖然我們身邊充斥著無數種顏色，但所有的顏色都是由稱為**三原色**的基本色組成。顏色的三原色分成**色光三原色**與**色料三原色**這兩種。

色光三原色是由 **R（Red）**、**G（Green）**、**B（Blue）**這三種顏色組成，這也是電視與電腦螢幕使用的色彩系統。這三種顏色會越混合越明亮，假設這三種顏色都以 100% 混合，就會組成白色。

色料三原色則由 **C（Cyan）**、**M（Magenta）**、**Y（Yellow）**這三種顏料組成，是印刷品使用的色彩系統。這三種顏料會越混合越暗沉，若全部都以 100% 混合，就會混出深濃的灰色。

此外，商業印刷為了呈現更紮實的黑色，會再加入 **K（Black）**這種印墨，也就是利用四色油墨進行印刷。

● 由 RGB 組成的色光三原色（RGB 色彩）

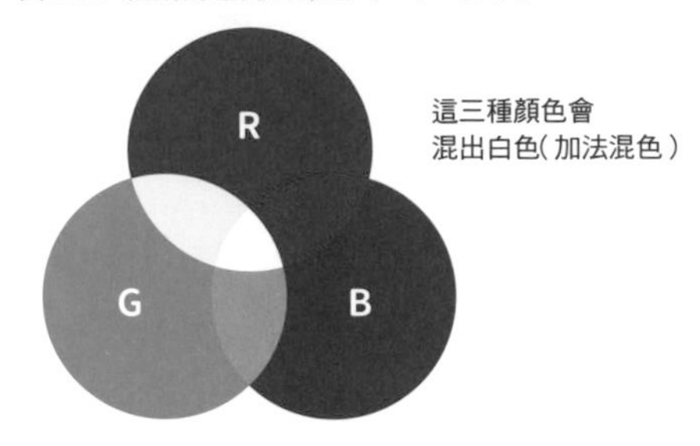

● 由 CMY 組成的色料三原色（CMY 色彩）

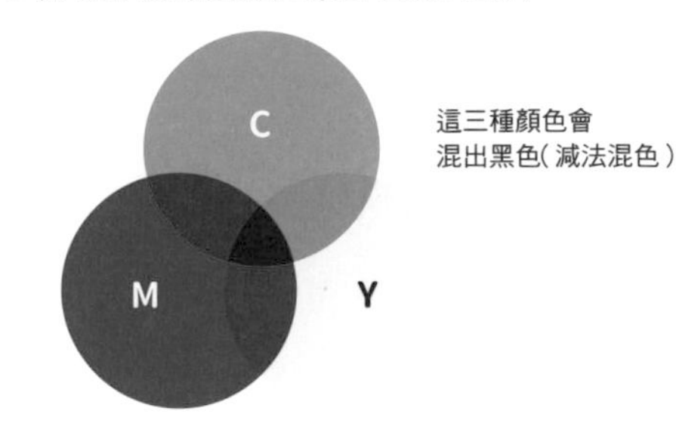

■ 指定顏色的方法

舉例來說，要在版面使用紅色時，可如下利用數值指定。

RGB 色彩：R255 ／ G0 ／ B0

CMY 色彩：C0% ／ M100% ／ Y100% ／ K0%

● 下列是 RGB 色彩的範例。文案與下方的圖形都是「R243 ／ G22 ／ B51」的顏色。依照照片拍攝主體的部分顏色設定顏色，就能創造整體性。

顏色的三種屬性是色彩設計的基本知識

顏色的「色相」、「明亮」、「飽和度」被稱為**顏色的三屬性**。正確了解這三種屬性，才有辦法設計頁面的色彩。

色相是指「色調」、「色味」，大致可分成暖色系、冷色系、中性色這三大類，賦予色相順序，再依序配置成圓周就是所謂的「色相環」。讓色相不同的顏色相鄰，呈現色相的變化稱為「色相對比」。

明度指的是顏色的明暗。明度最高的是「白色」，最低的是「黑色」，兩者之間有各種不同濃度的灰色。藍色、綠色被歸類為冷色系，紅色、黃色被歸類為暖色系，不屬於這兩者的是中性色。將明度各異的兩種顏色排在一起稱為「明度對比」，此時亮色將更亮，暗色將更暗。

色調的強弱稱為**飽和度**。以「藍色」與「天空藍」為例，藍色的飽和度較高，天空藍的飽和度較低，而將飽和度不同的顏色排在一起稱為「飽和度對比」，當顏色被飽和度較高的顏色包圍，看起來就會比較暗淡，若被飽和度較低的顏色包圍，看起來就會比較鮮豔。

● 顏色的功能

色相	主要顏色	觀感
暖色系	紅、橙、黃	看起來較近（前進色）
冷色系	藍、靛、藍綠色	看起來較遠（後退色）
中性色	綠、紫	
膨脹色	白、亮色	看起來膨脹（前進色）
收縮色	黑、暗色	看起來收縮（後退色）

● 顏色的質感

色相　彩度　明度	イメージ
色相、飽和度、明度	質感
偏紅的色相	暖和
偏藍的色相	冰冷
高飽和度	華麗
低飽和度	平凡
高明度	輕柔
低明度	重、硬
偏紅的色相、明度與飽和度都高	興奮
偏藍的色相、明度與飽和度都低	沉靜
飽和度與明度都高	活潑
飽和度與明度都低	陰暗

● 明度太過相近就很難閱讀

● 明度有一定的落差就比較容易閱讀

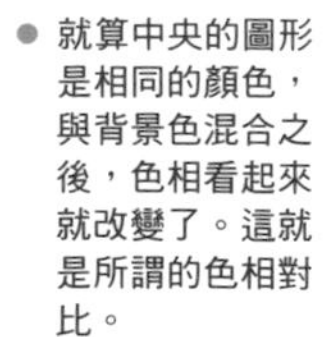
● 就算中央的圖形是相同的顏色，與背景色混合之後，色相看起來就改變了。這就是所謂的色相對比。

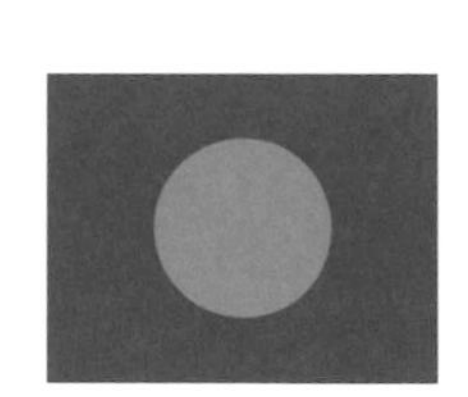
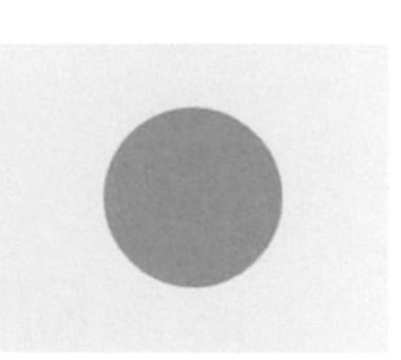

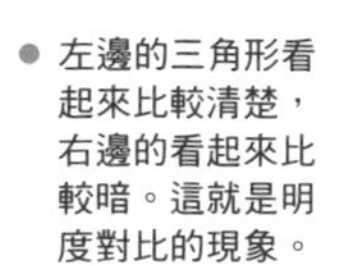
● 左邊的三角形看起來比較清楚，右邊的看起來比較暗。這就是明度對比的現象。

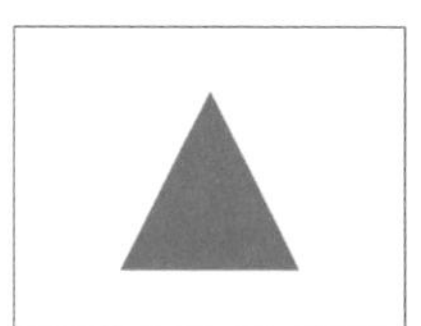
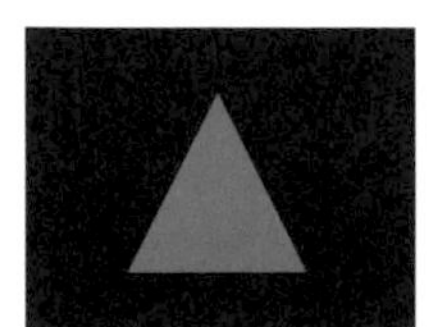

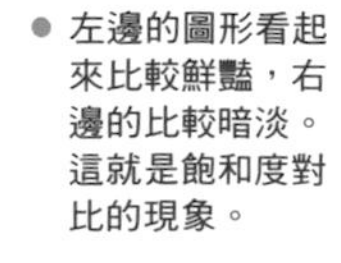
● 左邊的圖形看起來比較鮮豔，右邊的比較暗淡。這就是飽和度對比的現象。

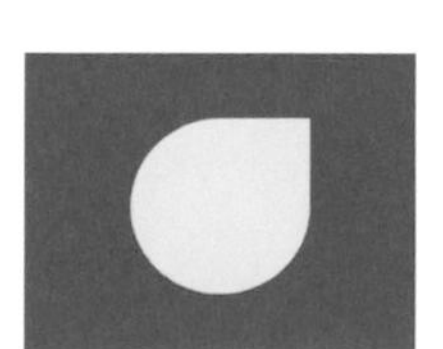
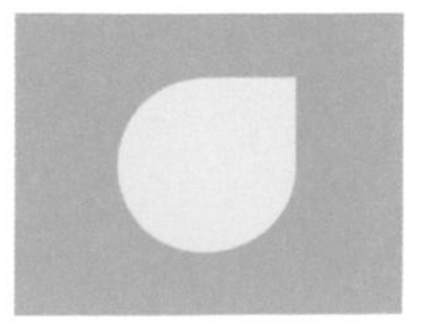

18 了解配色的基礎

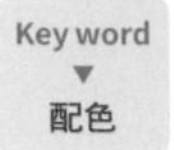

顏色可撼動人類的情緒，所以可讓主旨更順利地傳遞或是增強震撼力。在思考**配色**時，請根據內容挑出適當的顏色。了解顏色的性質再挑選顏色，就能讓內容更加容易閱讀，也更有說服力。

了解顏色的印象

每種顏色都有屬於自己的印象與功能，舉例來說，紅色讓人覺得熱情、能量滿滿，藍色讓人聯想到天空、海洋與清爽。若是與植物、戶外有關的內容，選用代表「自然」、「環境」的綠色，效果會比較顯著。

了解顏色代表的印象，就能想到許多配色的方法。

在為客戶進行簡報時，可試著以對方公司的企業色彩作為配色的核心，如果是自家商品的銷售資料，當然不能少了商品的重點色。

編排商業資料時，必須用具有**辨識性**（參考 52 頁）的顏色與字型。

● 顏色的印象

顏色	正面印象	負面印象
紅	熱情、富有活力	危險、花俏
藍	清潔、冷靜	冰冷、寒冷
水藍色	清爽、清純	幼稚、冰冷
橙色	活潑、快活	躁動、低俗
黃色	開朗、躍動	輕率、情緒不穩定
綠色	爽朗、平和	不成熟、平凡
紫色	高雅、優雅	孤獨、不祥
粉紅色	溫柔、女性的	幼稚
灰色	沉穩、內斂	陰暗、暗沉

● 背景是黃色、文字是黑色的範例（便宜、輕薄、注意）

感恩回饋促銷

● 背景是綠色、文字是白色描邊文字的範例（自然、環保、平和）

體驗綠色觀光旅行

● 背景是紅色、文字是鏤空白色的範例（熱情、興奮、危險）

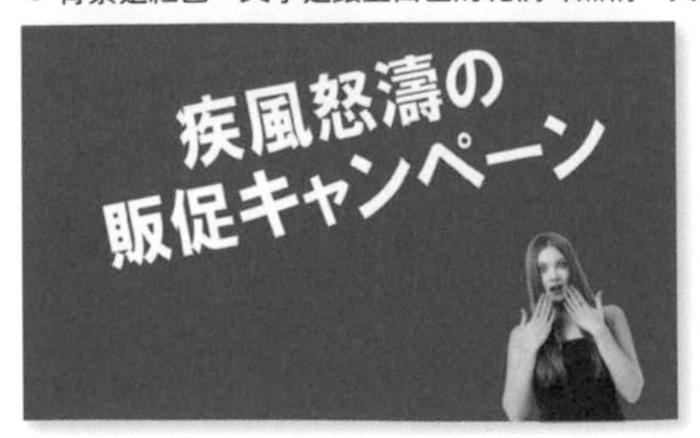

● 背景是水藍、文字是白色描邊文字的範例（爽朗、清涼）

活用對比與互補色

要讓顏色互相襯托，強化文字的存在感，可使用**對比**與**互補色**。對比就是相鄰色相的明度關係，也就是顏色的對比。

當對比度越高，明度的落差就更加明顯，顏色的差異也跟著鮮明。黑與白這種無彩色本身就具有強烈的對比度。

位於色相環相對位置的顏色稱為互補色（相反色）。若以時鐘的錶面比喻，位於 6 點鐘與 12 點鐘的顏色互為互補色。

互補色是性質最不同、色相差異最大的顏色。若是擺在一起，就會彼此襯托，變得鮮豔無比，也會變得引人注目。

不過互補色也會互相抵銷，所以也會看不清楚，所以與背景色搭配時，要特別注意這點。

● 對比強烈的範例

對比	選擇的顏色
互補色	紅與綠、黃與紫、藍與橙（橘）的對比
明度	無彩色（白、黑、灰）之間的對比
飽和度	鮮豔色與暗沉色的對比

● 這是背景黑色、文字白色的範例。明亮的部分更亮，黑色的部分更暗。

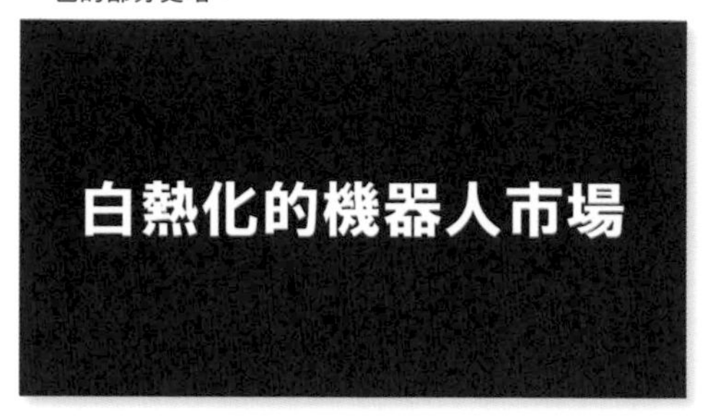

● 這是將紅色玫瑰的背景設定為綠色的範例。利用互補色的規則強調了玫瑰的存在感。

● 這是背景白色、文字灰色的範例。無彩色本身的對比就很強烈。

散發著高級感

● 在文字設定色相差異明顯的互補色，辨視度與易讀性就會一口氣下降許多。

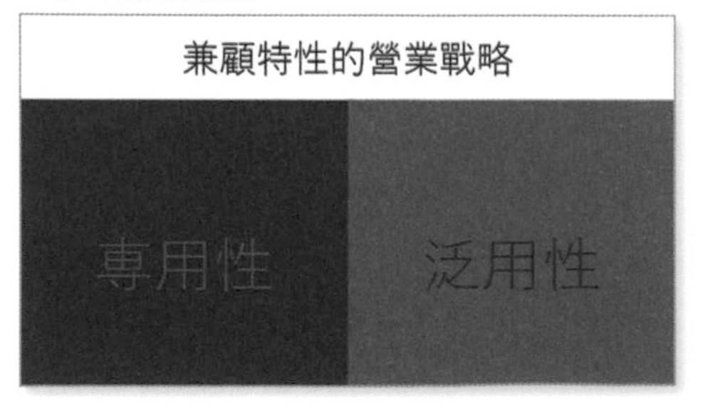

19 依照印象配色

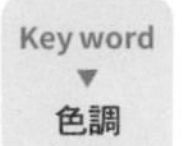

乍看之下，大部分的人都是憑著直覺配色，但其實配色是需要依照訊息的種類，選擇適當顏色的作業。正確了解顏色的印象，就能調配出讓讀者順利閱讀的配色。

統一色調，營造協調感

顏色的印象是由明度與飽和度決定，擁有相同明度與飽和度的顏色群組成為**色調**。

色調的英文是「tone」，常常會以「內斂、沉著的黑色」或「以淡淡的粉色調統整」這種方式形容。由於色調能讓我們對顏色達成共識，所以也比較便於溝通。

假設色調一致，那麼就算色相不同，給人的印象也會非常接近，也能調配出協調的配色。

● 色調的名稱與印象

名稱	印象
鮮色調vivid	鮮明、花俏
淺色調light	輕、亮、幼稚
深色調deep	深、濃
淡色調pale	淡、輕
柔色調soft	柔和、沉穩
粉色調pastel	像櫻花色或藤色那般淡亮
暗色調dark	暗、成熟
淺灰色調light grayish	亮灰色
中灰色調middle grayish	灰色、混濁

● 色調就是明度與飽和度相當的色相群組

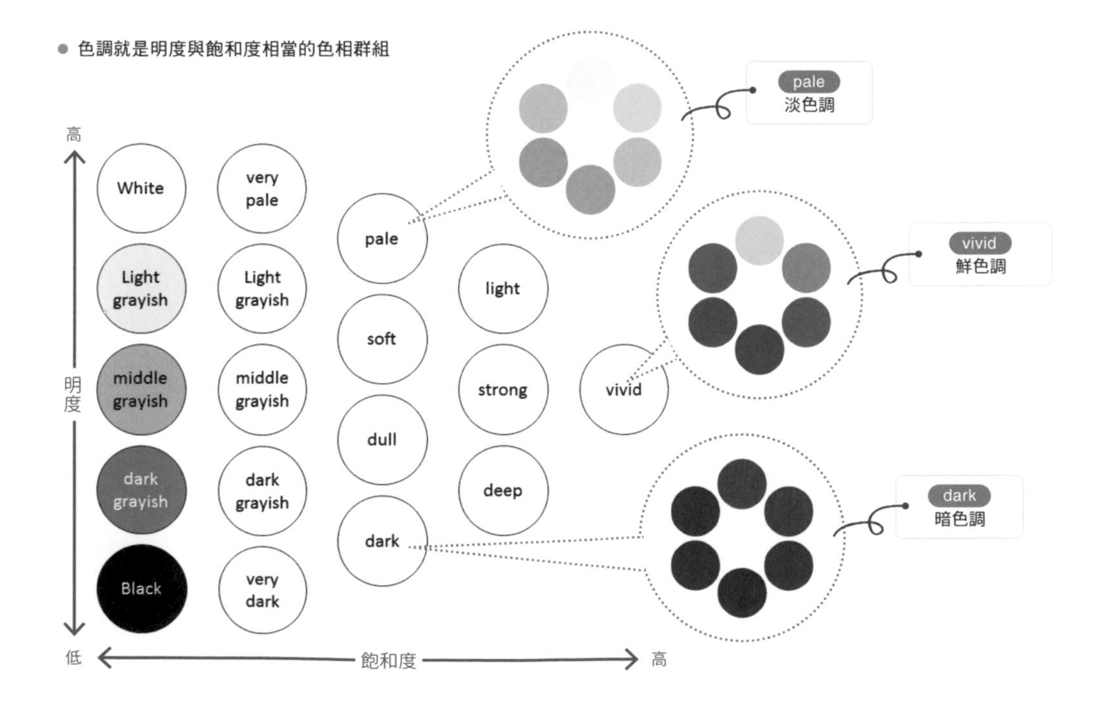

以特定色配色

真的需要配色時，還真的常常想不到適當的配色，不過，PowerPoint 內建了投影片的「布景主題」功能與用於配色的「色彩」功能。一旦使用這兩項功能，文字顏色與圖形填色的調色盤也會跟著改變配色，此時只要從調色盤選擇顏色，配色就不太會失誤。

若想選擇**特定色**可使用「色彩」對話框。在這個對話框之中，可選擇調色盤的基本色到自行指定的原創色。

「標準」索引標籤的調色盤為蜂巢狀的調色盤，正中央的是白色，上方是冷色系，下方是暖色系，左右兩側為中性色。下層還有白、黑與各種灰色可供選擇。位於放射狀對稱為位置的顏色則互為互補色（相反色）。

在「自訂」索引標籤可利用 RGB 編號指定顏色。這項功能很常用來設定標誌顏色與重點色。主要的顏色請參考右表。

● 顏色與 RGB 的指定值

顏色	（R,G,B）
黑	（0,0,0）
白	（255,255,255）
紅	（255,0,0）
綠	（0,255,0）
藍	（0,0,255）
黃	（255,255,0）
青	（0,255,255）
洋紅	（255,0,255）
橙	（255,165,0）
紫	（160,32,240）
金	（255,215,0）
灰	（190,190,190）

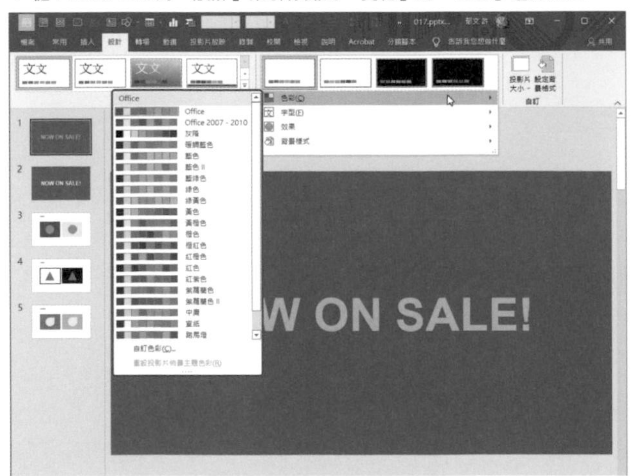

● 從 PowerPoint 的「設計」索引標籤的「變化」的「色彩」選擇顏色

● 在「自訂」索引標籤可利用 RGB 色彩設定喜歡的指定色。右側的垂直滑桿可調整色調。

20 站在讀者的立場配色

Key word ▼ 配色技巧

就算了解了顏色的基本知識，一旦要開始配色，還是有人會想太多，不過在製作商業資料的時候，不需要太有創意的設計，只需要站在讀者的立場，讓版面容易閱讀與瀏覽即可，也不需要過於貪心地使用很多種顏色。

配色的經典技巧

商業資料的版面配色以方便理解內容為優先，而不是精心製作的效果。方便閱讀的配色有幾種基本模式，我們可依循這些模式強調元素或是提升頁面的質感。

① 利用不同的顏色統一色調

根據色調的印象配色，就能快速選出適當的顏色。色相不同、明度與飽和度相同的配色可營造類似的印象，換言之，**相同色調的配色**可輕鬆創造協調、整合的印象。如果無法統一色調，可改用相同色相的顏色，也會比較容易創造整體性。

✕ 色相與色調都不同，配色就會變得很淩亂，也難以閱讀。

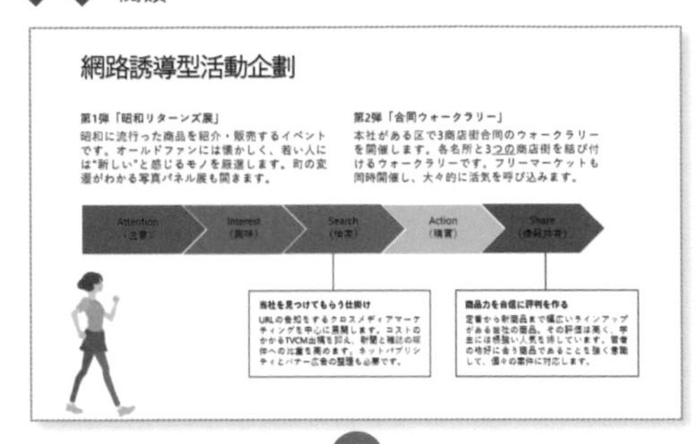

○ 使用相同色調的顏色配色時，就算色相不同，也能營造整體性。

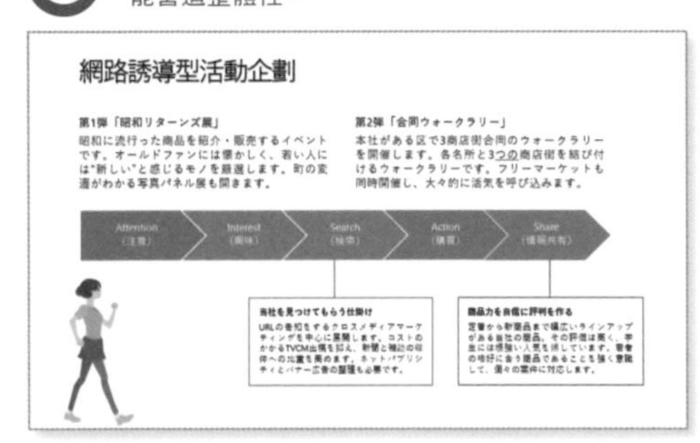

② 相同色相不同明度

如果要追求整體性，可選擇**色相與飽和度相同，但明度不同的顏色**。由於是同色系的顏色，所以若整個頁面都使用這類顏色，會讓人覺得有點冷清或不夠熱鬧，但如果只在標題、圖形或圖表的元素使用就能營造整體性。

● 這是調整圖解明度的範例。可營造整體性，讓讀者放心閱讀。

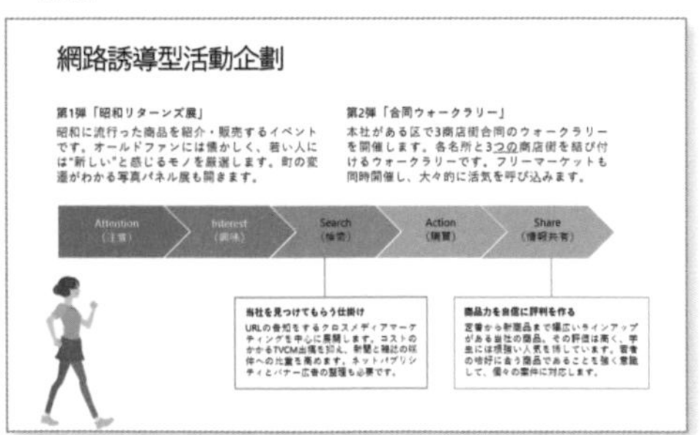

能快速傳遞訊息的配色技巧

基本上，能讓頁面的內容更容易閱讀的配色與版面編排時的配色一樣，都得注意「配色不能雜亂」這項原則。使用的顏色越多，越會讓人覺得雜亂與不舒服。建議大家賦予顏色意義以及避免使用無用與多餘的顏色。

✕ 顏色太多會讓讀者不易閱讀，還會讓讀者覺得煩燥與龐雜。

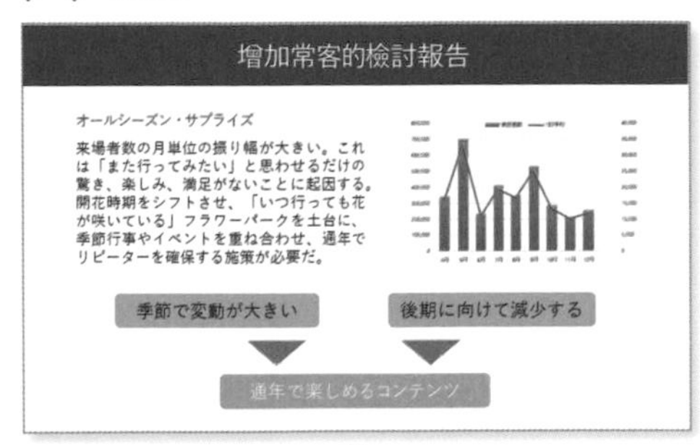

○ 這是只以調色盤的單行顏色進行配色的範例。顏色非常統一，也非常俐落。

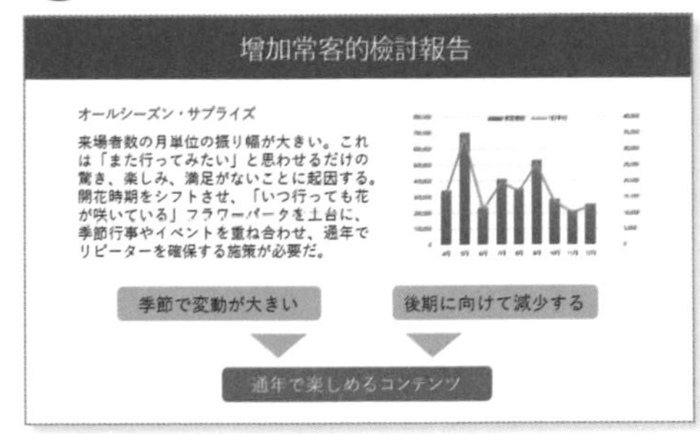

① 基本上只使用三種顏色

原則上，最多只使用三種顏色。或許大家會覺得只有三種很少，但總括來說，**減少顏色的種類**比較能提升印象。

一般來說，基本色 70%、主要顏色 25%、重點色 5% 是最佳比例。替小標設定顏色時，可先將內文調整黑色或灰色，營造沉靜的感覺。

從調色盤選擇三種顏色，再從中以不同色調進行配色，就能快速營造整體性。

② 選擇同色系的顏色

顏色盡可能使用**相似色**。顏色的質感相近，讀者也比較安心。

舉例來說，主要顏色若是偏紅的顏色，第二種顏色可選擇褐色，第三種顏色可選擇橙色。就算要使用紅色與藍色這兩種不同的顏色，也可以調降色調，讓顏色變得暗淡，或是利用顏色的濃淡創造差異，一樣可營造高雅的質感。

簡報或社內報告表若使用藍色或綠色，就能營造沉穩的質感，也讓人覺得可以仔細閱讀內容。

● 這是以綠色為主要顏色，再以鮮色調統整的範例。指定紅色系為重點色。

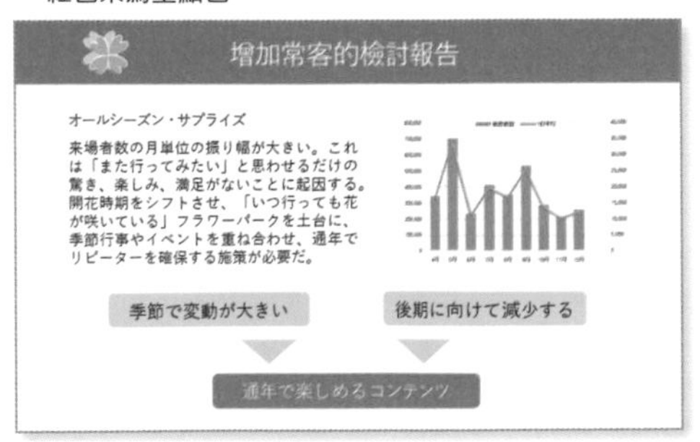

③ 盡可能不要使用原色

選擇顏色時，盡可能**避開原色**。所謂的原色就是色光三原色的 R（紅色）、G（綠色）、B（藍色）以及色料三原色的 C（青色）、M（洋紅色）與 Y（黃色）（參考 38 頁説明）。

原色是各種顏色的根源，單獨使用會讓人覺得很花俏、很咄咄逼人，而且也缺乏纖細的質感，會讓人覺得很外行，所以千萬別設定成主要顏色。

● 原色是花俏與搶眼的顏色。
不要當成主要顏色使用就沒問題了。

④ 將照片裡的顏色當成配色使用

簡報資料通常會使用**照片**或**圖片**這類視覺元素。由於這些資訊元素在頁面扮演了重要的角色，所以依照它們的顏色設定文字或圖版的顏色，也能創造非常不錯的效果。在頁面使用標誌、產品顏色、概念色，就能大幅提升質感。

PowerPoint 的滴管工具可從文字、圖形、照片以及各種元素抽取特定的顏色。抽取顏色的步驟非常簡單，第一步先選擇要抽取顏色的圖形或文字，再點選滴管功能，讓滑鼠游標變成滴管形狀，然後點選需要的顏色即可。

● 滑鼠游標變成滴管形狀之後，點選要抽取顏色的圖形。
照片的每個位置的 RGB 值都不同。

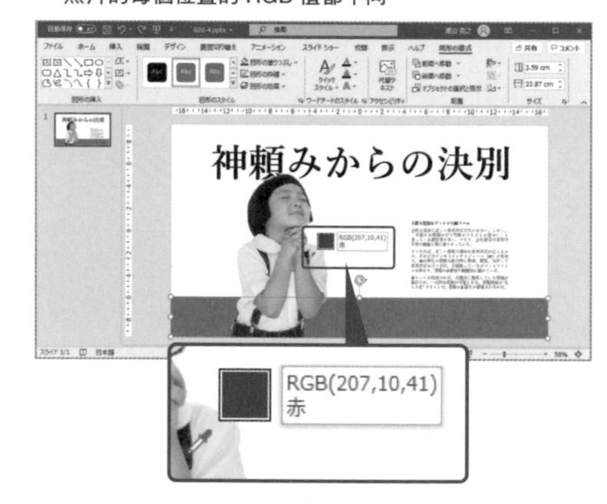

● 賦予顏色意義，配色的意圖就會變得鮮明。

3

適當地使用「文字」這項資訊

文字是為了閱讀而排列的資訊。要讓文字變得容易閱讀需要了解一些技巧。讓我們了解字型以及與文字編排有關的知識，製作內容簡單易懂的資料吧！

編註：在日文版原作中，本篇所介紹的字型都是以作業系統內建字型為主來進行介紹，但由於中文版 Windows 提供的字型較為有限，因此，部分解說會以可以免費使用的「思源宋體」與「思源黑體」替代原作中所介紹的「游明朝體」與「游歌德體」。

21 了解字體與字型的基本知識

每種字型都有自己的特徵，也有不同的質感，建議大家依照資料的目的與想傳遞的內容選擇適當的字型，如此一來，字型的質感與訊息就能一致，説服力也更上一層樓。

決定文字的形狀

由文字傳遞的資訊通常都只有一個意思，無法另作詮釋。

舉例來説，「海」這個字只代表陸地之外，充滿鹽水的地方，但如果在藍天的背景放入筆畫柔和的「海」，就會讓人聯想到晴天白雲之下的海灘。

此外，在偏藍的淡灰色背景放入筆畫狂野的「海」，説不定會讓人聯想到冬季的日本海。由此可知，在設計版面時，依照內容選擇文字是非常重要的步驟。

字體、字型、粗細

文字有各種**字體**，而所謂的字體就是文字形狀具有一致性的系統。簡單來説，就是文字的種類，例如明體、黑體、行書體就是其中幾種。

此外「微軟正黑體」、「新細明體」、「標楷體」都稱為字型。**字型**會有不同**粗細**的類型，包含極細至極粗的種類。

內含多種不同粗細的字型集稱為「**Font-Family**」，一般來説，會包含標準的「Regular」、較細的「Light」與較粗的「Bold」，但有些字型則包含更多種類。

● 基本字型為明體（宋體）和黑體。
其中還包含多種字型

明體（宋體）

游明朝	HGP創英プレゼンスEB
MS 明朝	HGS創英プレゼンスEB
HG明朝B	
HG明朝E	

黑體

游ゴシック	HGSゴシックE
メイリオ	HGP創英角ゴシックUB
MS ゴシック	HG丸ゴシックM-PRO

● 選用 Font-Family 的字型就能讓整個頁面保持協調，
也比較容易閱讀。

思源宋體

思源宋體

思源宋體 Light

思源宋體 Semibold

黑體

微軟正黑體

微軟正黑體 Light

根據內容選擇字體

中文版的 Office，預設字型都是新細明體。雖然容易閱讀，直接沿用也無妨，但還是不要盲目地使用。

不管簡報或報告的規模如何，都必須提醒自己「直接使用標準字體就可以了嗎？」、「內容與字體的質感是否吻合？」

選擇字體就等於兼顧了易讀性，而依照內容選擇適當的字體，就能有效地傳遞訊息。

頁面的設計通常是從選擇字體開始。

✕ 使用「行書體」的投影片。使用這種誇張的字體會讓人不想閱讀，與圖表的字體也不同。

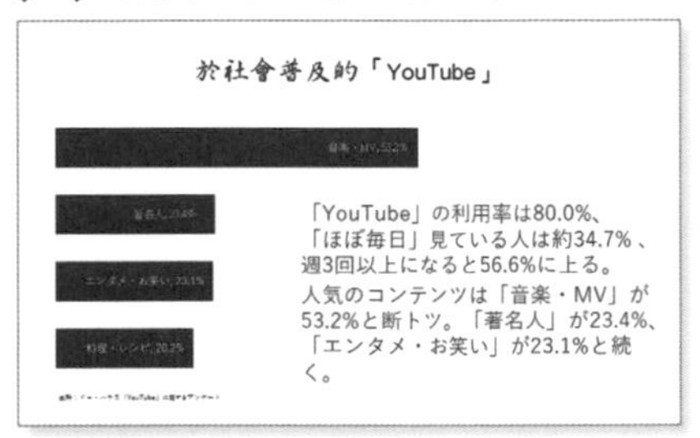

使用文字又大又易讀的「微軟正黑體」較好。要以對方是否容易閱讀為第一考量。

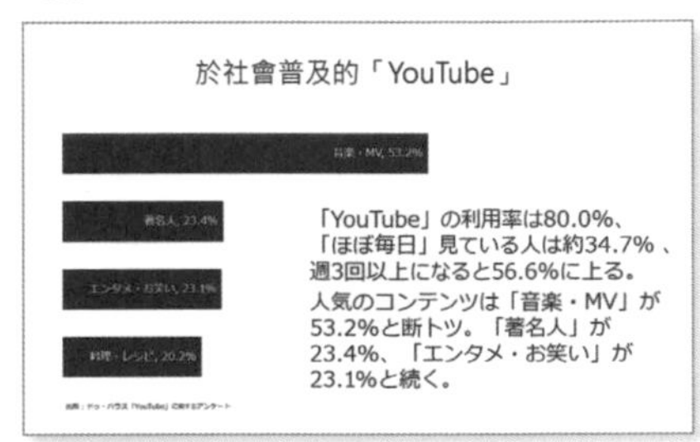

不能被氣氛所惑

因為是以歌舞伎為題材的活動企劃，所以選擇使用具有江戶風格的「勘亭流」，因為是文具的商品企劃，所以選用「humi 文字」。這些根據內容選擇字體的方法是正確的，但如果整個版面都是這種個性鮮明的字型，會讓人看得很膩，也不知道重點在哪裡。

舉例來說，將「POP 字體」用在傳單的標價或是小朋友寫給爸爸哥哥的信件標題，就有不錯的效果。在適當的位置適量使用字體，就能充分發揮字體的特色。

依照內容選擇字體可讓頁面變得更有張力。

色彩繽紛的照片與非常熱鬧的字體會讓文字變得凌亂，也很難吸收內容。

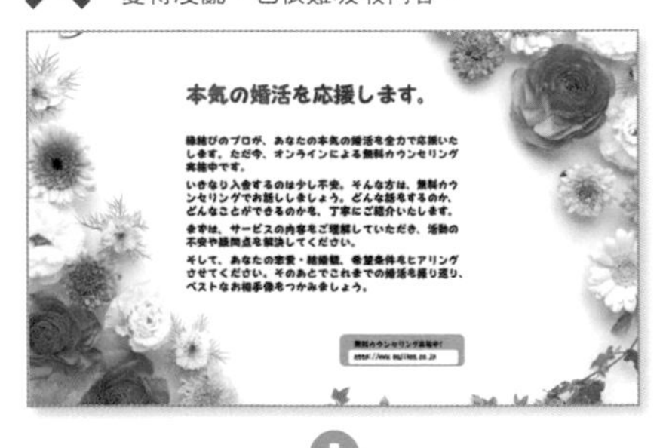

○ 只利用照片營造頁面的熱鬧，文字則統一設定為黑體，以易讀性為第一優先。

22 了解中文字體與英文字體的差異

Key word
▼
中文/英文

中文字體與**英文字體**在形狀上、結構上都不同。了解這兩種字體的特徵，再依照使用的位置、要傳遞的意思、頁面的質感選擇適當的字體吧！

明體與黑體

中文字都是方方正正的，而且字面較大，筆畫的間距較寬，所以是很容易閱讀的文字。

主要的中文字型包含明體（宋體）、黑體以及毛筆字體的楷書體、行書體，或是變體的 POP 字體、勘亭流以及各種字體。

最常見的是**明體**與**黑體**。明體的特徵在於橫線比直線粗，而且還有裝飾。這種字體除了具有毛筆抑揚頓挫之美，而且還非常內斂與易讀。

另一方面，黑體的橫線與直線的粗細就差不多，也沒有裝飾。筆畫看起來非常簡潔有力。

● 明體（宋體）較內斂，也擁有美麗的形式。

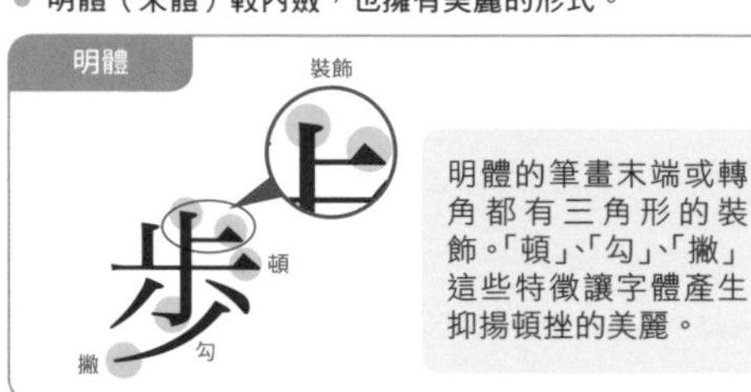

明體
裝飾
上
步
頓
撇
勾
明體的筆畫末端或轉角都有三角形的裝飾。「頓」、「勾」、「撇」這些特徵讓字體產生抑揚頓挫的美麗。

● 黑體都是直線，屬於較隨性的字體。

黑體
上
步
黑體沒有裝飾，筆畫的粗細都一致。由於比較單純，所以給人隨性的印象。

英文字體為襯線體與無襯線體

英文字體包含**襯線體**與**無襯線體**。襯線體的直線比橫線粗，也有像明體一樣的裝飾（serif）。無襯線體則是橫線與直線的粗細一致，且無裝飾的字體。

字數較多的英文資料選擇襯線體會比較容易閱讀。如果設定為無襯線體，就會跟黑體一樣顯得咄咄逼人，也不容易閱讀。

● 襯線體就是有襯線的字體

襯線體
裝飾
E
襯線體有「Serif」這種裝飾，與明體一樣，都有抑揚頓挫之美。

● 無襯線體就是沒有襯線的字體

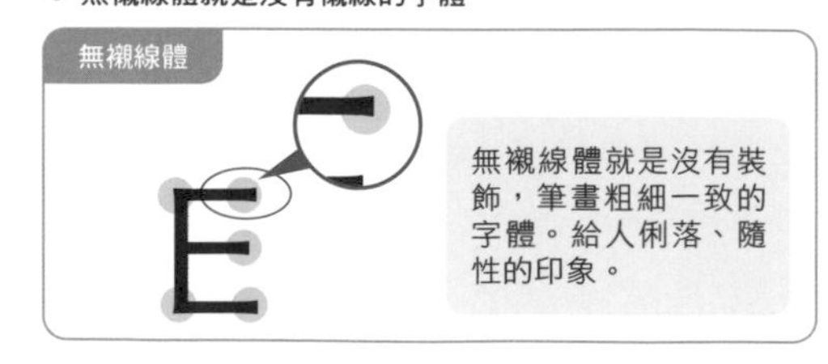

使用英文字體時，要注意基準線

英文字體的大寫與小寫有不同的設計基準，所以為了對齊文字，設計了作為基準的基準、上緣線與下緣線。

英文字母的構造會利用這些基準線統一高度，讓文字變得更加清晰。

● 英文字體的字母的高度與寬度都不同

Happy days
上緣線
基線
下緣線

字體給人的印象

每種字型都有自己的印象，有些字型看起來很柔和，有些卻很強烈，而這些特徵都與投影片或頁面的質感有關。

PowerPoint、Word、Excel 的預設字型為新細明體與微軟正黑體，如果是製作簡報或報告這類商業資料，使用這類預設字型就沒錯。

如果要製作的是宣傳所需的資料或傳單，則必須選擇更具震撼力或活潑的字型。

投影片與頁面的質感會因字型而完全不同，所以讓我們將易讀性擺在第一位，依內容的感覺選擇適當的字型吧！

日文字體	
美しい日本語	容易瀏覽
美しい日本語	容易閱讀
美しい日本語	容易看懂
美しい日本語	清晰
美しい日本語	工整
美しい日本語	陽剛
美しい日本語	優雅
美しい日本語	華麗
美しい日本語	傳統
美しい日本語	手寫

英文字體	
27th birthday	容易瀏覽
27th birthday	清晰
27th birthday	內斂
27th birthday	容易看懂
27th birthday	新聞報導風格
27th birthday	風雅
27th birthday	強烈
27th birthday	搶眼
27th birthday	工整
27th birthday	容易閱讀

23 該選擇明體還是黑體？

一般來說，文字較多的資料可使用明體，投影片這類重視效果的資料可使用黑體，但這不是唯一準則。根據用途及版面的編排選擇最適當的字體才自然，讓我們一起尋找最能提升說服力的字體。

辨識性、可讀性、判讀性

要讓文章的意思原封不動地傳遞給讀者，就必須重視**辨識性**、**可讀性**與**判讀性**。所謂的辨識性是指文字的形狀容不容易辨識，可讀性則是文字是否容易閱讀，判讀性則是文字是否容易了解。

職場的資料通常可分成兩種，一種是「讓人閱讀的資料」，另一種是「讓人觀賞的資料」。前者的文字通常比較多，所以比較適合使用可讀性較高、筆畫較細的字體。

另一方面，讓人觀賞的資料則需要引起讀者興趣的小標或關鍵字，所以比較適合使用辨識性較高、筆畫較粗的字體。

選擇明體的情況

筆畫較細的明體給人一種認真的印象，所以希望讀者仔細閱讀文章時，選擇可讀性較高的明體比較好。

不過，如果還是需要營造一些張力的話，可透過「放大字型」、「拉寬大型文字之間的字距」、「選用筆畫較粗的字型」這些方法提升辨識性。

選擇黑體的情況

筆畫粗細均等的黑體是結構簡單又吸睛的字體，所以標題、圖說若採用這種字體，辨識性會提升不少。

要注意的是，如果字型太小，整個字會糊在一塊，所以請選擇筆畫較細的種類。

在字數較多時使用筆畫較粗的字體，會讓整篇文章黑成一片（HG Gothic E）。

共同紅點服務的現狀

いまや広く浸透しているポイントサービス。買い物をして貯まったポイントが次回購入の際の割引に利用できたり、プレゼントと交換できる付加価値サービスです。近年は、チェーン店をはじめとした複数の店舗で利用できる共通ポイントサービスが人気です。

共通ポイントサービスの大きな特長は、特定の企業やグループだけでなく、業種業態の垣根を超えて提携先の企業間で利用できる点。企業にとって、これを有効なツールとするには、市場拡大と普及率アップが欠かせません。

今後は、提携先の業種業態を増やすことでさらなる普及を促し、積極的な告知をして共通ポイントサービスの認知度を高めていく必要があります。さらに、サービスを導入している企業間の相互顧客化や、ネット顧客からリアル店舗へと誘導し、売上増加を図る施策も必要になるでしょう。また、ビッグデータを使って、潜在ニーズの分析や消費性向の予測を行うのも検討事項になります。

MS Gothic 與 MS 明朝體的文字比較沒那麼漂亮。設定成粗體字也會糊成一塊，所以最好不要使用（MS Gothic）。

共同紅點服務的現狀

いまや広く浸透しているポイントサービス。買い物をして貯まったポイントが次回購入の際の割引に利用できたり、プレゼントと交換できる付加価値サービスです。近年は、チェーン店をはじめとした複数の店舗で利用できる共通ポイントサービスが人気です。

共通ポイントサービスの大きな特長は、特定の企業やグループだけでなく、業種業態の垣根を超えて提携先の企業間で利用できる点。企業にとって、これを有効なツールとするには、市場拡大と普及率アップが欠かせません。

今後は、提携先の業種業態を増やすことでさらなる普及を促し、積極的な告知をして共通ポイントサービスの認知度を高めていく必要があります。さらに、サービスを導入している企業間の相互顧客化や、ネット顧客からリアル店舗へと誘導し、売上増加を図る施策も必要になるでしょう。また、ビッグデータを使って、潜在ニーズの分析や消費性向の予測を行うのも検討事項になります。

筆畫較細的歌德體擁有較高的可讀性，字數再多也不會讓讀者讀得很累（游 Gothic）。

共同紅點服務的現狀

いまや広く浸透しているポイントサービス。買い物をして貯まったポイントが次回購入の際の割引に利用できたり、プレゼントと交換できる付加価値サービスです。近年は、チェーン店をはじめとした複数の店舗で利用できる共通ポイントサービスが人気です。

共通ポイントサービスの大きな特長は、特定の企業やグループだけでなく、業種業態の垣根を超えて提携先の企業間で利用できる点。企業にとって、これを有効なツールとするには、市場拡大と普及率アップが欠かせません。

今後は、提携先の業種業態を増やすことでさらなる普及を促し、積極的な告知をして共通ポイントサービスの認知度を高めていく必要があります。さらに、サービスを導入している企業間の相互顧客化や、ネット顧客からリアル店舗へと誘導し、売上増加を図る施策も必要になるでしょう。また、ビッグデータを使って、潜在ニーズの分析や消費性向の予測を行うのも検討事項になります。

明體雖然容易閱讀，但文章一長，就失去張力（游明朝）。

約有80%的人使用

ある調査を見ると、ポイントサービスを利用した人の約80%が共通ポイントを利用しています。最もよく利用している共通ポイントは、A社の「Aポイント」が37.0%でトップ。続いてB社の「コンタカード」（13.5%）、C社の「ヤッホーカード」（12.8%）の順でした。最もよく利用している共通ポイントを利用し始めたきっかけは、「会員登録のついでに」（27.2%）と「店頭で勧められて」（27. 0%）が二分しています。

特典より「いつもの店で使える」こと

共通ポイントを利用している理由のベスト3は、「よく行く店で使えるから」が48.0%、「使える店が多いから」が43.8%、「貯まったポイントを使いやすいから」が28.5%となっています。特典の魅力より「いつもの店で使えること」の利便性が優先されています。

不満の第一は「ポイント失効」

ポイントサービスの不満は、「特に不満はない」とした人が27.5%で最も多く、「使用期限が短くてすぐ失効してしまう」（27.3%）、「持参し忘れてしまう」（26.2%）と続きます。ポイント利用を自己評価してもらうと、「どちらとも言えない」が37.3%、「まあまあ上手に利用している」が34.2%となっています。

將小標設定為筆畫較粗的字型，就能讓長篇文章形成段落（游明朝＋游明朝 Demibold）。

約有80%的人使用

ある調査を見ると、ポイントサービスを利用した人の約80%が共通ポイントを利用しています。最もよく利用している共通ポイントは、A社の「Aポイント」が37.0%でトップ。続いてB社の「コンタカード」（13.5%）、C社の「ヤッホーカード」（12.8%）の順でした。最もよく利用している共通ポイントを利用し始めたきっかけは、「会員登録のついでに」（27.2%）と「店頭で勧められて」（27. 0%）が二分しています。

特典より「いつもの店で使える」こと

共通ポイントを利用している理由のベスト3は、「よく行く店で使えるから」が48.0%、「使える店が多いから」が43.8%、「貯まったポイントを使いやすいから」が28.5%となっています。特典の魅力より「いつもの店で使えること」の利便性が優先されています。

不満の第一は「ポイント失効」

ポイントサービスの不満は、「特に不満はない」とした人が27.5%で最も多く、「使用期限が短くてすぐ失効してしまう」（27.3%）、「持参し忘れてしまう」（26.2%）と続きます。ポイント利用を自己評価してもらうと、「どちらとも言えない」が37.3%、「まあまあ上手に利用している」が34.2%となっています。

在封面使用明體雖然高雅，卻失去了震撼力。

Common point card

以方便使用為優先的
共通紅點服務

本企画は、他社との共通ポイントサービスを相互乗り入れすることで顧客を誘導する企画です。顧客の利便性を最優先に考え、「いつでも・どこでも・気楽に」利用できて、自然とポイントがたまる新しいかたちのポイントサービスです。

在暗色色塊加上白色的黑體能給人強烈的印象（游 Gothic+ 粗體標題）

Common point card

以方便使用為優先的
共通紅點服務

本企画は、他社との共通ポイントサービスを相互乗り入れすることで顧客を誘導する企画です。顧客の利便性を最優先に考え、「いつでも・どこでも・気楽に」利用できて、自然とポイントがたまる新しいかたちのポイントサービスです。

● 選擇字體的標準

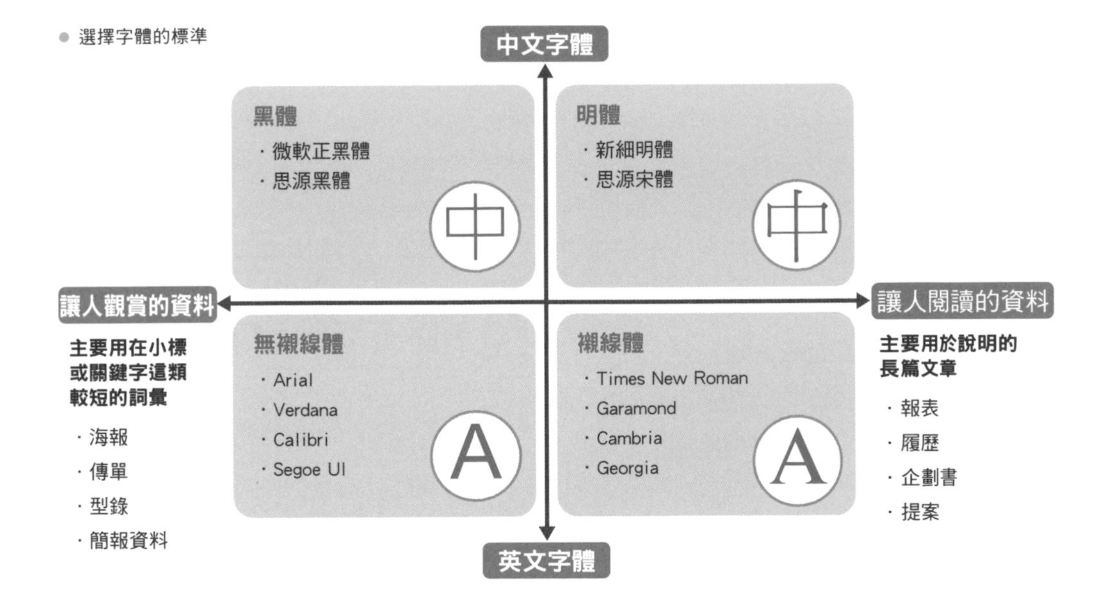

24 整頓混在一起的中文與英文

Key word ▼ 字體混用

工作資料幾乎都是日文與英文混合的資料，不管是文章、段落、小標、圖說，經常是中文與英文混合的情況。雖然中英文混合的情況這麼常見，但如果能注意到這點，就有機會讓頁面變得更有品味與容易閱讀。

中文與英文的位置不同

要同時使用中文與英文時，必須考慮文字的位置。一如前述，中文與英文在字型的設計上不同，所以要注意這兩種文字在行內的位置（高度）是否一致。

中文字體會以虛擬字框的中心點對齊，英文字體則是以基線對齊，不過，虛擬字框的下方與基線不在同一個位置，而且各種英文字體的基線也不一定是在同一個位置，所以當中文與英文混雜的時候，文字的位置（高度）就會無法對齊，形成高低起伏的現象。

● 在同一個文字方塊出現中文與英文的情況

組合相容性較高的文字

雖然會發生高度不一致的情況，但不需要每一字每一句都調整，只需要注意下面這些重點，選出「相容性較高的字型」，就能讓文章變得很漂亮。

① 了解選擇字型的基本知識

❶ 中文使用中文字型，英文選用英文字型。將句子的英文單字分別設定為英文字型。

❷ 英文字母與數字使用半形字元，不要使用全形字元。

❸ 英文的話，不要使用可讀性較低的等寬字型（參考第 57 頁）。

● 將英文設定為中文字體，會覺得字距太寬。

新細明體
× FIFA World Cup
↓
Garamond
○ FIFA World Cup

● 英文選用英文字體，看起來才漂亮。

微軟正黑體
× Pop Music
↓
Calibri
○ Pop Music

② 選擇質感相近的字型

❶ 假設中文的選擇是明體，英文的部分可搭配襯線體。

❷ 如果中文的選擇是黑體，英文的部分可搭配無襯線體。

- 下面的例子使用了新細明體與無襯線體的 Arial。英文單字被過度強調，可讀性與辨識性都變差。

新細明體 & Arial

✕ LINE讓您隨時隨地享受快速、便捷、免費的簡訊服務。 該應用程式可以在智慧型手機、PC、平板電腦、Windows和Mac OS上使用。
在日本有超過8400萬人在使用。

- 下面的例子將英文字型換成襯線體的 Garamond。沒有多餘的間距，文字變得容易閱讀。

新細明體 & Garamond

○ LINE讓您隨時隨地享受快速、便捷、免費的簡訊服務。 該應用程式可以在智慧型手機、PC、平板電腦、Windows和Mac OS上使用。
在日本有超過8400萬人在使用。

- 下面的例子使用了微軟正黑體與襯線體的 Century。出現莫名的空白，導致文字變得難以閱讀。

微軟正黑體 & Century

✕ 透過IoT系統，只要嵌入在我們周圍所有物體中內建有相關的Sensor，就能透過Internet進行Communication。

- 下面的例子將英文字型換成無襯線體的 Arial。日文與英文的字體相似，所以看起來比較自然。

微軟正黑體 & Arial

○ 透過IoT系統，只要嵌入在我們周圍所有物體中內建有相關的Sensor，就能透過Internet進行Communication。

③ 選擇大小與筆畫粗細接近的字型

❶ 就算字級相同，英文字型看起來還是比中文字型來得小，所以英文字型不要選擇看起來非常小的種類，而是要選擇字面較大的種類。

❷ 字體的粗細若是有明顯的差異，某一邊的字體就會太過突兀，文章的編排也變得很醜。選擇字體粗細相近的組合才能顯得自然。

- 英文字母與數字太小，就會覺得文字高度的起伏過於明顯。

微軟正黑體 & Calibri

✕ 橫浜Garden Place是拍攝IG網美照No.1的地方

- 下面的例子將英文字型換成略大的 Segoe UI。文字的大小變得一致，外觀也變得比較好看。

微軟正黑體 & Segoe UI

○ 橫浜Garden Place是拍攝IG網美照No.1的地方

- 新細明體與襯線體的 Century 雖然是不錯的組合，但 Century 看起來太粗了。

新細明體 & Century

✕ 將為第17屆KIDS DANCE FAIR的展開制定Facebook和TV廣告的媒體策略

- 下面的例子將英文字型換成 Cambria 了。字體的粗細一致後，眼睛比較沒有負擔。

新細明體 & Cambria

○ 將為第17屆KIDS DANCE FAIR的展開制定Facebook和TV廣告的媒體策略

25 選擇符合印象的字型

Key word ▼ 選擇字型的方法

要最有效率地說明資料的內容，字型的選擇可說是至關重要。建議大家不要只使用預設的游 Gothic 或游明朝，而是要根據訊息的內容以及設計語彙，選擇更適當的字型。光是換個字型，資料的質感就會很不一樣。

決定使用的字體

要有效率地傳遞訊息，就必須選擇涵意與印象一致的字體。建議大家透過下列的步驟來選擇字型。

① 選擇字體

第一步要先選擇文字的系統，也就是所謂的「字體」。中文的話，以明體、黑體為主，英文則以襯線體與無襯線體為主。可從中選擇與內容相符的字體。

如果是長篇文章，可選擇讀起來比較不吃力，可讀性較高的明體；需要突顯重點的投影片則可使用辨識性較高的黑體。

② 選擇字型

接著是選擇字型。選擇有尖角（有裝飾的字型或襯線體）的字型可營造認真、剛強的感覺，選擇有稜有角的字型可營造俐落感，選擇帶有圓弧的字型可營造柔和的感覺。

一開始可先使用預設的新細明體這類容易閱讀的字型。

③ 決定字體粗細

最後要決定字體的粗細。大部分的字體都有細、中、粗這三種粗細。

越細的字型越纖細，越有女性陰柔的質感，越粗的字型則越陽剛。如果是長篇文章，最好選擇較細的字型，同時也要避免文字全擠在一起，免得整篇文章看起來黑成一片。

● 預設的字型都擁有極高的辨識性與可讀性，所以都能放心使用。

本文に游ゴシック
見出しに游ゴシック Medium
本文に游明朝
見出しに游明朝 Demibold
本文と見出しにメイリオ

● 沒有纖細感的字型盡可能少用

MSゴシック
MS明朝
HGゴシックE
HG明朝E
HGP創英角ｺﾞｼｯｸUB
HGP創英ﾌﾟﾚｾﾞﾝｽEB

● 個性鮮明的字型雖然很有趣，但如果讀者覺得不容易閱讀可就本末倒置了。

HG行書体は筆感あるが…
富士POP体は面白いが…
HG教科書体は生真面目だが…
恋文ペン字は手紙風だが…

等寬字型看起來很俐落

文字寬度的部分要請大家先記住**等寬字型**與**比例字型**。

等寬字型是指每個文字的寬度都一致的字型，不管是較窄的「i」還是較寬的「w」，都設定為相同的寬度。

套用等寬字型的文章雖然不容易閱讀，但看起來比較漂亮，也比較俐落，很適合在標題或文案這類**字數較少的位置使用**。

細明體、MS Gothic、Courier New、Terminal 都是等寬字型。

● 每個文字的寬度都不同，所以單行的字數會出現差異。

等寬字型（MS Gothic）

文字デザインの世界

比例字型（MS P Gothic）

文字デザインの世界

● 等寬字型的英文字母的間距比較清爽

等寬字型（OCRB）

Character design

比例字型（Calibri）

Character design

利用比例字型排出漂亮的文章

另一方面，比例字型則是每個文字的寬度都不一致的字型，舉例來說，「i」的寬度較窄，「w」的寬度較大，所以文章的整體性較佳，即使是長篇文章，讀起來也比較舒服。

MSP 或 MSP Gothic 這類加了「P」的字型都是比例字型，而近期出現的字型如游 Gothic 或 meiryo 通常也是比例字型。

除了少部分的英文字型之外，Arial、Times New Roman 以及其他字型幾乎都是比例字型，所以若無特殊理由，就直接將英文字母設定為比例字型吧！

等寬字型的字距會有多餘的空白，
讓人覺得文章很鬆垮。

等寬字型（MS Gothic）

Japanese world heritage
The world's cultural and natural heritage is produced by global generation and human history and is the irreplaceable treasure taken over to present from the past. The world's cultural and natural heritage by which cultural heritages are 19 cases and total of 23 cases by which a natural legacy is 4 is registered with Japan (current as of 2020). A country is small Japan, but I'll tell a legacy of human commonness in posterity confidently.

採用比例字型的話，文章的結構較紮實，
比例也較均衡。

比例字型（Segoe UI）

Japanese world heritage
The world's cultural and natural heritage is produced by global generation and human history and is the irreplaceable treasure taken over to present from the past. The world's cultural and natural heritage by which cultural heritages are 19 cases and total of 23 cases by which a natural legacy is 4 is registered with Japan (current as of 2020). A country is small Japan, but I'll tell a legacy of human commonness in posterity confidently.

選擇字型的方法

了解字型的特徵，選擇效果最佳的字型之後，整個頁面就變得更加理想。如果將「正確傳遞資訊」視為首要任務，可選擇結構單純的黑體。

歷史悠久的細明體是比較不細膩的字體，也給人陳腐的印象，所以具有現代風格的微軟正黑體才會成為主流字型。

要注意的是粗體字的使用方法。MS 明朝或 MS Gothic 這種透過描邊變粗的**偽粗體字**不怎麼好看，形狀也很粗糙。建議大家選擇其他的粗體字，或是使用有多種粗細的 Font-Family。

● 支援粗體的字型不會糊成一團

		粗體 ✕
MS明朝	➜	**MS明朝**
MSゴシック	➜	**MSゴシック**
Century	➜	**Century**

		粗體 ○
メイリオ	➜	**メイリオ**
游ゴシック	➜	**游ゴシック**
Segoe UI	➜	**Segoe UI**

● 適合製作資料使用的字型

字型名稱	Windows	macOS	特徵
思源黑體	○	○	字面較大，辨識性、判讀性都很高的美麗字型。
思源宋體	○	○	具有現代感和爽朗的感覺，又帶有傳統風味的字型。
Segoe UI	○		與中文的相容性極佳，是開放又容易接近的字型。
Helvetica		○	雖然樸素，卻不失勁道，是使用率最高的字型。
Arial	○		字面較大，易讀性較高。與 Helvetica 非常相似。
Calibri	○		比 Corbel 粗一點，文字末端呈圓形的現代字型。
Corbel	○		比 Calibri 細一點，文字末端略顯尖銳的字型。
Consolas	○		能看出零與英文字母「o」的差異，適合用於程式設計的等寬字型。
Verdana	○		兼具纖細、穩定、高辨識性的字型。
Cambria	○		襯線與直線很俐落，兼具柔和與時尚感的字型。
Garamond	○		以局部修飾與傾斜的文字、數字為特徵的字型。
Georgia	○	○	不容易糊成一團，方便閱讀的古典字型。
Times New Roman	○	○	泰晤士報開發的新聞專用字型。適合長篇文章使用。

- 下面的例子使用了無襯線體的 Calibri。
  由於是柔和的字型，所以讓人覺得很容易親近。

- 下面的例子使用了襯線體的 Garamond。
  高雅、沉著的印象十分明顯。

- 下面的例子使用了黑體的 meiryo。
  給人一種歡樂、活潑的氣氛。

- 下面的例子使用了 UD Digital 教科書體的字型。
  給人一種謹慎小心的印象，能營造說教的口吻。

26 設定方便閱讀的字距與行距

閱讀文章就是一行接著一行閱讀的動作。將字距、行距調整成便於閱讀的大小，控制整篇文章給人的印象，就是所謂的**文字編排**。妥善安排文字之間的距離，就能打造出兼具辨識性、判讀性的美麗版面，讀者也能快速汲取內容。

找到均衡的字距

文字與文字的間距（**字距**）會影響頁面的整體印象，字距緊湊會讓人覺得緊張、有躍動感，字距寬鬆則讓人覺得從容與安心。雖然長篇文章不太需要注意這個部分，但是字級較大的標題、小標或文案的話，都可利用字距營造效果。

平假名、片假名、促音、拗音的字距看起來較寬，所以得化解這種稀疏感，提升可讀性。標題可透過第一眼的印象抓住讀者內心；小標能讓讀者想像主旨；引言能帶領讀者進入內文。標題、小標、引言的文字若是容易閱讀，讀者對文章就會更有好感。

● 字距狹窄時，就會變得活潑，字距拉寬時，就會變得更從容。

緑を纏う暮らしの空間	狹窄
緑を纏う暮らしの空間	標準（字距與字級相同大小）
緑 を 纏 う 暮 ら し の 空 間	拉寬

● 就算只有片假名的字距變窄，看起來也很漂亮。

ファッションは楽しい。	標準（字距與字級相同大小）
ファッションは楽しい。	只有片假名的字距縮小

Word 與 PowerPoint 的字距設定

文字編排時適當調整字距，能讓文章的字距顯得更加自然，文章也會變得更容易閱讀。

Word 可在「字型」對話框「進階」索引標籤的「間距」設定字型。

PowerPoint 可在「常用」索引標籤「字型」的「字元間距」（或是「字型」對話框的「字元間距」索引標籤）設定字距。

● Word 可於「字元間距」設定字距

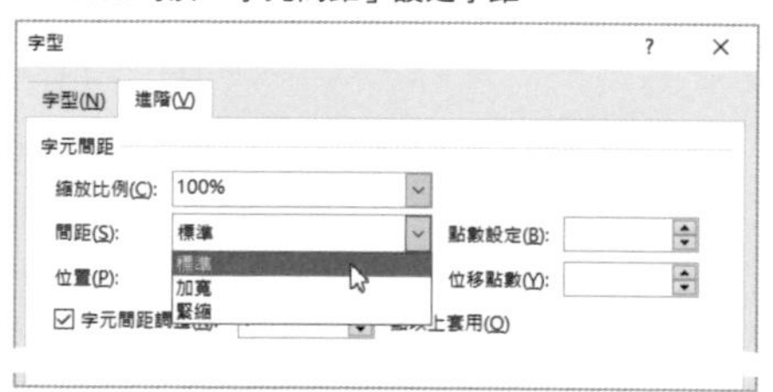

● PowerPoint 可於「字元間距」設定字距

調整行距，提升易讀性

編排段落時，也需要調整行與行的間距（**行距**）。縮短行距可讓段落更具整體性，卻也會變得更難閱讀。

反之，若拉開行距，每個字會變得容易閱讀，但也顯得比較寬鬆。

最適當的行距通常與單行的字數、行數、字體、文字大小有關。單行的字數若較多，視線的移動距離就較遠，也會變得不容易閱讀，拉開行距能讓讀者看出每一行的動線。

反之，單行的字數若較少，視線就不需要大幅移動，但讀者就比較難以了解內容，所以要縮短行距，提升易讀性。

單行字數太多時，可拉寬行距、縮小字距，營造段落的整體性。請大家多設定幾次，找出看起來漂亮，又能兼顧單行易讀性的行距。

Word 與 PowerPoint 的行距設定

Word 與 PowerPoint 的行距是指「前一行文字的上緣」到「下一列文字的上緣」之間的距離，換言之，行距就是「文字大小＋前一行與下一行之間的空白」。

以文字大小為 11 點的情況為例，將行距設定為 11 點，就會是行與行緊緊貼在一起的行距。

PowerPoint 的預設值就是與字級大小一致的行距，所以看起來很擁擠，若使用字面較大的 meiryo 字體，行距會變得太大。

總括來說，行距應該比一個文字的高度小一點，差不多是百分之七十（約 0.7 個文字的高度），通常會是 2 ～ 6 點為基準值。

● 下面這篇文章的行距為 24 點（字級與行距相同）。若沿用 PowerPoint 的預設值，每一行顯得有點擠。

福祉用具レンタルの市場規模は、2018年度で2,899億円でした。
今後、高齢者・介護関連製品・サービス市場は2025年に3倍
超の9,254億円が予測されています。シニアが急増する日本国
内では、介護施設は明らかに不足しています。どれだけ増や
してもこれは追いつかない数字なのです。ここでチャンスに
なるのが“在宅介護”というマーケットです。施設を増やすの
ではなく、なるべくお家に帰ってもらい、在宅での介護を進
める考え方がますます高まっています。

● 試著拉開行距（行距為「固定行高」、間距為「32pt」）

福祉用具レンタルの市場規模は、2018年度で2,899億円でした。
今後、高齢者・介護関連製品・サービス市場は2025年に3倍
超の9,254億円が予測されています。シニアが急増する日本国
内では、介護施設は明らかに不足しています。どれだけ増や
してもこれは追いつかない数字なのです。ここでチャンスに
なるのが“在宅介護”というマーケットです。施設を増やすの
ではなく、なるべくお家に帰ってもらい、在宅での介護を進
める考え方がますます高まっています。

● 進一步縮減字距（字距設定為「緊密」）

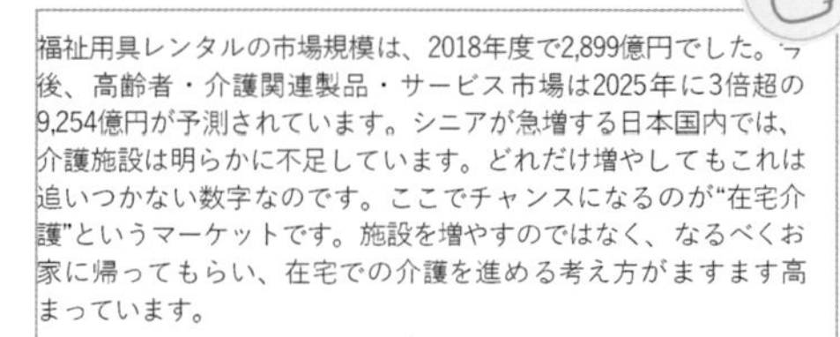

福祉用具レンタルの市場規模は、2018年度で2,899億円でした。今
後、高齢者・介護関連製品・サービス市場は2025年に3倍超の
9,254億円が予測されています。シニアが急増する日本国内では、
介護施設は明らかに不足しています。どれだけ増やしてもこれは
追いつかない数字なのです。ここでチャンスになるのが“在宅介
護”というマーケットです。施設を増やすのではなく、なるべくお
家に帰ってもらい、在宅での介護を進める考え方がますます高
まっています。

● 行距就是「文字大小」+「前一行與下一行之間的空白」

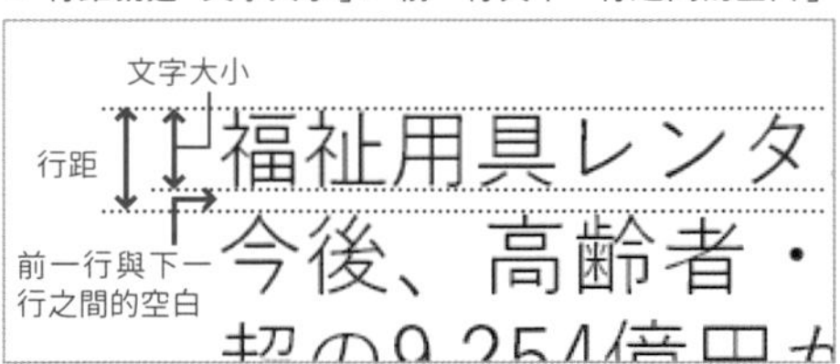

● PowerPoint 可在「段落」對話框的「間距」設定行距

27 找到最適當的字級大小

Key word ▼ 字級大小

就算放大頁面之中的文字，也不一定就比較搶眼。就算放大了要強調的關鍵字，如果還是與內文的字級差不多大小，那麼也看不出任何差異。請根據資訊元素扮演的角色以及資訊的重要性，設定對應的字級。

利用文字的強弱營造律動

頁面之中的文字扮演著不同的角色，所以各有最佳的字級大小。舉例來說，標題的任務在於大聲宣傳內容，小標與關鍵字的任務是引導讀者閱讀內文，內文則負責說明內容。要讓這些部分完成各自的任務，就必須設定適當的字級，此時的重點在於文字之間的相對大小。

在放大要強調的標題或文案之餘，將需要仔細閱讀的內文設定成容易閱讀的大小，再讓其他的部分縮小，營造魄力十足或沉靜的強弱變化，就能賦予頁面張力與律動，讀者也能進一步了解內容。

字級相同，就會變得很無聊、單調。

目標

個人の経験を全員が共有して
サービスノウハウを蓄積·強化する！

サービスを受けた全国のお客様から、日々さまざまな要望が寄せられています。集まってくる要望の中には、ぜひ経験しておきたい事象、誰もが注意しておきたい事象、なかなか経験できない稀な事象が含まれています。
こうした貴重な情報は、すべて宝です。適時整理し、データベース化することで、ほかのスタッフのスキルアップにつながります。個人の経験を全員が共有することで、サービスノウハウが蓄積・強化されていきます。

設定三種字級可促進讀者了解內容

目標

個人の経験を全員が共有して
サービスノウハウを蓄積·強化
する！

サービスを受けた全国のお客様から、日々さまざまな要望が寄せられています。集まってくる要望の中には、ぜひ経験しておきたい事象、誰もが注意しておきたい事象、なかなか経験できない稀な事象が含まれています。
こうした貴重な情報は、すべて宝です。適時整理し、データベース化することで、ほかのスタッフのスキルアップにつながります。個人の経験を全員が共有することで、サービスノウハウが蓄積・強化されていきます。

標題可以一口氣放大

在此要建議大家「果斷放大」標題或小標。在不破壞版面整體性的前提下放大標題或小標，再選用視覺效果明顯的字型。

有些人會覺得「放大文字的話，看起來很低俗」，但商業資料的目的在於告訴對方想法、徵求對方的同意、促使對方採取行動，所以先利用較大的文字引起對方「這是什麼？」的動機，再讓對方進一步閱讀內容才是真正重要的事。

一個頁面的字級不要超過三種比較好。若是 PowerPoint 的投影片，內文的字級應該介於 24 ～ 32 點，列印的資料應該介於 10 ～ 12 點，不過這不是唯一的標準答案。

● 文字大小的標準

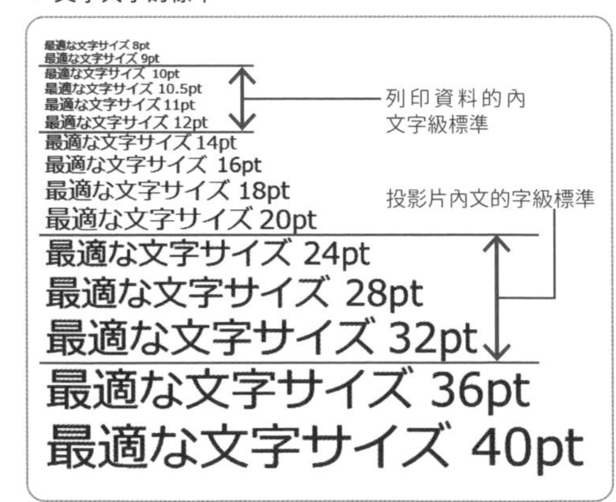

Example 利用三種字級替頁面營造律動

種類 ▶ **提案** | 重點 ▶ **賦予文字張力** | 對應軟體 ▶ 

缺乏變化、讓人不想閱讀……
明明整理得很整齊，卻沒辦法勾起讀者興趣……

這是將內文字級統一為 14 點的提案。項目、標題、內文的字級都一樣，所以絞盡腦汁寫出來的小標一點都不吸睛。雖然相同的字級可營造整體性，但過於平淡的頁面實在引不起讀者興趣。MS Gothic 字型也讓人覺得很老派。

新食材洽談會議的提案

1. 意図

野菜で楽しむ産地と旬

当社は、定番の料理メニューが8割にのぼる。年4回は提供するメニューを変更しているが、食に敏感なお客様からは「物足りない」という声が少なくない。そこで素材に定評がある昼食メニューをリニューアルし、固定客の増加を狙いたい。新メニュー開発につながる食材探しと、当社ならではの「食のこだわり」に向けて、業者とのオープンな商談会を開催したい。

2. テーマ

四季の野菜再発見

～五感が喜ぶ季節の食材探し～

実を食す	根を食す	葉を食す
ししとうがらし	かぶ	エンダイブ
ズッキーニ	ヤーコン	トレビス
にがうり	ウコン	チコリ
オクラ	れんこん	つるむらさき

3. 概要

取引先の活性化

当社ホームページ等にて募集と告知を行う。現取引先（仕入れ先）のほか、取引を希望する新規業者にも参加を促し、取引先の活性化と企画の拡充を推進する。食材、ルート、量、価格を紙面にて提示し、応対者と基本ベースを商談する。

日時	2021年10月14日(木)・15日(金)
	13時～16時
場所	東京本社 A～D会議室
募集方法	ホームページにて募集
告知手段	現取引先：営業担当者より連絡
	新規取引先：ホームページにて告知
問合せ	現取引先：各営業担当者
	新規取引先：食品管理部 佐藤祐也
	TEL 03-1234-5678　FAX 03-1234-9999

After

大膽放大每個項目的小標。
一眼就能看到提案的重點！

下列的例子使用了 10.5、12、24 點這三種字級。各項目的小標都放大為 24 點，長篇的文章則設定為 10.5 點。賦予文字張力之後，就能創造律動或節奏，讓讀者由上往下閱讀。將字型換成游 Gothic 之後，易讀性也大幅提升了。

新食材洽談會議的提案

1. 意図

野菜で楽しむ産地と旬

当社は、定番の料理メニューが8割にのぼる。年4回は提供するメニューを変更しているが、食に敏感なお客様からは「物足りない」という声が少なくない。そこで素材に定評がある昼食メニューをリニューアルし、固定客の増加を狙いたい。新メニュー開発につながる食材探しと、当社ならではの「食のこだわり」に向けて、業者とのオープンな商談会を開催したい。

2. テーマ

四季の野菜再発見

～五感が喜ぶ季節の食材探し～

実を食す	根を食す	葉を食す
ししとうがらし	かぶ	エンダイブ
ズッキーニ	ヤーコン	トレビス
にがうり	ウコン	チコリ
オクラ	れんこん	つるむらさき

3. 概要

取引先の活性化

当社ホームページ等にて募集と告知を行う。現取引先（仕入れ先）のほか、取引を希望する新規業者にも参加を促し、取引先の活性化と企画の拡充を推進する。食材、ルート、量、価格を紙面にて提示し、応対者と基本ベースを商談する。

日時	2021年10月14日(木)・15日(金)
	13時～16時
場所	東京本社 A～D会議室
募集方法	ホームページにて募集
告知手段	現取引先：営業担当者より連絡
	新規取引先：ホームページにて告知
問合せ	現取引先：各営業担当者
	新規取引先：食品管理部 佐藤祐也
	TEL 03-1234-5678　FAX 03-1234-9999

為了避免小標過於沉重，另外套用了綠色

28 利用小標突顯主題

Key word ▼ 小標

比起設計的優劣，商業資料更看重是否能「一讀就懂」，讀者往往會在第一眼就決定是否繼續閱讀。如果能讓讀者知道「裡面寫著自己該知道的資訊」，讀者就會比較願意閱讀。讓我們利用小標引導讀者吧！

小標對讀者與製作者都有好處

要讓興趣缺缺的讀者閱讀內容，莫過於在內容加上小標。撰寫小標可説是「用一句話總結內容」，換言之，就是找出與內容相符的關鍵字，藉此突顯主題的意思。

讀者看到小標之後，會產生「至少讀到下個小標為止」的想法，也就是會訂下要閱讀多少內容的目標，而且就算是對內容沒興趣的人，也會先看到小標。

精闢的小標能留下深刻的印象，也能讓讀者更順利了解內容，製作者也能進一步規劃文章的內容，所以小標對讀者與製作者都是百利而無一害的。

利用小標改變頁面的質感

小標通常會是代表文意的一句話或關鍵字。透過小標暗示結論的話，就算小標很精簡，讀者也能根據小標判斷文章的內容。假設是比較隨性的簡報，也能置入文案，開心地撰寫小標。

想傳遞給讀者哪些內容，又希望讀者採取哪些行動時，都需要不同的小標。想要說得言簡意賅，就將小標寫成「名詞」，如果希望描述狀況或某種姿態，就寫成「修飾語＋名詞」，如果希望讀者採取行動就寫成「動詞」。

小標的字體應該比內文粗，或是比內文大，也可以試著設定成其他顏色，就會有畫龍點睛的效果。

小標是引導讀者閱讀內文的線索，是讓隱而不顯的資訊浮出水面的工具。建議大家在編排小標時，不要將小標放在過於突兀的位置。

平淡的段落編排會讓讀者花很多力氣閱讀

光是加上小標，主題就變得清晰可見。

替小標設定顏色，營造律動感，讀者就會更想閱讀。

Example 利用小標打造勾起讀者興趣的頁面

種類 ▶ 提案 ｜ 重點 ▶ 插入小標 ｜ 對應軟體 ▶ 

正因為是字數較多的頁面，才更需要將內容編排成「引起讀者興趣」的版面……

冗長的文章會讓人有種「不得不讀」的感覺，所以字數比較多的文章，就必須編排成讓人想要閱讀的版面。光是放入小標，易讀性就會提升不少了。

食品製造業的現狀與展望

食品製造業の過去の推移は、平成18年から平成20年にかけて若干の増加傾向にありました。平成20年の食品業界は、前年から続く値上げラッシュが鎮静化した矢先、秋には世界的な景気後退の影響を受け、業績は伸び悩み傾向に。平成21年に入ると、長引く消費不況の影響により、消費者の購買意欲が一層低下する結果となりました。

平成24年末の政権交代以降、株価の上昇など国内景気は回復基調に。平成25年にも消費者心理の回復や、消費増税前の駆け込み需要の影響で、堅調な業績を記録しています。一方で、平成25年に入ってからは、急速な円安基調に風向きが変化。原材料の多くを輸入に頼っている食品製造業界にとっては、完全な逆風となっています。

円安という逆風下で、原材料の占める割合が高い製油、ソーセージ、ハム、ジャム、冷凍食品、ワインなどが相次いで値上げへと向かっています。一方、価格に敏感な消費者に考慮し、同じ値段で内容量を減らすなど、"実質値上げ"を行う食品メーカーも相次ぎました。食品製造業においては、競争環境が厳しさを増す中、規模拡大を通じた競争力の強化が求められています。

国内の食品需要は、少子高齢化、人口減少などを背景に長期的には縮小傾向にあります。こうした動向を受け、食品大手各社は海外へと活路を見出しています。

国内食品最大手の味の素はタイ、インドネシア、ベトナム、フィリピン、マレーシアなど東南アジアを中心にすでに積極展開を開始。国内ハム最大手の日本ハムは、米国、オーストラリア、英国に生産拠点を設立しています。

しょうゆ最大手のキッコーマンは米国、シンガポール、台湾、中国などに子会社を設立。日本食ブームを背景に海外展開を進めています。製菓大手のカルビーは米ペプシコと資本提携し、北米市場で本格展開を開始。韓国、中国、台湾では子会社を設立し、市場開拓を目指します。

令和時代に入り、若干の持ち直しはあるものの国内市場が停滞する中、海外展開を加速する食品各社。今後も海外展開の動きは活発化するものと見られ、今後の動きに注目が集まっています。

在內文置入間距適當的小標，頁面就會變得更緊湊！

下列的範例置入了足以充當結論的三個小標，而且還以色塊突顯。如此一來，文章就顯得更精簡，這也是讓沒什麼耐性的讀者依序閱讀小標的方法。要注意的是，若是過於強調小標，有時反而會破壞頁面的整體性，讓讀者不知道整篇文章的重點。

食品製造業的現狀與展望

急速な円安

食品製造業の過去の推移は、平成18年から平成20年にかけて若干の増加傾向にありました。平成20年の食品業界は、前年から続く値上げラッシュが鎮静化した矢先、秋には世界的な景気後退の影響を受け、業績は伸び悩み傾向に。平成21年に入ると、長引く消費不況の影響により、消費者の購買意欲が一層低下する結果となりました。

平成24年末の政権交代以降、株価の上昇など国内景気は回復基調に。平成25年にも消費者心理の回復や、消費増税前の駆け込み需要の影響で、堅調な業績を記録しています。一方で、平成25年に入ってからは、急速な円安基調に風向きが変化。原材料の多くを輸入に頼っている食品製造業界にとっては、完全な逆風となっています。

値上げという短期視点

円安という逆風下で、原材料の占める割合が高い製油、ソーセージ、ハム、ジャム、冷凍食品、ワインなどが相次いで値上げへと向かっています。一方、価格に敏感な消費者に考慮し、同じ値段で内容量を減らすなど、"実質値上げ"を行う食品メーカーも相次ぎました。食品製造業においては、競争環境が厳しさを増す中、規模拡大を通じた競争力の強化が求められています。

国内の食品需要は、少子高齢化、人口減少などを背景に長期的には縮小傾向にあります。こうした動向を受け、食品大手各社は海外へと活路を見出しています。

加速する海外進出

国内食品最大手の味の素はタイ、インドネシア、ベトナム、フィリピン、マレーシアなど東南アジアを中心にすでに積極展開を開始。国内ハム最大手の日本ハムは、米国、オーストラリア、英国に生産拠点を設立しています。

しょうゆ最大手のキッコーマンは米国、シンガポール、台湾、中国などに子会社を設立。日本食ブームを背景に海外展開を進めています。製菓大手のカルビーは米ペプシコと資本提携し、北米市場で本格展開を開始。韓国、中国、台湾では子会社を設立し、市場開拓を目指します。

令和時代に入り、若干の持ち直しはあるものの国内市場が停滞する中、海外展開を加速する食品各社。今後も海外展開の動きは活発化するものと見られ、今後の動きに注目が集まっています。

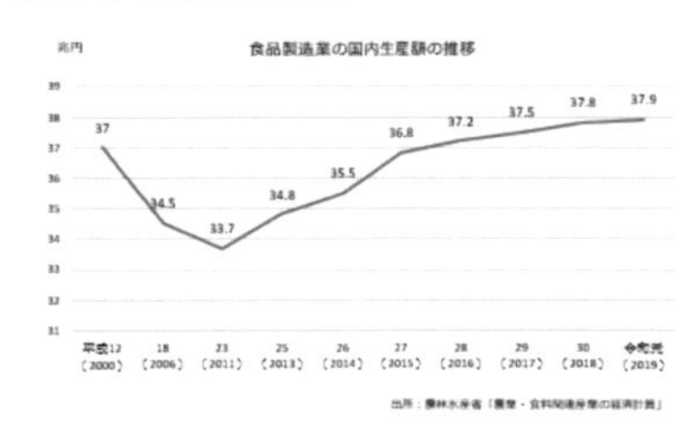

小標是讓讀者喘口氣，遙想主題的部分

讓小標像文案般聳動

能引起讀者興趣的文案通常能讓讀者對資料產生期待。簡報的文案就是要讓讀者跳過說明，快速理解內容的部分。

所以，文案的重點在於「內容簡單易懂」，而不是「很有震撼力」，只要能讓讀者想像接下來的內容就可以了。

■ 找出符合內容的詞彙

我們能做的事情就是找出符合內文的關鍵字，再將關鍵字寫成文案。

關鍵字是一個詞彙，而不是一個句子。能清楚說明內容的短詞往往令人印象深刻。

文案的重點在於簡單明快，如果能讓讀者跳過內文，直接想像內容，那是再理想不過的事。如果在製作資料的時候，發現內容很艱澀，不妨置入文案，緩和內容的氣氛。

進行簡報時，就算是不想閱讀內文的人，也會讀一下文案，所以請將文案納為自己的朋友。

● 製作文案的重點

使用簡單明快的詞彙

利用一句話讓讀者想像內容

讀者產生期待更好

● 利用簡單明快的詞彙抓住讀者的心吧

✕ 明年的不動產價格預測
↓
○ 奧運結束後，不動產的價格也不會下跌

✕ 遠端工作的現況與未來
↓
○ 讓上班族減少七成的祕訣！

✕ 以DX加速的辦公室生產力
↓
○ DX可讓辦公室的生產力提升60%

封面的標題也要多留意

在製作資料的時候，很多人都會輕忽封面標題。明明內容經過多次修訂，封面的標題卻只有「〇〇的提案」或「關於〇〇」的例子實在多不勝數。

大家都知道，封面標題是讀者最先看到的部分，所以標題寫得好，就能讓原本不想閱讀資料的人看一下內容，也能引起那些覺得資料沒什麼的人的興趣。

照理說，封面標題本該是宣傳利器，不好好撰寫實在太過可惜。

在撰寫封面標題時，請與撰寫小標一樣，不要使用語意模糊的詞彙，而是要使用足以具體描述內容的詞彙。

■ 利用英語傳遞「氣氛」

如果想讓標題或文案變得更知性、更精練，不妨使用英文撰寫。

就算是看起來很「沉重」、「不夠優雅」的日文詞彙，寫成英文能平衡感受，進而引出聰明、智慧的感覺。

若要使用英文撰寫標題或文案，可利用英文撰寫主要標題，再加上副標。

日文與英文的組合可讓語言之間的對比提高，讓整體的設計更加紮實，也能強化訊息本身的「氣氛」。

大家不妨根據簡報的內容與目的，挑戰使用中文、法文或其他外文撰寫標題或文案。

● 平凡無奇的封面標題很難讓人對主題產生期待

● 使用英文撰寫封面標題讓人覺得更酷，更有印象。

● 加上一句突顯內容本質的副標，英語標題就更加顯眼。

29 利用條列式讓冗長的文章變得乾淨俐落

Key word ▼ 條列式

想說的事情越多，文章就越容易變得冗長，這會讓讀者越讀越累，也會讓讀者在閱讀之前就想要放棄。商業資料的文章應該盡可能精簡，才能引起讀者的興趣。

利用條列式打造易讀的文章

若從讀者的角度來看，文章應該每 2、3 行換行一次。如果是簡報這類企劃書或提案，最好不要使用連接詞，直接將句子拆開來寫會比較好。

要讓冗長的文章變得精簡，最理想的方法就是**條列式**。將文章整理成條列式之後，資訊與原本被埋在文字之中的重點也浮出檯面，文章也會因為這種多行構造的視覺效果變得「清晰可見」。如此一來，隱藏在文章之中的涵意也將透過短短的句子變得更清楚易讀。

「一個項目寫成一行」

條列式應該刪掉多餘的語句，寫得越簡單越好，若是寫得冗長，就失去寫成條列式的意義，所以最好「一個項目寫成一行」。

由於條列式是以短句撰寫內容的格式，所以可使用以名詞、代名詞、量詞作結的句子或是冒號以及其他精簡的方式撰寫。

一般的文章都會加上句號，但以名詞、代名詞、量詞作結的句子通常可以省略句號。單行的字數最好能一致，看起來才會漂亮。

將文章整理成條列式的時候，最好注意右側這些重點，內容保持簡單易懂。

讀者想要的是「言簡意賅」

太陽能的現狀與課題

太陽光を直接電気に変える「太陽光発電」と
蒸気の力でタービンを回す「太陽熱発電」

(http://www.nikkei4946.comより引用)

光是整理成條列式，主題就變得清晰可見。

太陽能的現狀與課題

太陽光を直接電気に変える「太陽光発電」
太陽電池で太陽光を直接電気に変えるのが「太陽光発電」です。太陽電池は、光に反応する半導体（シリコンなど）や金属化合物の性質を利用して、太陽光から直接電気を発生させる技術です。

<特長>
■ 一般の住宅など多くの場所に設置可能。
■ 乱反射して到達した散乱光も利用できる。
■ 広大な土地を確保する必要がない。
■ 湿度が高い国や地域でも有効な技術である。

蒸気の力でタービンを回す「太陽熱発電」
複数の巨大な反射鏡で太陽光を集め、そこで生じる放射熱により発生させた蒸気でタービンを回して発電するのが「太陽熱発電」です。タワートップ式（集中方式）とトラフ式（分散方式）があります。

<特長>
■ 太陽光発電に比べて発電効率が高い。
■ 広い土地が必要になる。
■ 発電には直達光が欠かせない。
■ 日差しが強い国や地域には最適な技術である。

(http://www.nikkei4946.comより引用)

● 條列式的重點

1 分組

項目過多時，可分組或整理成階層架構，讀者才容易理解。

2 設定規則

依照重要程度、時間、五十音這類讀者能夠意會的順序由上而下排列。

3 在句子開頭加上符號

在行首加上黑點或中點（‧）。如果是步驟、順序、數量這類內容，則可加上「(1)」或「①」這類編號，讀者就更容易閱讀。

Example 利用條列式打造讓讀者更想閱讀的頁面

種類 ▶ **提案** ｜ 重點 ▶ **讓頁面變得俐落** ｜ 對應軟體 ▶ 

塞滿了項目與文章的頁面讓人一點都不想「閱讀」……

寫滿想法，長篇大論的資料非常常見，而這種資料會造成讀者很大的負擔。若希望企劃得以通過，必須讓讀者不用讀就能了解內容。

利用大數據改善品項不足的提案

Improvement of the assortment by big data

背景

これまで売れる商品を中心に陳列することで、購買率を上げてきた。しかし、ここ数年はヒット商品が必ずしも、消費者の購買意欲を刺激しているわけではないことがわかってきた。これは、店に行けば必ず置いてあるという嗜好中心の購買であり、同じ商品を何度も購入するリピート率の重要性である。このような隠れヒット商品を見つけ、固定客の来店を促す商品提供が重要になっている。

目的

「どんな消費者が、いつどこで何を買ったか」という消費の実態は、ビッグデータの解析で把握できる。具体的には、POSデータとポイントカードの利用履歴を相互に掛け合わせて解析することで、前述した隠れヒット商品（高リピート率商品）を発見し、新商品の購買傾向を性別、地域、年齢、天候などに応じて詳しく把握できる。本提案は、ビックデータを収集・分析して、需要予測による商品の品揃えと、店内の商品陳列の最適化のために徹底活用することである。

改善内容

ビッグデータで使用するのは、当社のPOSシステムと１千万人の共通ポイントカード。このポイントカードの利用履歴をベースに、ツイッターなどのSNS情報を組み合わせて、購買動向を詳しく把握する。これまで勘で行っていた仕入れ発注は、ビッグデータを駆使して適正、かつ機会ロスをなくした商品陳列で売り場の改善を行う。隠れヒット商品を見つけ出し、販売の機会ロスを防ぎ、固定客につながる品揃えの制度を飛躍的に高める。

データ分析と活用へのプロセスとしては、まず、情報の出所を明確にする。店頭（当社店舗）なのか、インターネット（ショッピングサイト）なのかである。次に、情報の種類をはっきりさせる。ポイントカードの利用履歴（POS）やSNSの書き込みとつぶやきである。その後、回帰分析やクラスター分析、因子分析などデータ分析を行い、有意なデータを見つける。見つかったデータは、要予測による商品の品揃えや、店内の商品陳列の最適化といった活用策を実施する。このようにビッグデータを収集・分析し、それを戦略的に生かすことが本企画の改善ポイントになる。

整理成條列式的企劃書之後，整個內容變得單純，也更容易掌握重點！

將各項目的文章整理成條列式，整個頁面就會變得清爽，讀者也能快速掌握重點。下方的部分利用編號與階層整理後，變得更容易閱讀。要將條列式轉化成階層架構，可使用「增加縮排階層」按鈕或在段落換行後，按下 Tab 鍵。

利用大數據改善品項不足的提案

Improvement of the assortment by big data

背景 ————

■ 必ずしも、ヒット商品が購買意欲を刺激していない。
■ 嗜好中心の購買行動である。
■ リピート購入が重要になってきている。
■ 固定客の来店を促す商品提供が重要だ。

目的 ————

■ 隠れヒット商品（高リピート率商品）を発見する。
■ 購買傾向を属性で詳しく把握する。
■ 需要予測による正しい商品の品揃えを行う。
■ 店内の商品陳列の最適化を図る。

改善内容 ————

■ １千万人の共通ポイントカードをビッグデータに使用。
■ ポイントカードの利用履歴とSNS情報を組み合わせる。

<データ分析と活用へのプロセス>

1. 情報の出所
   ① 店頭（当社店舗）
   ② インターネット（ショッピングサイト）
2. 情報の種類
   ① ポイントカードの利用履歴（POS）
   ② SNSの書き込みとつぶやき
3. データ分析
   ① 回帰分析
   ② クラスター分析
   ③ 因子分析など
4. データ活用
   ① 需要予測による商品の品揃え
   ② 店内の商品陳列の最適化

在有行首文元的段落使用等寬字型縮排一個字元，就能讓多行的段落對齊開頭

將條列式整理成階層架構之後，就能一眼看出資訊的大小關係

30 利用整齊的條列式加深讀者的理解

Key word
項目符號／段落編號／縮排

條列式的重點在於讓內容各自獨立與俐落。使用●或■這類**項目符號**、1. 或（1）這類**段落編號**，就能突顯條列式的內容，也能讓這些內容對齊，這也是讓單行或兩行以上的條列式變得漂亮的祕訣。

利用條列式讓讀者注意每一句話

條列式雖然能讓文章變得精簡，但要讓讀者注意到每一行的開頭，區分每一句話，可使用項目符號或段落編號。

常用的項目符號有●或■，PowerPoint 或 Word 可在「常用」索引標籤的「段落」的「項目符號」選取。

不過，有時數字比符號更直覺，所以想讓讀者注意到順序、流程或個數時，可使用編號作為項目符號。從「常用」索引標籤的「段落」的「編號」就能選擇段落編號。

這些項目符號或編號都能設定顏色、字型與大小，也可以使用圖片代替，所以想讓頁面變得更漂亮時，絕對有一試的價值。

讓條列式變得簡單易讀

在建立條列式的內容時，請依照內容選擇項目符號。如果是相對隨性的提案，可使用◎或✓這類符號。如果頁面已經充滿了矩形的圖解，可利用實心的■避免混亂。

根據頁面的內容或質感建立條列式的規則，整個頁面就會變得更有整體性，條列式的內容也會變得更容易閱讀。

● 調整行距，讓段落變得分明，讀者就比較容易閱讀。

網路補習班

<メリット>
① 時間と場所を選ばず授業が受けられる
② 一般の予備校に比べて費用が安い
③ 何度でも講義を聞くことができる
④ 過去の問題を自由にダウンロードできる

<デメリット>
① 生の授業に比べ緊張感や強制力がない
② 積極的に学ぶ強い姿勢が必要になる
③ 疑問が生じた時点で講師に質問できない
④ 授業内容を相談する仲間ができにくい

● 要說明順序的數，以編號建立條列式是最理想的方法。

新進員工必備的Top10技能

1. 当たり前の「常識力」 71.2%
2. ここから始まる「挨拶力」 60.8%
3. よい関係を作る「会話力」 56.5%
4. 分かろうとする「理解力」 49.3%
5. 自分から前に出る「行動力」 45.8%
6. 絶対へこたれない「精神力」 35.1%
7. 周りを元気にする「体力」 33.0%
8. 魅力を感じる「人間力」 30.6%
9. 大胆かつ繊細な「判断力」 28.4%
10. 変化に対応する「応用力」 26.7%

● 讓條列式變得簡單易讀的重點

1 條列式最多五個。
太多就失去整理成條列式的意義

2 設定適當的行距，
避免太過侷促或鬆垮。

3 若資訊有優先順序時，
可利用階層架構整理（參考下一頁）。

4 統一每一頁與
每一層的條列式。

建立段落的階層

將資訊整理成條列式的時候，會發現有些資訊具有優先順序或是主從關係，這時候若能整理成階層架構，就更能充分地說明內容，此時若能採用與上層條列式不同的項目符號或段落編號，整個條列式就會變得更工整。

要將條列式整理成階層架構可在「常用」索引標籤的「段落」點選「增加縮排階層」按鈕（或是直接在行首按下Tab鍵），就能讓內容下降一層。要讓下降一層的內容往上升一層，可點選「減少縮排階層」（或是直接在行首按下Shift＋Tab鍵）。

若不賦予條列式的資料差異，讀者就無法進一步理解。

簡報的重點

1. 聞き手である対象者を知る
2. 最初に読む人は？
3. キーパーソンは？
4. 最終的に決める決裁者を知る
5. 現場責任者
6. 社長
7. 対象者が求める評価基準を知る
8. 将来的な事業の継続性
9. 投資コストと費用対効果
10. 実行手順と運用体制

將條列式的資料整理成階層架構後，讀者就能汲取資訊以及製作者的想法。

簡報的重點

1. 聞き手である対象者を知る
   ① 最初に読む人は？
   ② キーパーソンは？
2. 最終的に決める決裁者を知る
   ① 現場責任者
   ② 社長
3. 対象者が求める評価基準を知る
   ① 将来的な事業の継続性
   ② 投資コストと費用対効果
   ③ 実行手順と運用体制

不新增段落，直接換行

另一方面，有時候會需要在條列式的下一行置入說明，但這時候這些說明不需要項目符號與編號，只需要對齊開頭的位置。

這時候可在行尾按下Shift＋Enter鍵換行。這種做法稱為「段落內換行」。

在外觀上雖然換行了，但與小標以及後續的內文被視為同一個段落。

在行尾按下Enter鍵，就會加上項目符號。

<公司簡介的修訂>

- キャラクターを使う
- キャラクターを使って「わかりやすく」「楽しい」会社案内を作ります。読ませるより魅せる紙面とし、元気でポップな印象を伝えます。
- 技術をメインに
- 当社の強みであるシステム開発部をメインに紙面を構成します。受注業務と独自開発の技術力、先端技術開発機構への参加などを紹介します。
- リクルートを意識して
- 学生と転職者を中心に据えた編集方針で作成します。業務内容、キャリアアップ制度など、ビジネスライフの視点を充実させます。

在行尾按下Shift＋Enter鍵就能在段落內換行，條列式與說明也會變得彼此獨立。

<公司簡介的修訂>

- キャラクターを使う
キャラクターを使って「わかりやすく」「楽しい」会社案内を作ります。読ませるより魅せる紙面とし、元気でポップな印象を伝えます。
- 技術をメインに
当社の強みであるシステム開発部をメインに紙面を構成します。受注業務と独自開発の技術力、先端技術開発機構への参加などを紹介します。
- リクルートを意識して
学生と転職者を中心に据えた編集方針で作成します。業務内容、キャリアアップ制度など、ビジネスライフの視点を充実させます。

將段落整理得更漂亮

一般的商業資料都是以單行的條列式以及字數較少的**段落**組成的頁面為主。所謂的段落就是由多個文章組成的區塊。

PowerPoint 或 Word 可在輸入文章之後，按下 Enter 鍵新增段落。項目符號與段落編號也都是以段落為單位。

利用尺規設定凸排

將多個段落整理成條列式的時候，必須設定凸排，讓第 2 行之後的行首對齊。

項目符號雖然可自動對齊行首，但如果想要自行設定**凸排**的距離，可拖曳尺規的凸排符號，或是直接打開「段落」對話框，再利用「縮排與行距」索引標籤的「縮排」設定位移點數（字數）。

此外，在 Word 輸入文字之後，若想讓沒有項目符號或段落編號的段落快速縮排，可按下 Ctrl ＋ M 鍵，直接套用四個字元的縮排長度，也可以按下 Ctrl ＋ T 鍵設定 4 個字元的凸排。如果想要解除設定，可加上 Shift 鍵再操作一次。

● Word 的縮排功能會在項目符號與第一個字元之間插入很寬的距離（Word）

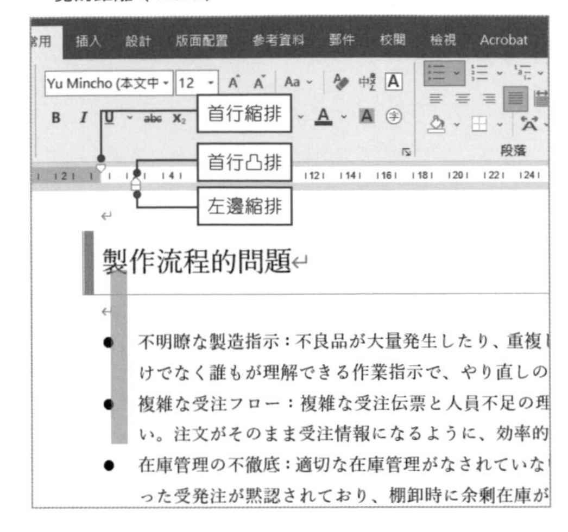

● 「凸排」的「位移點數」從「7.4 公釐」設定為「4 公釐」

● 項目符號與第一個字元的距離適度縮減了

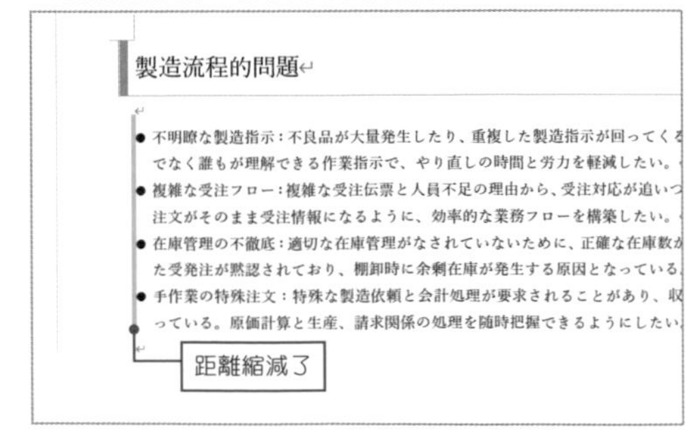

讓條列式更容易閱讀的重點

要在 PowerPoint 調整縮排與條列式的位置，可在「段落」對話框的「縮排和間距」索引標籤的「縮排」調整。

左端到項目符號之間的距離可利用「文字之前」選項調整，段落符號與第一個文字之間的距離（縮排寬度）可於「間距值」設定。

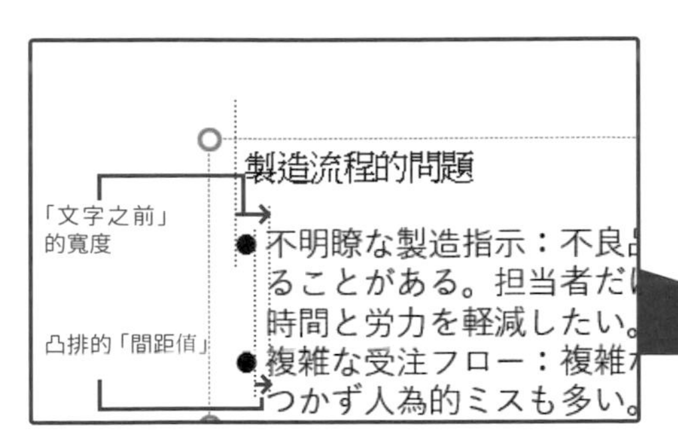

此外，如果不想多個段落看起來很平淡，最好讓每個段落能彼此獨立。Word 的話，可將「段落間距」的「與後段距離」設定為「0.5 行」，讓段落相隔 0.5 行的距離，就能讓每個段落看起來各自獨立。

● 每個條列式段落最好花點心思設定行首，以及整理成彼此獨立的格式。

● PowerPoint 的話，「間距值」可設定得比「文字之前」的值還小。

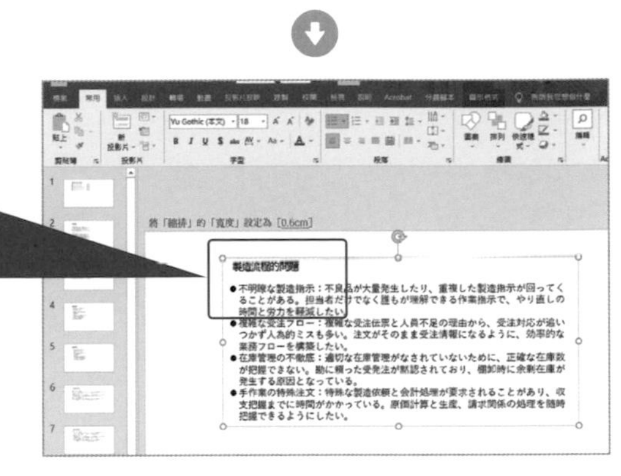

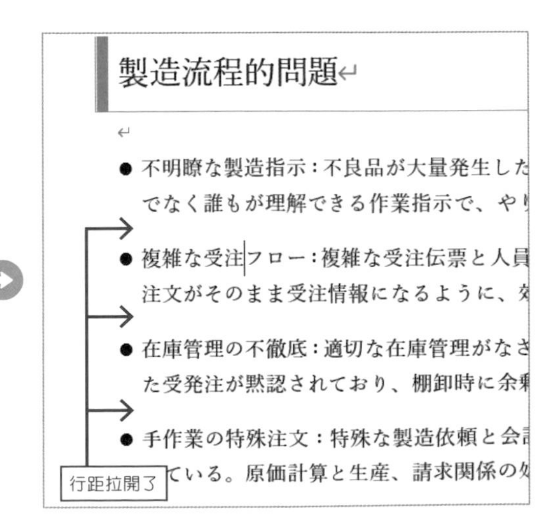

31 以方便記憶的「三」說明

Key word
▼
三

在進行簡報或討論時，讀者或受眾的注意力常被來自時間、場所或氣氛轉移，要在這種情況下讓對方記憶很多資訊是非常困難的。若想製作令人印象深刻的簡報，就要活用魔法數字「三」。

將資訊整理成三個

我們無法一次記住太多資訊，所以建議大家在製作資料與簡報時，多多使用「三」這個數字，每個人應該都體驗過「三」這個數字的魅力。

舉例來說，奧運的獎牌分成「金、銀、銅」、熱量營養素為「蛋白質、醣類、脂質」、「事不過三」，以及，學工夫要「三年才出師」。「三部曲」、「三支箭」、「三角關係」，真要舉例的話，恐怕是不勝枚舉。

「三」是非常容易記住的數字，我們看到三個東西排在一起，也會覺得穩定或安心。所以在製作資料的時候，務必活用「三」這個數字的魔法。

● 「三」有種律動感，也很容易記憶。

早起有三文錢可以賺
三個臭皮匠勝過一個諸葛亮
色光三原色為「紅、黃、綠」
三權分立為「司法、立法、行政」
非核三原則為「不持有核武器、不製作核武器、不帶入核武器」
大相撲的三個階級為「大關、關脇、小結」
棒球有「三振、三殺、三冠王」
日本三景為「松島、宮島、天橋立」
世界三大發明為「火藥、羅盤、活版印刷」
大、中、小
現在、過去、未來
上流、中流、下流
當事者、相關者、第三者
三位一體
三足鼎立
三顧茅蘆
Big 3DX
日本的審判制度為三審制
內心為知、情、意的組成
世界由陸、海、空組成

活用「三個」的優勢

為什麼三個比較好？

因為比起兩個，三個才有所謂的優先順序，也才容易記憶。

其次是能創造規律。能像是三段跳的單足跳（hop）、跨步跳（step）與跳躍（jump）般一步步閱讀內容。

而且奇數的三個能讓資訊更具廣度。

我們記不住多達五個資訊，也容易忘掉只有兩個的資訊。「三」這個數字真的是莫名好記。建議大家在列舉項目時，最好以「精簡為三個」或「分成三個群組」的方式列舉。

● 分成三個段落給人比較流暢的感覺

首先、其次、然後
最初、接著、最後
開頭、內文、總結
第一個、第二個、第三個
一號、二號、三號

Example 以「三」說明文章的主旨

種類 ▶ 提案 | 重點 ▶ 整理成三個 | 對應軟體 ▶ 

Before

將資訊分成不同區塊再進行比較的版面似乎無法創造強烈的印象……

這是比較兩種服務的投影片。其中放了插圖，文章也不長，但似乎缺乏整體性。這時候不妨試著整理成條列式，而且要整理成方便記憶的「三個」。

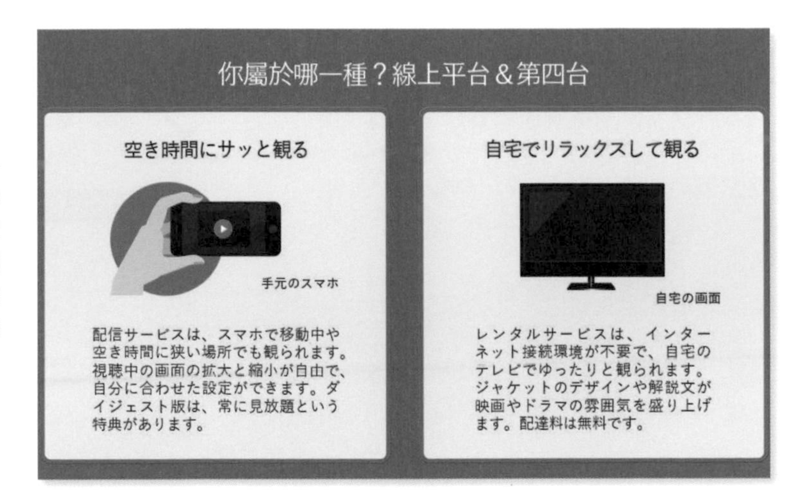

After

將文章整理成三個項目的條列式。資料變得更流暢易讀！

右側的例子將剛剛的文章整理成三個項目的條列式了。如此一來，這兩種服務的特徵就一目瞭然，也能清楚地比較。
由於加上了箭頭，所以整個版面具有由上而下依序閱讀的動線。

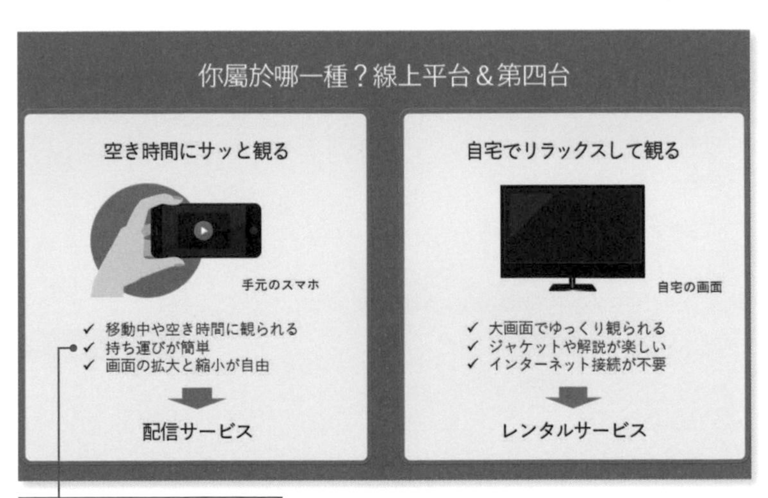

變成簡單，卻印象深刻的版面了

32 彙整之後傳遞資訊

Key word
▼
群組化

不知道大家在編排版面的時候，有沒有不小心插入類似的句子，或是在配置資訊元素的時候，忽略了元素的相關性呢？「講了好多廢話啊」、「這裡在講什麼啊？」如果讀者有這種感覺，代表簡報失敗了。彙整資訊元素可讓資訊更井然有序，讀者也更容易了解內容。

建立有意義的群組

要澈底整理大量的資訊，就少不了將相關的資訊元素**群組化**。群組化就是彙整相同資訊或相似元素的過程。當資訊被群組化，文章就會變得簡潔明快，訊息也更加明確。

要有效地群組化資訊，就必須採用有意義的彙整方式。基本上，想傳遞的內容或是屬性若是相似，就可以群組化。建議大家透過下列的步驟群組化。

① 替資訊分組

將同類的資訊、具有相關性的項目、相同屬性的元素放在一起。在這個階段裡，資訊量不會有任何變化。

② 找出共通之處

保留必要的資訊，捨棄多餘的資料。此時資訊會變得簡單明確，也能快速找到重要的訊息。

③ 加上關鍵字或小標

撰寫共通的說明、關鍵字或小標。此時資訊的特性與主張會變得鮮明。

④ 編排格式

將相關性較高的元素放在一起，將相關性較低的元素放得遠一點，或是利用框線圍住群組。也可以利用背景色區分不同的群組。

只列出一堆數字的簡報很無聊，也是常見的錯誤。

各事業營業額　　單位：億円

	2020年	2021年	対比
塩ビ事業部	1,400	1,700	121%
シリコーン事業部	1,000	1,400	140%
精密材料事業部	900	800	88%
電子材料事業部	850	1,000	117%
半導体事業部	710	550	77%
有機合成事業部	550	320	58%
ライフサイエンス事業部	400	270	67%
ヘルスケア事業部	350	640	182%
国際事業部	300	310	103%

加入留白與顏色，就能區分資訊。

各事業營業額　　單位：億円

	2020年	2021年	対比
ヘルスケア事業部	350	640	182%
シリコーン事業部	1,000	1,400	140%
塩ビ事業部	1,400	1,700	121%
電子材料事業部	850	1,000	117%
国際事業部	300	310	103%
精密材料事業部	900	800	88%
半導体事業部	710	550	77%
ライフサイエンス事業部	400	270	67%
有機合成事業部	550	320	58%

進一步群組化之後，就能更清楚地傳遞訊息。

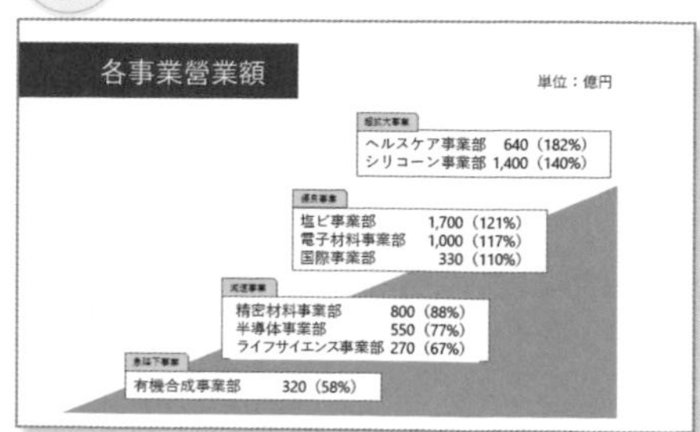

Example　透過故事說明群組化的資訊

種類 ▶ 提案　｜ 重點 ▶ 群組化　｜ 對應軟體 ▶ 

右側的範例只整理成條列式而已……。若無法讓讀者感受到理由與背景，就難以說服讀者……

這是說明採用新系統之際該事先調查哪些項目的投影片。

雖然將調查項目分成目前與未來這兩種，卻只是整理成條列式就結束。「為什麼需要調查這些項目？」讀者若不知道這個問題的答案，這個提案就不具說服力。

採用新系統的事前調查
現行に関すること
1. 使用ソフトの種類
2. ソフトの利用部門と利用者
3. ソフトの利用頻度
4. 現在の資産額
5. 運用コスト（年）
6. 更新時期と更新費用（年）
7. 専任担当者と業務量
8. 間接担当者と業務量
9. 問題点と課題
将来に関すること
1. 業務プロセスの変化
2. 業務効率の変化
3. ソフトの利用部署の変化
4. ソフトの利用者数の変化
5. 運用コスト（年）の変化

利用說明提案目的的關鍵字群組化。元素之間的相關性變得非常清晰！

左側的範例將與目前有關的內容分成兩個群組，避免內容重複。如此一來，就知道為什麼要調查這些項目。

此外，利用箭頭建立了流程，所以更能讓讀者知道「分析、診斷」這類事前調查的目的。

採用新系統的事前調查
現在
システムの利用状況
① 使用ソフトの種類
② 利用部門と利用者
③ 利用頻度
④ 問題点と課題
人と金の投入状況
① 現在の資産額
② 運用コスト（年）
③ 更新時期と更新費用（年）
④ 専任および間接の担当者と業務量
将来
① 業務プロセスの変化
② 業務効率の変化
③ ソフト利用部署と利用者数の変化
④ 運用コスト（年）の変化
分析・診斷

群組化之後，就能看出脈絡

33 替文章建立段落，提升文章的易讀性

Key word ▼ 段落編排

在編排段落時，最常遇到的問題就是單行的字數。一旦單行的字數過多，眼睛就會讀得很累，太短又會太常換行，讓人沒辦法穩穩地讀完。單行的理想字數會隨著頁面的內容與編排方式而不同，但是替文章**建立段落**也是不錯的編排方式，可一邊調整，一邊編排版面。

建立段落可更有效率地使用頁面

商業資料的基本為簡潔，但「有些文章就是無法刪減」，這時候建議大家替文章建立段落。

所謂的段落編排是指將文章整理成兩欄或三欄的版面。這麼做的好處在於方便閱讀，也能更有效率地使用有限的版面空間。

段落編排的好處

1. 方便閱讀
2. 賦予文章張力
3. 讓頁面多點變化
4. 能打造圖文並茂的版面

● 在「欄」對話框指定段落數與段落的間距，讓版面變得簡潔有力（PowerPoint）。

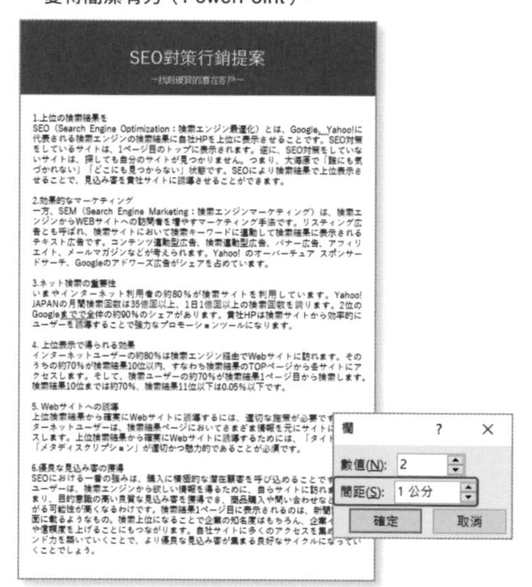

● Word 與 PowerPoint 一樣，可在「欄」對話框指定段落的數量，還能設定分隔線（Word）。

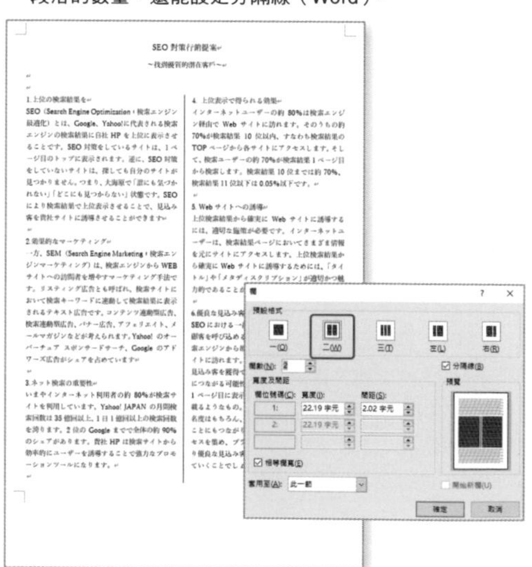

利用段落編排抓讀者的內心

段落可設定為兩欄、三欄或更多欄。可將整個頁面整理成多個段落，也可以將幾行內容整理成一個段落。建議大家根據文字大小、單頁的行數或內容的性質設定欄數。

此外，單行字數較多的段落可拉開行距，減少讀者移動視線的負擔。

PowerPoint 可在點選文字方塊之後，從「常用」索引標籤的「段落」點選「新增或移除欄」，再從對話框選擇「兩欄」。

Word 則可先選取要整理成段落的內文，再從「版面配置」索引標籤的「版面設定」點選「欄」，然後選擇「二」。

Example 巧妙地將兩欄式文章與照片放在一起

種類 ▸ 企劃書 | 重點 ▸ 將文章拆成兩欄 | 對應軟體 ▸ P W

標題、內文、照片都居中對齊
是又簡單又經典的版面

這是利用 PowerPoint 製作的企劃書的某張投影片。這張投影片將內文拆成兩欄，並將字型設定為 meiryo，讓文字顯得不那麼擁擠，接著騰出一大塊空白配置照片，拍攝主體也營造了強勢的印象。

自分を磨く婚活セミナー

企画主旨

出会いがない。
接し方がわからない。
自分に自信が持てない。
どうせダメだろう。

素敵な恋愛をしたいのに、理想が高かったりむやみに自分を卑下したり。これらの消極性を解決して、自分らしさに気づき、楽しい恋愛を楽しむ。そのために必要なコミュニケーション能力を身に付けられる講座を開講いたしました。その名は「婚活セミナー」です。

ここは男女がともに学ぶことで、より実践的なコミュニケーション力が磨けます。恋愛に必要な「相手の気持ちを読み取る力」そして「自分をアピールする力」を学びます。当講座で学んだコミュニケーション能力で、あなたは必ず笑顔になることでしょう。私たちは恋愛で成長したい方々を全力で応援します。

企画内容

男女で参加していただく体験型講座です。世界各地の俳優養成所などで導入されている、メソッドアクティング理論をベースに、自己開発訓練のトレーニングシステムから開発しました。

参加者の皆さまには、トレーニングシステムとして海外で開発されたプログラムを体験していただきます。当講座では、座学では得られない"学びの実感"を得ることができます。相手の心の動きを感じ取ること、実際に感じたその感情を丁寧に表現すること、相手の行動を期待する方向へ誘導することなど、多くのことを学びます。

「婚活セミナー」では、実践的なトレーニングによって自分の感情をコントロールし、相手を動かす方法を学習していただき、日々の生活における恋愛活動に生かしていただきます。

可隨意配置元素是 PowerPoint 的優勢

讓文章沿著照片輪廓編排，
打造文字與圖版合而為一的版面

下面的範例是以 Word 製作的。兩欄段落的間距為 4.5 個字元，字型則使用了標準字型的游明朝。將去背的照片置入版面之後，再讓文字繞著照片編排，打造視覺效果與文字融合的版面。

自分を磨く婚活セミナー

企画主旨

出会いがない。
接し方がわからない。
自分に自信が持てない。
どうせダメだろう。

素敵な恋愛をしたいのに、理想が高かったりむやみに自分を卑下したり。これらの消極性を解決して、自分らしさに気づき、楽しい恋愛を楽しむ。そのために必要なコミュニケーション能力を身に付けられる講座を開講いたしました。その名は「婚活セミナー」です。

ここは男女がともに学ぶことで、より実践的なコミュニケーション力が磨けます。恋愛に必要な「相手の気持ちを読み取る力」そして「自分をアピールする力」を学びます。当講座で学んだコミュケーション能力で、あなたは必ず笑顔になることでしょう。私たちは恋愛で成長したい方々を全力で応援します。

企画内容

男女で参加していただく体験型講座です。世界各地の俳優養成所などで導入されている、メソッドアクティング理論をベースに、自己開発訓練のトレーニングシステムから開発しました。

参加者の皆さまには、トレーニングシステムとして海外で開発されたプログラムを体験していただきます。当講座では、座学では得られない"学びの実感"を得ることができます。相手の心の動きを感じ取ること、実際に感じたその感情を丁寧に表現すること、相手の行動を期待する方向へ誘導することなど、多くのことを学びます。

「婚活セミナー」では、実践的なトレーニングによって自分の感情をコントロールし、相手を動かす方法を学習していただき、日々の生活における恋愛活動に生かしていただきます。

文繞圖的設定為「與文字排列」

UD 字型已於各領域普及

適合各年齡層以及各種身心狀態閱讀的字型就是通用設計字型（UD 字型）。UD 字型以 IWATA UD Gothic 或 UD 新 GO（Morisawa）這兩種最為有名，但 Windows 10 的 meiryo 或 Segoe UI 也具有相同的功能。

如果將 Windows OS 更新至最新版，就能使用字型差異更加明確的 UD Digital 教科書體與 BIZ UDP Gothic ／明朝這種內建字型。

UD Digital 教科書體是依照教綱製作的正體字型，所以能在利用平板電腦進行 ICT 教育現場派上用場。舉例來說，部首為「辵」的文字就比舊字型來得更加清楚。

BIZ UD（P）Gothic ／明朝則是為了商業文件製作的字型，當然也可以於日常生活使用。若是日文與英文混用的文章可使用帶有「P」的比例字型。

● UD Digital 教科書體 N-R

温和丁寧 やさしいUDフォントの世界
ABCIJOPQSYabcijopqsy1234567890,.?!#$
ばびぶべぼパピプペポ35689RBOCG

● BIZ UD Gothic

温和丁寧 やさしいUDフォントの世界
ABCIJOPQSYabcijopqsy1234567890,.?!#$
ばびぶべぼパピプペポ35689RBOCG

● BIZ UD 明朝

温和丁寧 やさしいUDフォントの世界
ABCIJOPQSYabcijopqsy1234567890,.?!#$
ばびぶべぼパピプペポ35689RBOCG

編註：本文所提到 UD 字型是日文版 Windows 特有的字型，繁體中文版 Windows 並沒有這套字型。

4

掌握傳遞想法的設計力

若能做出優質的資料就能建立暢通的溝通管道。將文字整理得簡單易讀之後，就能進一步編排美麗的版面了。

34 利用較大的尺寸強調俐落感

不管是文章還是照片，要**強調**特定元素時，基本上就是放大該元素。放大要強調的詞彙，就是讓重要性較低的元素縮小。適當強調的元素可增加張力，也是製作者展現需求與自信的設計。

只讓單一部分放大

如果所有的元素都是一樣的大小，整個版面的確很有整體性，但也顯得很無聊，而要解決這個問題，最簡單的方法就是將單一部分放大，強調該部分。就算只是將標題放大，也能直接了當地傳遞標題本身的意義與氣氛。

放大元素的用意在於「讓讀者瀏覽」，而不是讓「讀者閱讀」，這能讓讀者一瞬間掌握大致的意義或印象，所以非常適合於商業資料備。

如果能讓讀者第一眼就看到標題，後續就能順利引導讀者到內文。要注意的是，如果強調了所有元素，就等於什麼都沒有強調了。

文字大小都一樣時，顯得單調無聊。

為企業收集與銷售資料的服務
「主婦人材培育計畫」

1. 会社と主婦どちらも苦労
家事や育児の合間に働いて、収入を得たい主婦は多い。しかし、時間や場所、体制や融通性に制約が生じ、希望に合う就業ができないのが実情である。雇用する側も、繁忙期に能力ある戦力をすぐに確保できず苦労している状態だ。

2. 「使う」から「育てる」へ

當標題變得清晰可見，就能將讀者誘導至內文。

為企業收集與銷售資料
主婦人材培育計畫

1. 会社と主婦どちらも苦労
家事や育児の合間に働いて、収入を得たい主婦は多い。しかし、時間や場所、体制や融通性に制約が生じ、希望に合う就業ができないのが実情である。雇用する側も、繁忙期に能力ある戦力をすぐに確保できず苦労している状態だ。

2. 「使う」から「育てる」へ
この問題を解決するために、主婦を生かすだけでなく、主婦

賦予圖片魄力

置入面積較大的照片能強調照片本身的意象。就算只有一個具有震撼力的元素也能吸引讀者的注意力。這是常於手冊或雜誌使用的手法，建議大家可以多多模仿。

這時候若能在照片放入說明主旨的標題或文句，就能打造內容簡單易懂的版面。面積較大的照片是「誘餌」，也是讓讀者閱讀內容的手段。

● 大張照片與適當的標題能賦予頁面魄力

Example 利用大張照片強化意境

種類 ▶ 提案 | 重點 ▶ 營造魄力 | 對應軟體 ▶ 

雖然簡潔，
卻很無聊與枯燥

下面是引言、照片、開場白排列整齊，看起來非常俐落的版面，但一點都不有趣，而且很枯燥，很難讓讀者印象深刻。由於是介紹公司的事業，當然要讓讀者一眼就了解「這是什麼樣的公司」。

利用大膽的構圖顛覆單一性，
創造畫面的震撼力

下面的範例調整了照片的大小，讓資訊有了強弱之分。只是將一張照片放大，就讓版面從單一、沉穩的質感變成魄力十足的質感。將文字放在照片上面時，記得選擇構圖較空曠的位置。

利用最新的技術讓人與社會產生相關性

私たちが提供する製品は、なかなか目に触れる機会がありません。しかし、皆さんの身の回りには、確実に私たちの技術とサービスが溶け込んでいるのです。生活に役立つ価値を創造する。それが当社の使命です。私たちは"人と社会を結ぶ"テクノロジーで未来を切り拓いています。

光ファイバーを中心とした高品質で高性能な情報通信機器を開発・製造・販売しています。インターネットとモノがつながるIoTの世界を実現します。

- 光ファイバーケーブル
- 光コネクタ/接続部品
- 光応用機器

自動車に組み込まれる電装部品や電子部品を提供しています。何百という電子部品が使われる最新車の安全と安心の一翼を担っています。

- 自動車電装部品
- 自動車用OS

電子部品と伝送技術でデジタル社会のインフラを構築しています。ハードの供給から運用までをワンストップ・ソリューションで提供できるのが当社の強みです。

- 産業用電線
- 配電機器

縮小內文的文字，藉此強調照片

調整照片大小，營造畫面張力

35 利用差異一口氣改變印象

Key word
▼
差異

就算是商業資料也未必得中規中矩。不妨試著讓標題或一部分小標的粗細與大小產生**差異**。差異越明顯，詞彙的印象就更強烈與明確。要想讓印象瞬間改變，祕訣在於大膽地讓元素產生差異。

利用粗細產生差異與營造律動感

要抓住讀者的內心就必須花心思設計頁面。最簡單的方法就是調整文字的粗細與大小。換言之，就是利用文字的輕重營造對比，藉此讓頁面多些變化的技巧。

使用這項技巧的祕訣在於大膽地強化元素的差異。讓元素極端放大或縮小，就能創造律動感，也能讓頁面的印象驟然改變。如此一來，要傳遞的訊息會變得明確，也能吸引讀者的目光。

試著強調多個關鍵字

也可以試著強調多個關鍵字。強調可創造重點，而重複的粗細變化可營造律動感，以及創造有趣的設計。

要強化粗細的差異可在較細的部分使用 Light 這類纖細的字體，以及在較粗的部分使用 Bold 這類粗體樣式，藉此強化差異。若使用同一家族的字型，就能編排出具有整體性的版面。

雖然文字排列得很整齊，卻很無聊。

1. タレントを使ったイメージ戦略
- ジーンズ好きのタレントを使い、1年を通じて日常生活に溶け込む一着としてのイメージ広告を展開します。
- テレビCMは季節ごとに4種類、新聞広告は各媒体24回を基本ベースに実施します（スポット広告は別途）。

2. 雑誌広告での露出戦略
- 生活情報誌と熟年層向け雑誌を中心に、ファッション誌以外の紙媒体への広告出稿を行います。
- 純広のほかに、グルメ、スマホ、トレンドといった他業種とのタイアップ記事を積極的に立案します。

3. パブリシティの徹底戦略
- 認知度の低い40歳以上に対し、商品と社名を浸透させる各種のパブリシティを展開します。
- ファッション誌、トレンド誌、文芸誌を中心に、通年を見越して固定客につなげる積極的な施策を行います。

讓小標變粗，整個版面就變得有趣一點。

タレントを使ったイメージ戦略
1. ジーンズ好きのタレントを使い、1年を通じて日常生活に溶け込む一着としてのイメージ広告を展開します。
2. テレビCMは季節ごとに4種類、新聞広告は各媒体24回を基本ベースに実施します（スポット広告は別途）。

雑誌広告での露出戦略
1. 生活情報誌と熟年層向け雑誌を中心に、ファッション誌以外の紙媒体への広告出稿を行います。
2. 純広のほかに、グルメ、スマホ、トレンドといった他業種とのタイアップ記事を積極的に立案します。

パブリシティの徹底戦略
1. 認知度の低い40歳以上に対し、商品と社名を浸透させる各種のパブリシティを展開します。
2. ファッション誌、トレンド誌、文芸誌を中心に、通年を見越して固定客につなげる積極的な施策を行います。

● 調整文字的粗細可賦予頁面律動感

当社ブランドの**ファン拡大**に向けた
タレントを使ったイメージ戦略と
雑誌広告による**露出**戦略

イメージ戦略は、ジーンズ好きのタレントを使い、日常生活に溶け込む一着としてのイメージ広告を展開します。また、テレビCMは季節ごとに4種類、新聞広告は各媒体24回を基本ベースに実施します（スポット広告は別途）。

露出戦略は、生活情報誌と熟年層向け雑誌を中心に、ファッション誌以外の紙媒体への広告出稿を行います。さらに、純広のほかに、グルメ、スマホ、トレンドといった他業種タイアップ記事を積極的に立案します。

同時に、パブリシティによる展開も行います。認知度の低い40歳以上に対し、商品と社名を浸透させる各種のパブリシティを展開します。ファッション誌、トレンド誌、文芸誌を中心に、通年を見越して固定客につなげる積極的な施策を行います。

透過留白強調存在感

說到文字的強調，大部分的人都會聯想到粗體字、斜體字與底線，但這些樣式會中斷頁面的律動感、設計語彙與視線的流動，會讓讀者無法專心閱讀內容，所以不太適合在商業文件使用。

在此要建議大家盡量使用「留白」。若懂得使用留白就能自然而然地強調文字。

當某樣東西獨自佇立在空無一物的地方時，這樣東西就顯得特別搶眼，所以被大片留白圍繞的元素自然能吸引讀者的視線。如此一來就不需要刻意放大文字，也不需要調整文字的顏色。

利用不同的密度提升存在感也是讓頁面之中的元素更加吸睛的技巧之一。

將文字方塊的邊界設寬一點，再套用文繞圖的效果（Word）。

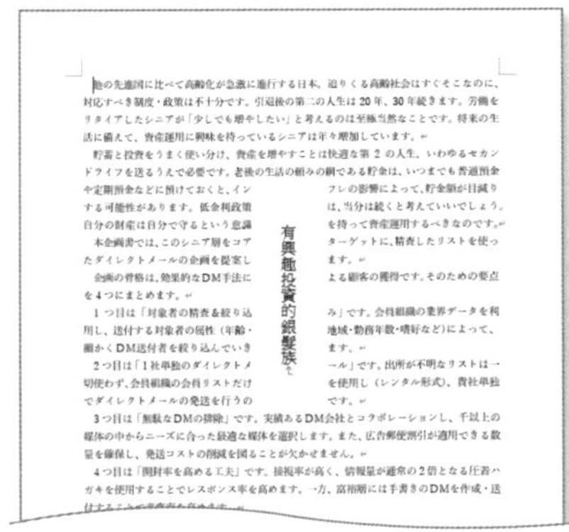
他の先進国に比べて高齢化が急激に進行する日本。迫りくる高齢社会はすぐそこなのに、対応すべき制度・政策は不十分です。引退後の第二の人生は 20 年、30 年続きます。労働をリタイアしたシニアが「少しでも増やしたい」と考えるのは至極当然なことです。将来の生活に備えて、資産運用に興味を持っているシニアは年々増加しています。
貯蓄と投資をうまく使い分け、資産を増やすことは快適な第 2 の人生、いわゆるセカンドライフを送るうえで必要です。老後の生活の頼みの綱である貯金は、いつでも普通預金や定期預金などに預けておくと、インフレの影響によって、貯金額が目減りする可能性があります。低金利政策は、当分は続くと考えていいでしょう。自分の財産は自分で守るという意識を持って資産運用するべきなのです。
本企画書では、このシニア層をコアターゲットに、精査したリストを使ったダイレクトメールの企画を提案します。
企画の骨格は、効果的なDM手法による顧客の獲得です。そのための要点を 4 つにまとめます。
1 つ目は「対象者の精査&絞り込み」です。会員組織の業界データを利用し、送付する対象者の属性（年齢・地域・勤務年数・嗜好など）によって、細かくDM送付者を絞り込んでいきます。
2 つ目は「1 社単独のダイレクトメール」です。出所が不明なリストは一切使わず、会員組織の会員リストだけを使用し（レンタル形式）、貴社単独でダイレクトメールの発送を行うのです。
3 つ目は「無駄なDMの排除」です。実績あるDM会社とコラボレーションし、千以上の媒体の中からニーズに合った最適な媒体を選択します。また、広告郵便割引が適用できる数量を確保し、発送コストの削減を図ることが欠かせません。
4 つ目は「開封率を高める工夫」です。接視率が高く、情報量が通常の 2 倍となる圧着ハガキを使用することでレスポンス率を高めます。一方、富裕層には手書きのDMを作成・送
有興趣投資的銀髮族

第 1 行的小標與後續的內容太過貼近，所以變得很不明顯。

有興趣投資的銀髮族
他の先進国に比べて高齢化が急激に進行する日本。迫りくる高齢社会はすぐそこなのに、対応すべき制度・政策は不十分です。引退後の第二の人生は20年、30年続きます。労働をリタイアしたシニアが「少しでも増やしたい」と考えるのは至極当然なことです。将来の生活に備えて、資産運用に興味を持っているシニアは年々増加しています。
貯蓄と投資をうまく使い分け、資産を増やすことは快適な第2の人生、いわゆるセカンドライフを送るうえで必要です。老後の生活の頼みの綱である貯金は、いつまでも普通預金や定期預金などに預けておくと、インフレの影響によって、貯金額が目減りする可能性があります。低金利政策は、当分は続くと考えていいでしょう。自分の財産は自分で守るという意識を持って資産運用するべきなのです。
本企画書では、このシニア層をコアターゲットに、精査したリストを使ったダイレクトメールの企画を提案します。
企画の骨格は、効果的なDM手法による顧客の獲得です。そのための要点を4つにまとめます。
1つ目は「対象者の精査&絞り込み」です。会員組織の業界データを利用し、送付する対象者の属性（年齢・地域・勤務年数・嗜好など）によって、細かくDM送付者を絞り込んでいきます。
2つ目は「1社単独のダイレクトメール」です。出所が不明なリストは一切使わず、会員組織の会員リストだけを使用し（レンタル形式）、貴社単独でダイレクトメールの発送を行うのです。
3つ目は「無駄なDMの排除」です。実績あるDM会社とコラボレーションし、千以上の媒体の中からニーズに合った最適な媒体を選択します。また、広告郵便割引が適用できる数量を確保し、発送コストの削減を図ることが欠かせません。
4つ目は「開封率を高める工夫」です。接視率が高く、情報量が通常の2倍となる圧着ハガキを使用することでレスポンス率を高めます。一方、富裕層には手書きのDMを作成・送付することで来客率を高めます。

插入大片留白，自然就能吸引目光。

有興趣投資的銀髮族

他の先進国に比べて高齢化が急激に進行する日本。迫りくる高齢社会はすぐそこなのに、対応すべき制度・政策は不十分です。引退後の第二の人生は20年、30年続きます。労働をリタイアしたシニアが「少しでも増やしたい」と考えるのは至極当然なことです。将来の生活に備えて、資産運用に興味を持っているシニアは年々増加しています。
貯蓄と投資をうまく使い分け、資産を増やすことは快適な第2の人生、いわゆるセカンドライフを送るうえで必要です。老後の生活の頼みの綱である貯金は、いつまでも普通預金や定期預金などに預けておくと、インフレの影響によって、貯金額が目減りする可能性があります。低金利政策は、当分は続くと考えていいでしょう。自分の財産は自分で守るという意識を持って資産運用するべきなのです。
本企画書では、このシニア層をコアターゲットに、精査したリストを使ったダイレクトメールの企画を提案します。
企画の骨格は、効果的なDM手法による顧客の獲得です。そのための要点を4つにまとめます。
1つ目は「対象者の精査&絞り込み」です。会員組織の業界データを利用し、送付する対象者の属性（年齢・地域・勤務年数・嗜好など）によって、細かくDM送付者を絞り込んでいきます。
2つ目は「1社単独のダイレクトメール」です。出所が不明なリストは一切使わず、会員組織の会員リストだけを使用し（レンタル形式）、貴社単独でダイレクトメールの発送を行うのです。
3つ目は「無駄なDMの排除」です。実績あるDM会社とコラボレーションし、千以上の媒体の中からニーズに合った最適な媒体を選択します。また、広告郵便割引が適用できる数量を確保し、発送コストの削減を図ることが欠かせません。
4つ目は「開封率を高める工夫」です。接視率が高く、情報量が通常の2倍となる圧着ハガキを使用することでレスポンス率を高めます。一方、富裕層には手書きのDMを作成・送付することで来客率を高めます。

只有一個元素改變角度

右側的範例讓其中一個元素的角度與其他元素不同，這個元素也因此變得特別搶眼。只要出現與常態不同的元素，讀者就能從這個元素感受到變化與動感，目光也會停留在這個元素上面。

此外，也能吸引讀者的注意力。若是配置關鍵字與標題，效果將更加顯著。

要注意的是，角度如果太斜，有可能會破壞整體的平衡。

● 只改變一個元素的角度，就能營造差異與強調該元素。

ふわふわ ムースケーキ
バラエティー ランチパック
あんこたっぷり 薄皮あんパン
チョコチップ ベーグル
シュガーツイスト
まるごと チョリソー
綜合排名前15名
大きな チョコメロンパン
高級カレーパン
もちもち食感 チーズケーキ
コロネコッペ
スイート ブリティッシュ パンケーキ
ミニミニゴールド
こだわり惣菜パン
ホワイト デニッシュ
シェフこだわりの こしあんパン

36 利用不同的跳躍率強化訴求

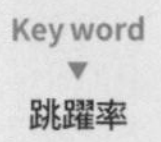

要讓元素產生差異，打造令人印象深刻的版面，就必須先了解何謂「**跳躍率**」（Jump率）。跳躍率越高，版面就更活潑，更有魄力，跳躍率越低，版面則顯得越沉靜、高雅。跳躍率是決定頁面第一印象的設計技巧。

利用跳躍率調整呈現方式

跳躍率指的是文字與圖片的大小比例。跳躍率的高低可營造對比，讓人對頁面印象深刻。跳躍率越高時，頁面的躍動感越強烈，跳躍率越低則顯得越沉靜與高雅。

體育報紙的大標題、資訊雜誌的小標題都為了吸引注意力而調高了跳躍率，而以閱讀活動為主的小說則為了營造沉浸感而調降了跳躍率。

就算只是調整文字的大小，也能控制頁面的印象。假設文字的大小差異高達 5 ～ 10 點，就能營造張力與強化訴求。

實際作業時，可根據字數、版面大小、留白與內容的整體性，突顯元素的對比。

長篇大論的小標應調高跳躍率

說明資料這類以文字為主體的文件通常會使用很多個小標，藉此將文章拆成好幾層。比起調降跳躍率，營造正式的感覺，不如調高章節小標的跳躍率，替頁面營造張力，這麼一來，整體架構就會變得很俐落，也能清楚地傳遞故事與架構。

此外，就算跳躍率較低，只要在元素周圍保留大片留白，一樣能提升元素的辨識性與吸引讀者的視線。

● 所有文字的大小都一樣，跳躍率也很低，所以頁面給人高雅沉靜的印象。

企劃背景

ダイエットへの取り組み
「男性のダイエットに関する調査」を見ると、男性の4人に1人が現在ダイエットをしており、ダイエット予備軍も含めると4割弱を占める。「現在ダイエットをしている」人は女性の31%に対し、男性では25%。ダイエット予備軍となると男性でも4割近い。女性では20代が最も高いのに対し、男性では30代が最も高くなっている。

● 小標的跳躍率較高。與內文的差異非常明顯，也營造了魄力。

企劃背景

痩せたい30代男性

「男性のダイエットに関する調査」を見ると、男性の4人に1人が現在ダイエットをしており、ダイエット予備軍も含めると4割弱を占める。「現在ダイエットをしている」人は女性の31%に対し、男性では25%。ダイエット予備軍となると男性でも4割近い。女性では20代が最も高いのに対し、男性では30代が最も高くなっている。

● 調高跳躍率之後，章→節→項的階層架構就變得非常清楚，也變得非常容易閱讀。

Chapter 1
陣形的
戰術性變化

1.歴史
サッカーとラグビーは、ともに中世のフットボールとイングランドのパブリックスクールでプレーされていたフットボールに起源を持ち、19世紀後半になって手の使用が制限されるサッカー（アソシエーション（協会式）フットボール）と手でボールを持って走ることが許されるラグビーフットボールに分かれてまとまった（フットボール協会の結成が1863年、ラグビーフットボール連合の結成が1871年）。最も初期のサッカーでは現在のオフサイドに相当するルール（アウト・オブ・プレーに関するルール）がラグビーと同じで、ボールより前にいる選手にパスが認められなかった。そのため、現在でもラグビーでは15人の選手の多くが横一線になってラインを形成するが、最初期のサッカーもこれに類似しており、0-0-10や1−0−9、2−0−8というフォーメーションを形成していた。当時のサッカーは現在のラグビーのようにボールを前方に向かって蹴り全員でゴールに向かう、あるいはドリブルで進むと言うスタイルだった。
以後、初期のサッカーにおけるフォーメーションは、オフサイド（アウト・オブ・プレー）に関するルールの変更によって大きく影響を受けてきた。20世紀初頭は「3人制オフサイドルール」が採用されており、パスのキックの瞬間に受けての前方のGK＋2人がいなければオフサイドとなった。その後「2人制オフサイドルール」に変更され、GK＋1人いなければオフサイドにならなくなった。このルールの変更によりゴールの数が大幅に減ることとなった。

2.1866年以降 Vフォーメーション(2-3-5)
1866年にアウト・オブ・プレー規定が見直され、前にいる選手へのパスが認められた。ただし、ゴールラインとパスを受ける選手の間に、相手選手が3人以上

Example　調高跳躍率，讓內容瞬間變得容易閱讀

種類 ▶ **提案**　｜　重點 ▶ **變得容易閱讀**　｜　對應軟體 ▶ 

只有文章的版面給人
「會讀得很痛苦」的印象……

這是以文字為主的説明資料。可以發現文字的大小沒什麼差異。跳躍率較低的版面有種平凡無奇的感覺。雖然看起來很工整，但最好還是花點心思讓「讀者覺得讀起來很開心」。

讓文字的大小產生極端的差異，
就能讓易讀性倍增！

下面的範例讓大標題極度放大，藉此調高了跳躍率。當讀者看到大標時，粗體樣式也讓大標的辨識性大幅提升。在兩種標題設定了顏色之後，頁面就顯得更有律動感，主旨也變得更加明確。

替頁面營造張力後，要傳遞的訊息也變得更清晰

37 迅速建立版面的核心

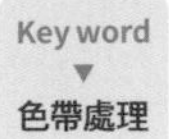

色帶處理是讓頁面印象深刻的技巧之一。舉例來說，書腰通常是從封面包到封底的部分，而在編排版面時，也可以試著置入這種「書腰」。色帶處理具有利用粗線整合版面的效果。

利用色帶建立版面的核心

一般來說，色帶處理會使用寬度或長度適中的矩形色塊，由於這會讓版面率升高，所以在缺少照片或圖表這類視覺元素時，色帶處理能快速地替版面營造重點與核心。

色帶處理可在頁面置入穩定感十足的重點，讓整體頁面變得更加紮實，若在同一個位置使用，還能讓每一頁具有相同的質感。

製作水平或垂直的線條

最簡單的色帶處理就是在最上方置入水平線或是在左端置入垂直線。如果要置入水平線，可在頁面上緣配置高度 3 ～ 4 公分的矩形，再放上白色的標題，即可在頁面上方配置形同重心的色帶。

若在左端置入垂直線，可讓左側變得平穩，也能營造翻頁時的律動感。一條垂直線能充分統整整張頁面。

謹慎地使用色帶處可讓整體頁面變得更加美麗。「色帶」是圖形，所以可利用布景主題的顏色或圖樣填滿，也能設定成漸層色。

雖然置入了分隔線與項目符號，但整個外觀缺乏重點。

三間公司共同舉辦研討會的實施方針

●現状
✓ 機器開発を主体とする当社社員は、多様な職種の人間と接点が少ない。
✓ 革新に必要な発想や着眼点を磨くための外部刺激がない。
✓ 人材育成の定期的な研修カリキュラムを用意していない。

●内容
✓ ユニークなIT企業のA社と連携。情報を的確に整理する力を学び、自社の開発力を高める。
✓ 独自の社風を放つ広告代理店のB社と連携。バイタリティーあふれる提案営業の極意を学ぶ。
✓ 当社としては、モノづくりの視点から開発と検証工程における技術の見つめ方を提供する。
✓ 受講対象者は入社5年未満の社員とする。

●効果
✓ 各社が専門知識、ビジネス感を披露することで、感性豊かな人間性が養われる。
✓ 専門外の知識を学び、その考え方や行動様式が実務に生かせる。

●方法
✓ 研修準備チームを設け、実施内容の詳細を策定する。
✓ 同チームがカリキュラム作成から研修運営を遂行する。
✓ 月１回程度を目安に相互研修会を実施する。
✓ 研修は勤務時間内とし、月5時間程度を予定する。

這個範例置入了橫跨整個版面的水平色帶。文案疊在這條色帶之後就變得更加明顯了。

三間公司共同舉辦研討會的實施方針

提供專業知識，吸收新知識

●現状
✓ 機器開発を主体とする当社社員は、多様な職種の人間と接点が少ない。
✓ 革新に必要な発想や着眼点を磨くための外部刺激がない。
✓ 人材育成の定期的な研修カリキュラムを用意していない。

●内容
✓ ユニークなIT企業のA社と連携。情報を的確に整理する力を学び、自社の開発力を高める。
✓ 独自の社風を放つ広告代理店のB社と連携。バイタリティーあふれる提案営業の極意を学ぶ。
✓ 当社としては、モノづくりの視点から開発と検証工程における技術の見つめ方を提供する。
✓ 受講対象者は入社5年未満の社員とする。

●効果
✓ 各社が専門知識、ビジネス感を披露することで、感性豊かな人間性が養われる。
✓ 専門外の知識を学び、その考え方や行動様式が実務に生かせる。

●方法
✓ 研修準備チームを設け、実施内容の詳細を策定する。
✓ 同チームがカリキュラム作成から研修運営を遂行する。
✓ 月１回程度を目安に相互研修会を実施する。
✓ 研修は勤務時間内とし、月5時間程度を予定する。

這個範例置入了縱貫整張版面的垂直色帶。在這個色帶配置標題之後，標題就變得更清楚了。

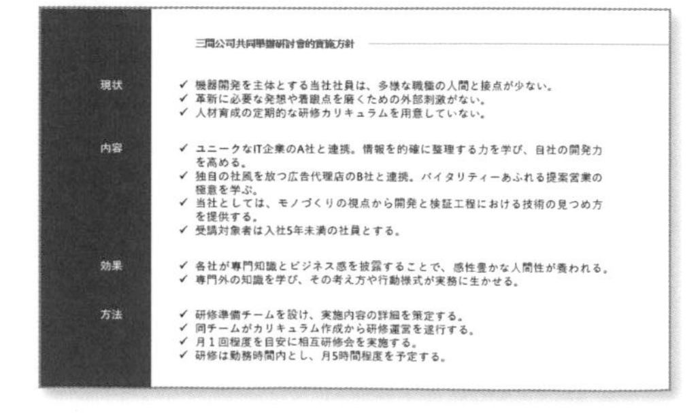

Example 利用垂直或水平的線條建立設計的重點

種類 ▶ **提案** | 重點 ▶ **增加重點** | 對應軟體 ▶ 

經典的上方色帶能營造
滿滿的穩定感、安心感

下面的範例在頁面上方置入了水平色帶。光是置入這條色帶，整體就變得紮實許多，這還真是令人覺得不可思議。這個範例還製作了索引的部分，營造了對比，讓讀者自然而然地望向版面中央。如果是好幾頁的資料，可適當地追加索引部分，營造頁面的整體性。

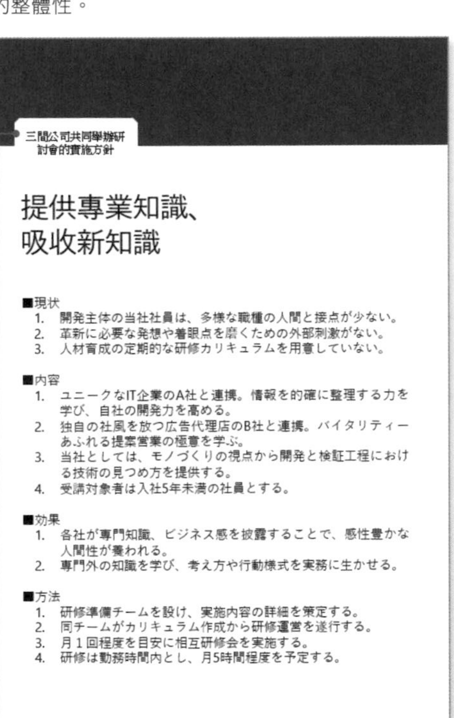

利用圓角矩形製作索引

利用第二條垂直色帶
區分內容的項目

這個版面的屋脊就是左端的深色垂直色帶。在這條色帶的右側新增另一條色帶，再將四個小標放在上面，藉此區分提案內容的項目。讓所有的文字靠著垂直色帶對齊之後，整份提案也變得工整單純。

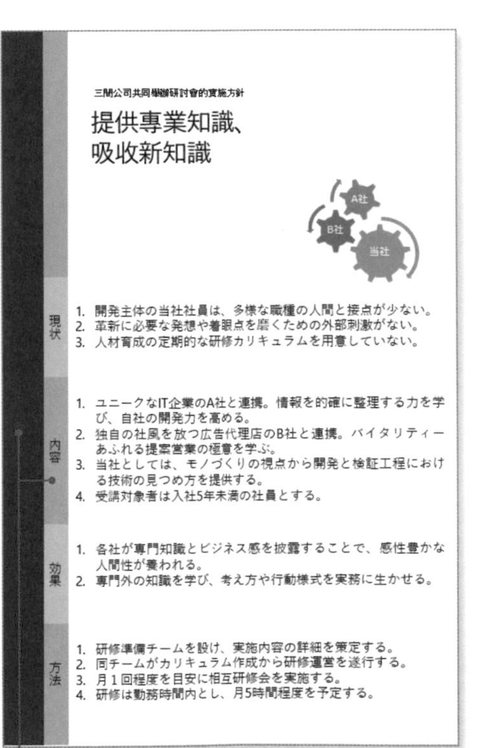

左側第二條垂直色帶突顯了內容的每個項目

38 選擇文字顏色與背景色的最佳組合

Key word
▼
對比

小標在商業資料扮演著非常重要的角色。趕時間的讀者若想快速了解內容，一定會先看小標，搶眼的小標也會引導讀者閱讀內文。讓我們找出文字與背景的最佳配色，自然而然地吸引讀者的目光。

利用對比吸引注意力

要突顯小標的存在感，可放大字級，提升跳躍率，但如果還要在空間有限的版面配置圖表或圖解，就不能隨便放大小標。

要製作適當大小的小標，可利用文字的顏色搭配背景的顏色。

這個組合與**對比**有關係。所謂的對比就是相鄰色相的明度關係，也就是顏色的對比。對比越高，亮度的差異越明顯，顏色的差異也越清晰（參考第 90 頁）。

如何創造強烈的對比

要突顯小標的存在感就加強對比。

第一步先決定基本色，接著調整明度與飽和度的差異。互為互補色的顏色或鮮豔的顏色與暗沉的顏色可產生對比，無彩色（白色、黑色、灰色）彼此也能產生對比，此時對比就會變得強烈。

如果想置入設計較傳統的小標，可將黑色文字放在淡色背景，或是將白色文字放在色塊上面；但是內文絕對不能是淡色系的顏色。

✕ 明度的落差不夠明顯時，文字就會融入背景，變得難以閱讀。

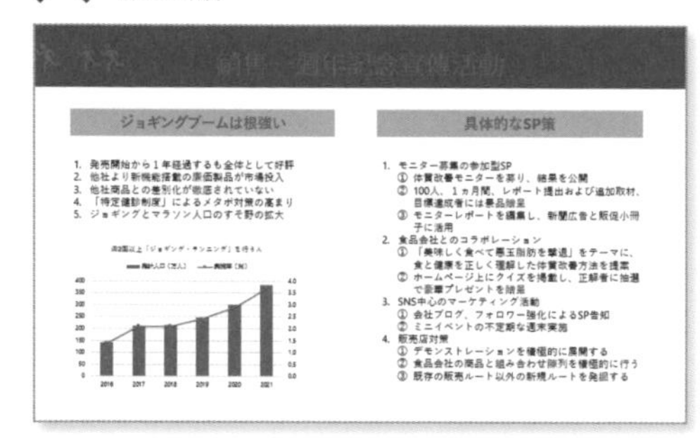

○ 強化明度的落差後，對比跟著變強，也比較容易閱讀。

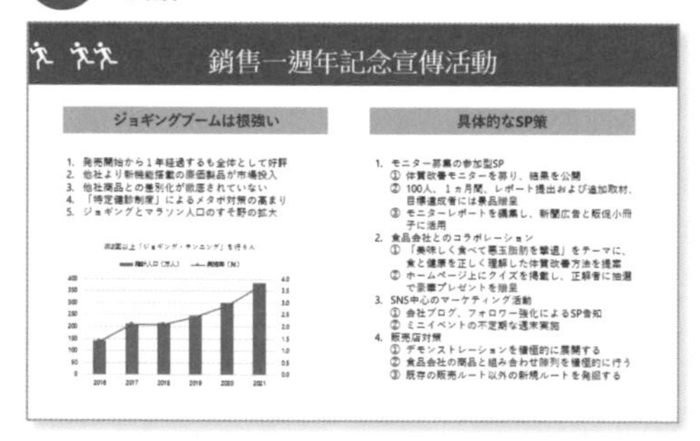

○ 將背景設定為黑色，以及將文字設定為白色，對比就變得更加鮮明。

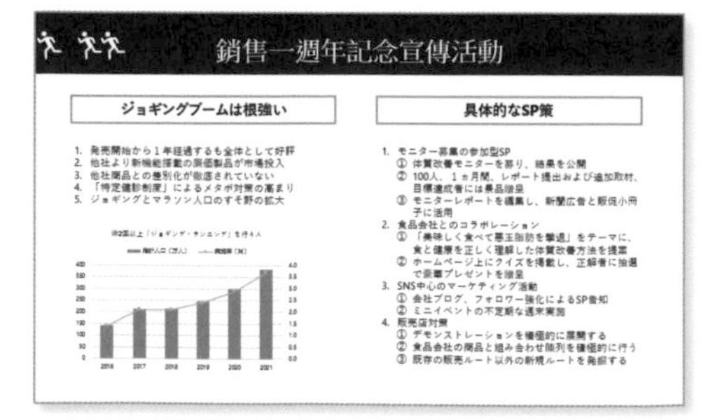

Example 利用明度落差明顯的背景突顯小標

種類 ▶ **提案書** | 重點 ▶ **突顯小標** | 對應軟體 ▶ 

這樣的編排不會很奇怪嗎？

假設使用明度與飽和度相近的顏色，就會出現**暈光現象**。所謂的暈光現象是指兩個強烈的顏色放在一起，互相爭輝的現象。這不只會讓讀者不容易閱讀，還會讓讀者覺得不舒服，所以這個範例必須重新挑選小標與背景的顏色。

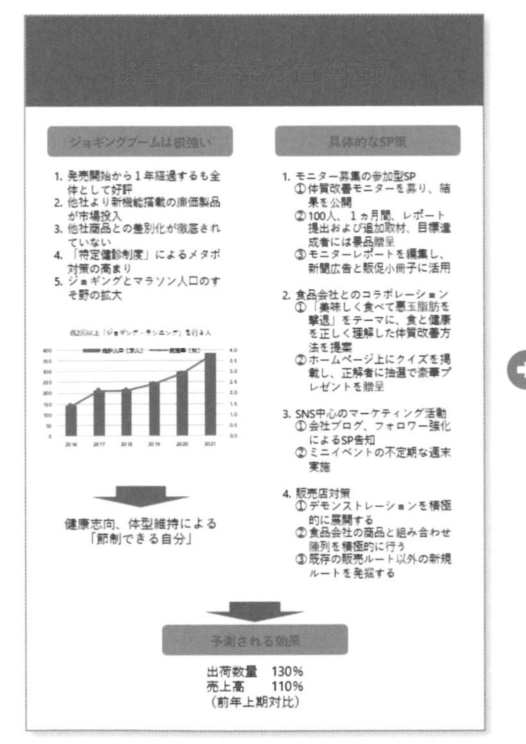

提升對比，讓小標變得銳利

下面的範例將上方的大標設定為深藍色的背景與白色文字。其他的三個小標則是淡黃色背景與黑色文字的組合。如此設定之後，大標與小標的存在感都提升不少，辨識性也更上一層樓。藍色與黃色的對比讓整個頁面變亮，而三角形圖示也讓視線流暢地由上往下移動。

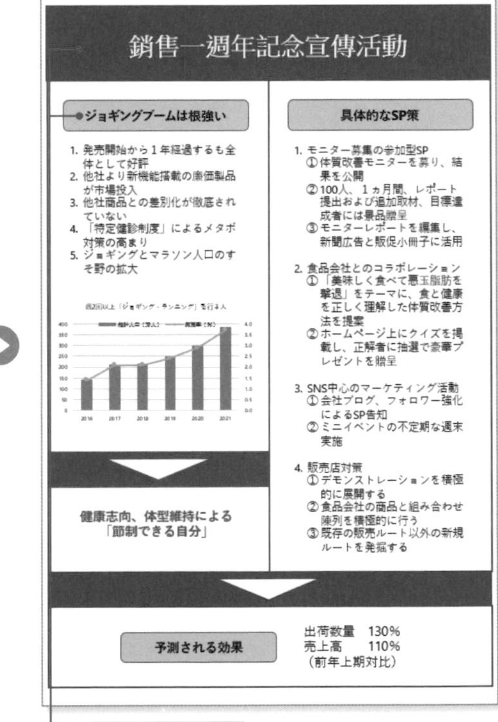

藍色與黃色的組合給人明亮的活潑感

39 利用圖解讓讀者一看就懂

商業資料也需要「具有視覺效果」的元素，因為可瞬間吸收內容，不需要耗費時間閱讀。這種資料也可說是圖解資料。利用**圖解**傳遞資訊，訊息就會變得簡單明快又容易理解。

文章的目的是「閱讀」，圖解的目的是「瀏覽」

圖解就是拆解纏在一起的元素，利用圖片傳遞內容。在如此簡單的圖解之中，可塞入大量的資訊。

文章的目的是「閱讀」，圖解的目的「瀏覽」。正因為一者是閱讀，另一者是瀏覽，所以圖解才能幫助我們快速進入思考模式與理解大量的資訊。

舉例來說，「業績提升 50%」這幾個字只有字面的意思，但如果是上升曲線的圖形就有「利益率上升」、「來店客數增加」、「成長」的弦外之音。

簡單易懂的資料都是由精心設計的圖解與簡單的設計組成。

圖解要簡單明快

圖解可自由地呈現元素的相關性，舉例來說元素之間的動線、相對位置或方向。由於圖解可由精練的幾個詞彙與基本圖形組成，所以請務必力求簡單明快。製作步驟也比想像中來得簡單。

第一步先以簡短的詞彙或關鍵字取代要傳遞的資訊，再利用矩形或其他圖形包起來。如果要傳遞的資訊很重要就放大圖案，如果沒那麼重要就縮小圖案。

接著描繪元素之間的相關性。如果元素之間的相關性很強烈，就將兩個元素放在一起，再以較粗的分隔線連接，如果相關性不那麼強烈，則可以將兩個元素放遠一點，再以較細的分隔線連接。如果需要說明動線或方向，則可利用箭頭連結。

就算讀了條列式的內容也難以想像

迅速・改建・専案

①安い料金で多くの受注を受ける
「まずは注文」で実績を作る。
②お客様が理想とする空間を作る
希望に応えて顧客満足度を高める。
③短期間でリフォーム作業を遂行する
時間と品質の二兎を狙う。

原本模糊的主題變得清晰可見

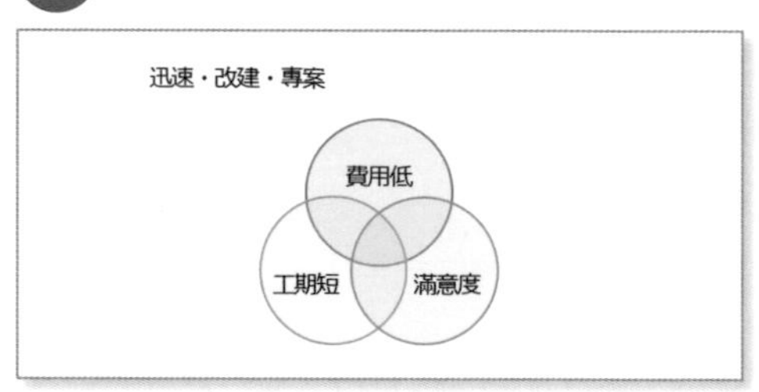

寫成文章後，往往會變得很複雜。

高齢者が抱える理容の問題を解決するには、「訪問」することです。有料老人ホームや老人福祉施設へ出向いて、ヘアーカットや化粧の身だしなみを整え、美容・理容についてのアドバイスを行うのです。時間と場所の制限がある入居者にとって、極めてうれしいサービスです。定期的なサービスは、生活に潤いを生み出します。

消費者
有料老人ホーム・老人福祉施設は、月2回の訪問理容日（契約施設ごとに異なる）の利用者を当社に提出する。

理容師
まずは人材登録（フリー契約）して、当社より打診があった出張理容のサービスの可否を判断する。

簡單的外觀能讓讀者一眼讀懂訊息

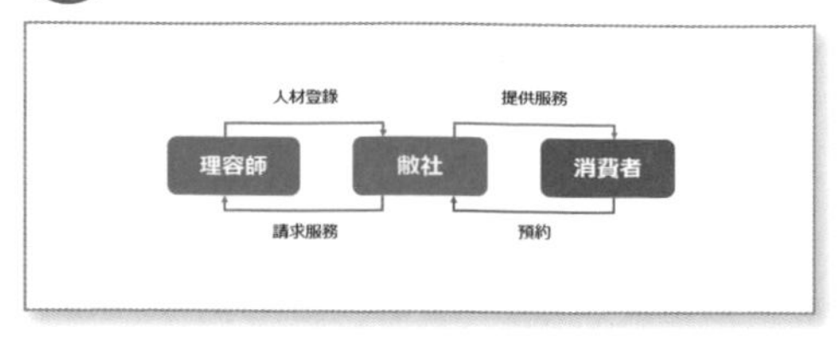

Example 將「流程」化為圖解，簡單明快地說明

種類 ▶ **企劃書** ｜ 重點 ▶ **利用圖解呈現** ｜ 對應軟體 ▶ 

很難從完成的
版面想像「流程」……

從圖中可以發現「流程」的項目整理成五個編號的條式，只要由上往下閱讀，就知道流程會怎麼進行，但是卻很難讓讀者具體想像這一連串的流程。要讓讀者一看就了解「流程」只能透過圖解。

聲援活潑的孩子！
兒童樂園競賽
舉行企劃案

◆主旨
小さいうちから音楽に興味を持つ子供が増えています。一方で、子供が簡単に音楽の力量を発表する場が見当たりません。本企画は、全国の音楽好きキッズに発表の場を提供します。音楽芸に秀でた子供を広く知らしめ、音楽関連事業の活性化を狙います。

◆流れ
参加申込みから開催までの流れは、以下の通りです。
1. ホームページで企画を告知し参加応募する。
2. 事務局が応募内容を精査する（書類選考）。
3. 書類選考の通過者に参加を依頼する。
4. 事前打ち合わせを開催する。
5. 本大会を開催する。

◆応募要項
1. 年齢　満12歳以下であること
2. 編成　2名以上のバンドであること
3. 制限　プロ活動をしていないこと
4. 応募締切　2021年10月10日（日）必着
5. 応募楽曲　オリジナルまたはカバー曲
6. 応募方法　①所定の応募用紙（必要事項を記入）
②演奏音源（CDかDVDに1曲5分未満収録）
③歌詞（A4用紙縦に記載）
④自己紹介映像（CDかDVDに収録）

利用代表方向的圖形
讓作業步驟化為流程

在連續的圖形加上「方向」，就能以圖案說明業務的執行流程。下面的範例將具有方向性的五角形箭頭（本壘板形狀）排在一起，呈現由左至右的流程。接著在圖形配置業務名稱，以及在底下置入補充說明，整個版面就完成了。字型與配色也調整成更洗鍊、高雅的質感。

聲援活潑的孩子！
兒童樂園競賽
舉行企劃案

主旨
小さいうちから音楽に興味を持つ子供が増えています。一方で、子供が簡単に音楽の力量を発表する場が見当たりません。本企画は、全国の音楽好きキッズに発表の場を提供します。音楽芸に秀でた子供を広く知らしめ、音楽関連事業の活性化を狙います。

流れ

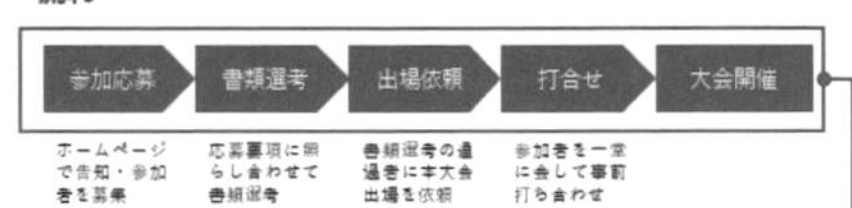

応募要項
1. 年齢　満12歳以下であること
2. 編成　2名以上のバンドであること
3. 制限　プロ活動をしていないこと
4. 応募締切　2021年10月10日（日）必着
5. 応募楽曲　オリジナルまたはカバー曲
6. 応募方法　①所定の応募用紙（必要事項を記入）
②演奏音源（CDかDVDに1曲5分未満収録）
③歌詞（A4用紙縦に記載）
④自己紹介映像（CDかDVDに収録）

也可以改用三角形或箭頭

40 加工文字，賦予文字強烈的震撼力

Key word ▼ 文字變形

要突顯文字通常會放大文字、更換字體或調整顏色，但如果需要透過文字吸引注意力，留下深刻的印象就必須加工文字。此時可使用變形功能或是將文字當成圖案使用，就能做出具有震撼力的文字。

變形文字，呈現特殊效果

有些人喜歡色彩繽紛、氣氛活潑的標題，所以使用「狂野的設計」。可是一旦弄巧成拙，看起來就很像是外行人做的。若想利用大膽、前衛的標題引人注目，可試著讓**文字變形**，增加文字的變化。

文字變形之後，文字會塞滿整個文字方塊。此時拖曳黃色的圓形控制點就能自由地讓文字變形。

不過，不能濫用變形效果

只要點選選單就能套用文字變形效果，若能再搭配陰影、反射、光暈（描框文字），就能讓文字更加特別。

恰到好處的文字變形效果能強化訴求，但濫用這類效果會破壞文字原本的美感，讓文字變得難以閱讀。建議大家在使用這類變形效果時，能尊重字體原有的質感，以及稍微讓文字的大小改變就好。

套用變形效果時，盡量讓文字保持原本的形狀，不要壓扁、拉長或扭曲文字。

此外，若是將變形的文字「另存成圖片」，就能當成 Word 文件的標題使用，或是部落格的文案使用，應用範圍也會因此擴增。

● 一般文字方塊的文字

快適生活ONOFF術

● 塞滿文字方塊的「矩形」變形效果

✕ 過度的變形與裝飾只會讓文字變得難以閱讀

新冠疫情下的微笑

被選擇的理由。

59種營養素

Example 利用魄力十足的文字喚醒讀者的興趣

種類 ▶ 提案 | 重點 ▶ 建立魄力十足的標題 | 對應軟體 ▶ 

Before

平淡無奇的投影片
會讓聽眾連抬頭看一下
都不肯……

透過電腦螢幕或大型螢幕進行簡報時，坐在後方的座位，或是被東西擋住的座位會看不清楚投影片的內容，所以有時能看清楚內容的超大文字的投影片，反而比設計內斂又高雅的投影片，更能贏得觀眾的心。

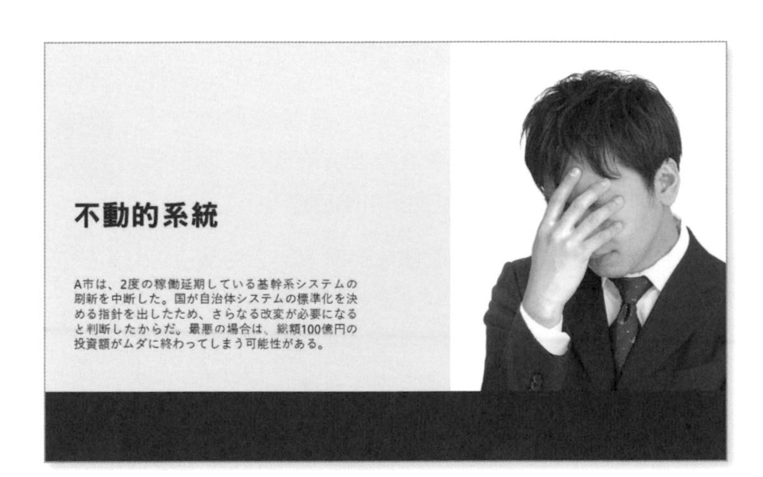

After

利用突如其來的標題
刺激讀者的內心

將標題設定成超大的文字，賦予投影片震撼力。這次套用了「矩形」變形效果，讓文字在保持長寬比的前提下放大。由於文字沒有半點扭曲，所以保有了原本的辨識性。黑色的背景也讓標題更加搶眼。

可在保有整體的平衡下放大內文

41 利用小標抓住讀者的心，引導讀者閱讀內文與抵達終點

Key word
▼
視線引導

當讀者順著頁面的故事閱讀，就能汲取製作者的想法。為了達成這個目的，就必須在製作資料時，創造「請依照這個順序閱讀」的「流程」。如果讀者能依照流程閱讀，讀者就有很高的機率能抵達終點，我們也能達成製作資料的目的。

思考「流程」再編排版面

在編排版面的時候，最重要的就是「流程」。所謂的流程也就是故事，也是讀者能接受的邏輯，而要讓讀者依照流程閱讀，就必須**引導視線**。

在建立這個「流程」時，若能站在讀者的立場檢視論點，就能找出語意不明的部分或是矛盾的意見。為了找出「這部分與前面的內容不一樣」、「目的與手段不夠明確」這些內容，就必須力求內容簡潔有序。

沿著 Z 字配列元素

一般來說，都會讓讀者「由左至右」、「由上至下」閱讀。讀者的視線通常會落在頁面的左上角，接著依照右上、左下、右下的順序移動視線，才能輕鬆地閱讀內容。這就是所謂的 Z 型版面。

Z 型是最傳統的模式，也是不需要在小標加上編號，就能讓讀者輕鬆閱讀的版面。只要了解這個基本的視線移動再配置資訊，就能打造出一下子就能吸收箇中資訊的版面。

請大家引導讀者的視線，帶著讀者抵達終點吧！

視線的移動太頻繁，很難閱讀。
排列方式也沒有規律。

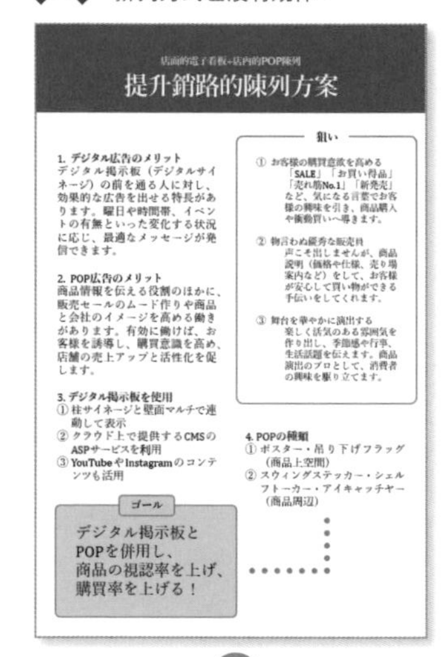

Z 型版面的順序就很明確，讀者也能讀得很放心。

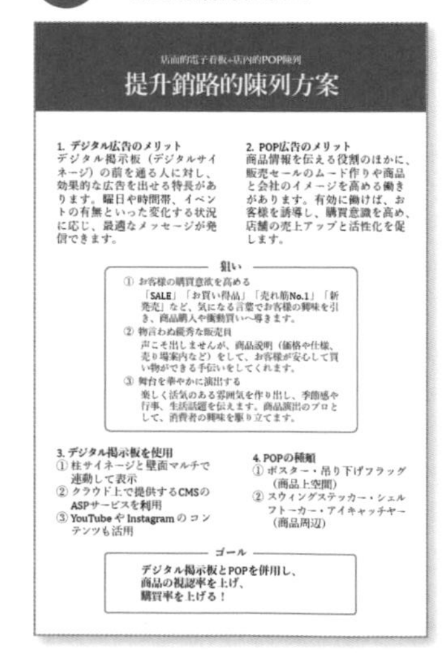

Example 利用 Z 型打造輕鬆閱讀的版面

種類 ▶ 提案 | 重點 ▶ 打造自然的流程 | 對應軟體 ▶ P

沒有「流程」，又塞滿資訊的提案書
讓人一點都不想讀……

就算是自己人的提案，也應該引起「閱讀興趣」。如果無法減少字數，至少該讓文字縮小，建立「流程」。可在每個段落加上小標，打造以區塊為單位的「閱讀流程」。

Internal sales contest in Winter

社内銷售競賽

新年度に入り、お客様からのクレームが目立ってきています。販売員の接客態度に丁寧さが見えないとか、販売の競争意識が薄くなっているといった声も聞こえます。そこで顧客満足度の低下に歯止めをかけるために、セールスコンテストの開催を提案いたします。

セールスコンテストは、販売意欲を高めるために用いられる手法です。その目的は、予算の達成や新規開拓の売上拡大以外に、販売ノウハウや業務改善といったスキルアップの向上を目指すものです。本企画にて販売技術の向上を図り、お客様の満足度を高め、売上増加につなげます。

コンテストは、賞金や景品の魅力で販売員の努力やテクニックを引き出すものです。接客や販売で創意工夫された事例はマニュアル化したり、情報誌などで関係部署や取引先にフィードバックします。皆が真似できる営業テクニックを浸透させれば、売り場の活性化、社員のモラールの向上に結び付きます。また、コンテスト自体が盛り上がれば、会社全体によい刺激を与えることができるでしょう。

- 実施内容　社内セールスコンテスト
- 実施期間　2021年12月6日（月）
- 実施方法　実演
- 実施単位　店舗対抗戦（代表者2名）
- 審査基準　説明方法、商品知識、訴求方法、接客態度、話題性、個性など10項目でポイント化
- 審査時間　各人10分
- 評価算定　2名合計査定ポイント

因為是 Z 型版面，所以視線會自然而然地
一直往正確的方向移動！

下面的範例在每個段落加上標題，並以文字方塊配置。由於是 Z 型版面，所以視線會沿著左→右、上→下的方向移動。配置在正中央的照片加了引導線與說明，說明了前次舉辦的事實，也宣傳了企劃的效果。

Internal sales contest in Winter

社内銷售競賽

背景

新年度に入り、お客様からのクレームが目立ってきています。販売員の接客態度に丁寧さが見えないとか、販売の競争意識が薄くなっているといった声も聞こえます。そこで顧客満足度の低下に歯止めをかけるために、セールスコンテストの開催を提案いたします。

目的

セールスコンテストは、販売意欲を高めるために用いられる手法です。その目的は、予算の達成や新規開拓の売上拡大以外に、販売ノウハウや業務改善といったスキルアップの向上を目指すものです。本企画にて販売技術の向上を図り、お客様の満足度を高め、売上増加につなげます。

効果

コンテストは、賞金や景品の魅力で販売員の努力やテクニックを引き出すものです。接客や販売で創意工夫された事例はマニュアル化したり、情報誌などで関係部署や取引先にフィードバックします。皆が真似できる営業テクニックを浸透させれば、売り場の活性化、社員のモラールの向上に結び付きます。また、コンテスト自体が盛り上がれば、会社全体によい刺激を与えることができるでしょう。

概要

- 実施内容　社内セールスコンテスト
- 実施期間　2021年12月6日（月）
- 実施方法　実演
- 実施単位　店舗対抗戦（代表者2名）
- 審査基準　説明方法、商品知識、訴求方法、接客態度、話題性、個性など10項目でポイント化
- 審査時間　各人10分
- 評価算定　2名合計査定ポイント

42 指出閱讀順序，讓讀者跟著故事閱讀

Key word
▼
方向圖形

在編排版面時，是否有照片這類視覺元素，以及這些視覺元素的大小都會大幅影響版面的架構與呈現方式。除了前述的Z型之外，還有H型、T型或其他類型的版面，但不管是哪種版面，都不能讓讀者不知該怎麼閱讀。

利用方向圖形指引閱讀順序

要讓讀者知道「接著讀這邊」，可使用箭頭或三角形這類有角度的**方向圖形**。

具體來說，就是先大致配置要陳列的資訊元素，建立粗略的流程之後，接著建立說明資訊相關性的小流程，然後再引導讀者到頁面的結論。

若能依照上述的步驟編排版面，讀者的視線就會從第一個元素依序移動到最後一個元素，也能了解內容的邏輯。

● 利用有顏色的箭頭指出流程

● 就算只是排列相同的圖形，也能建立流程。

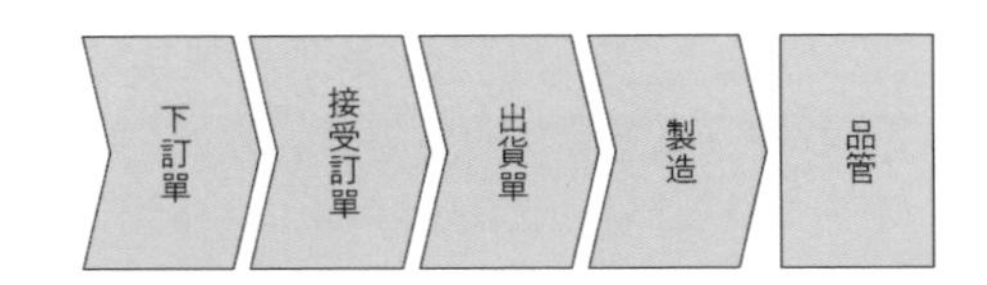

● 建立包含小流程的大流程，就能打造流程的階層，資料的意義也由此而生。

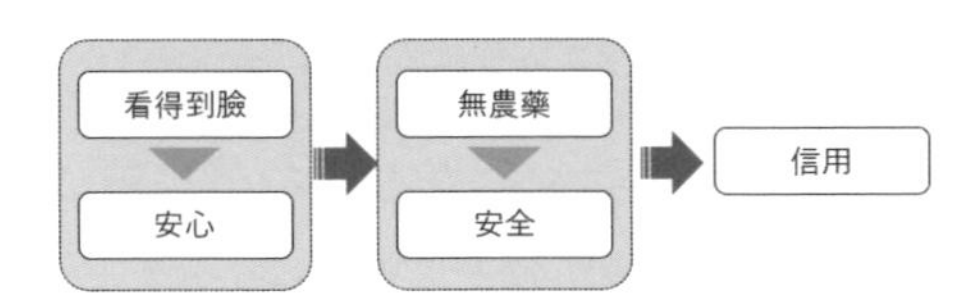

利用小標引導讀者閱讀細節

要想隨意地配置資訊，文字方塊是最適合的工具。內文的文字方塊可利用吸睛的文案或關鍵字引導視線，讓讀者進一步閱讀更進階的資訊。

字體較大的小標以及單一的圖片都能留住讀者的視線，也能保有適當的刺激，讓讀者邊點頭認同，邊讀到最後。

● 替小標加上編號，就能讓讀者知道每個步驟或每個階段。

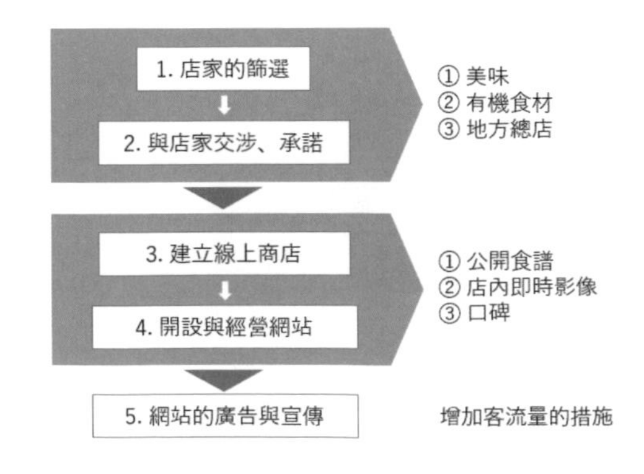

Example 建立足以掌握資訊相關性的閱讀流程

種類 ▶ 企劃書 ｜ 重點 ▶ 讓讀者不費力地依序閱讀 ｜ 對應軟體 ▶ 

Before

讀者無從得知四個區塊的資訊有何相關性

這是改善商品陳列方式，提升業績的企劃書。雖然排成簡單易懂的「田字」版型，但這四個區塊的資訊過於獨立，讓人無法了解與主旨的相關性，而且「往右」、「往左下」這種引導閱讀流程的箭頭也很礙眼。

重視黃金區的活動方案

目的
目線を動かすことなく視界に入る高さのラインがゴールデンゾーン（GZ）。言い換えれば、顧客が最も商品を見やすく、手に取りやすい高さだ。主力商品や重点商品、売れ筋商品を陳列するゾーンに適しており、他の場所に比べて3〜4割は販売数が増える。このGZを徹底活用し、新商品販売に注力する。

陳列ポイント
GZのBエリアに新商品、Aエリアに売れ筋商品を並べる
GZに品数を揃えて重点的に。最下段は小POPでバランスを取る
2日ごとに陳列演出を変えて、的確な購買層にプッシュする

Bエリアで陳列と演出
スプリングキャンペーンでは、各店舗BエリアのGZを新ブランドで統一し、発売一ヵ月で告知・宣伝を一気に進める。

陳列棚の上から２段目
1. 今回のBエリアのGZは、陳列棚の上から2段目を使用する（全店共通Sタイプ陳列棚）。
2. 新商品はパッケージ上を手前に見せ、最前面は10個、2列目以降は4段重ねで奥まで並べる。
3. 夕方までは上記方法で陳列し、夕方以降は店舗独自の陳列で購買を促す。

ゴールデンゾーン
陳列棚
140cm 130cm
80cm 70cm

ゴールデンゾーンの範囲
1. 立っている人を基準に、若干目線を落とした位置で自然に手に触れられる上下の範囲。背伸びをしたりしゃがんだりする範囲は、GZから除外される。
2. 購入者がよく見える範囲は、左右60度、上下30度程度になる。
3. GZの明確な高さの規定はないが、成人男性で足元から80〜140cm、成人女性で70〜130cm程度。ターゲットが男性か女性か、大人か子供かによって平均背丈が変わるため、GZの調整も必要になる。

將大流程與小流程整理成巢狀架構，打造能俯瞰全局的流程了！

右側的範例賦予四個區塊方向性，釐清每個區塊的主旨與相關性了。連結上層概要與下層資訊的是五邊形箭頭（本疊板）。如此一來，讀者的視覺就會從一個元素移動到另一個元素，也能輕鬆地閱讀構成故事的資訊。

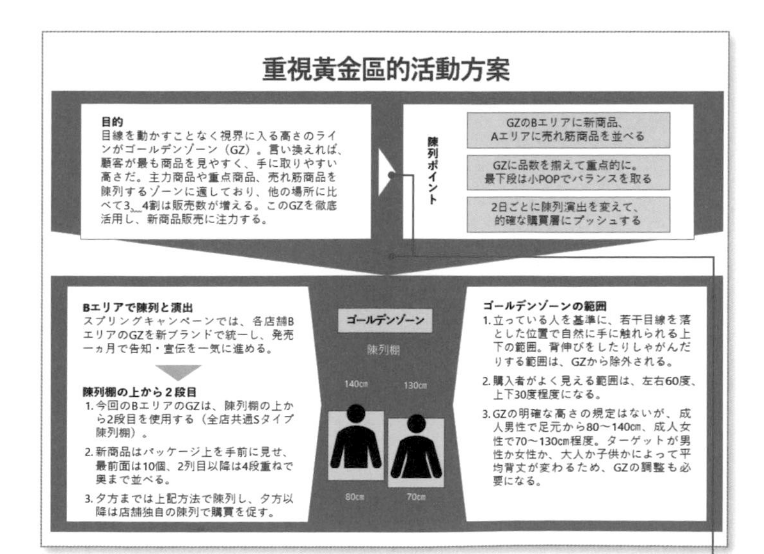

建立能直覺了解的「方向」吧

43 利用文案瞬間抓住讀者的心

傳單、海報都需要在第一眼抓住觀眾的心，因為不管對方有沒有興趣，都希望對方接受我們要傳遞的訊息，所以第一印象非常重要。商業資料當然也要在翻開頁面的瞬間，立刻引起讀者的興趣。

利用文案吸引讀者的目光

如果頁面之中有個特別的元素，一定能吸引讀者的目光，因為讀者會覺得「這部分應該有些特別的意義吧」。這種為了吸引目光的視覺元素就稱為**文案**，簡單來説，就是第一眼看到的視覺效果。

文案可透過視覺效果讓讀者的視線集中在同一個位置，再繼續閱讀周圍的資訊，所以文案的重點在於讓讀者「瀏覽」，而不是「閱讀」內容，目的是透過視覺讓讀者印象深刻。

在小標使用文案或是透過照片強化印象，就能幫助讀者進一步了解資料的內容。

● 輸入「手指」，按下「轉換」就能輸入手指符號。這是放大文字的文案。

自由之丘開幕。

● 在「星星」圖形配置文字的文案

透過照片的意境說明訊息

有些文案只有文字，有些只有視覺效果。當然也可以兩種都有，所以也很常使用吸睛的圖形，像是手指頭、勾選符號、對話框、爆炸的圖形等文案圖形。

此外，照片與插圖也能強化印象。所以將訊息放在人物或風景照片之中，或是利用產品照片直接訴諸視覺，都可以達到宣傳的效果。

文案該使用哪些圖片製作是需要構思的，讓我們一起製作能在第一眼就吸引目光的文案吧！

● 利用綠葉插圖直接了當地告訴讀者春天即將到來

4 月開始全新出發

● 利用矩形圖形製作便條紙，很適合當成小標使用。

Example 利用最適當的照片強化「日式風情」

種類 ▶ 企劃書 ｜ 重點 ▶ 利用文案傳遞訊息 ｜ 對應軟體 ▶ 

楓葉的文案雖然吸睛，
但整個看起來有點冷清……

下面的範例為了強調「日式風情」而使用了楓葉當文案。位於左上角的大型文案雖然搶眼，但整個版面的留白太多，也顯得有些冷清。希望能多點設計，引起讀者的興趣。

放大和傘的照片，
強調「日式風情」

下面的範例放大了和傘的照片。紅色的和傘與背景的甜點店被當成強調「日式風情」的文案使用，也令人印象深刻。利用義大利風格與日式風格的對比抓住讀者的心，可說是無可挑剔的版面設計。若能選擇最佳的照片，就能有效率地傳遞訊息。

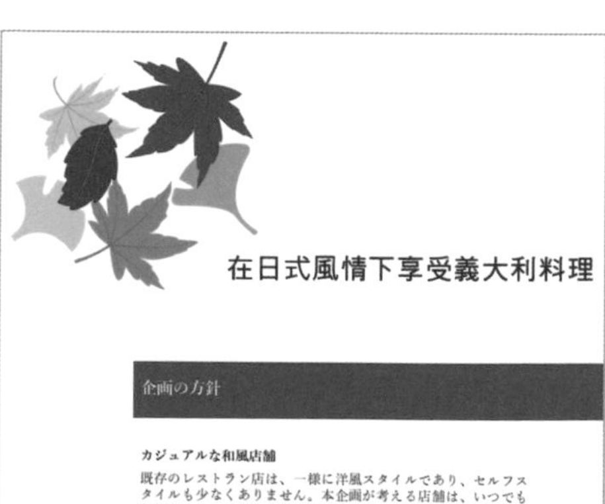

讓人自然而然地注意到日式風情的照片

44 利用圖形呈現不同的質感

圖形是用途多多的素材，除了能如前述般引導讀者的視線，還能當成文案或圖解使用，甚至可當成頁面的背景，營造頁面的氣氛。讓人一看就了解，一看就開始想像的圖形，是在製作強調視覺效果的資料時，不可或缺的設計元素。

只用基本圖形製作圖解

最理想的商業資料是「充滿視覺效果的頁面」，所以為了盡可能減少文字，就需要使用圖解。圖解可利用基本圖形的搭配製作。就算是企劃書這類看似複雜的內容，只要扒掉外衣，都可以利用矩形或箭頭這類基本圖形呈現。

製作圖解時，請先試著使用上述這些圖形。反之，在製作圖解時，若不知道該怎麼製作，可以試著以矩形或箭頭製作看看，此時應該會找到問題，思緒也會變得更加清明才對。

● 圖形可以整理資訊，建立「流程」。

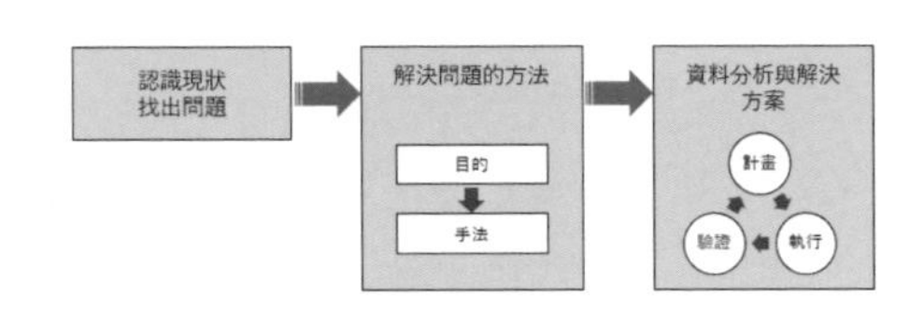

● 能訴諸直覺的圖示也是很好用的素材

利用圖形製作插圖

雖然插圖只需要符合主旨即可，但不是每個人都會畫畫，外包給插畫家又需要成本。

這時候可試著利用圖形組成插圖。只要利用基本圖形組成類似圖示的感覺即可。不過度講究，而是力求精簡的做法，也能留下深刻的印象。

● 可利用多種圖形組成插圖

■ 利用圖形營造氣氛

如果版面的資訊元素不多，可試著在背景放一些圖形，營造整體的質感。舉例來說，藍色圓點或點狀圓形花紋可營造活潑的氣氛，直線可以營造俐落的氛圍。星星與對話框還可以營造快樂的氣氛，所以圖形絕對是能為背景增色的重點。

● 利用顏色營造繽紛感與視覺效果

Example 利用圖形呈現可愛感與速度感

種類 ▶ 傳單 | 重點 ▶ 利用圖形營造質感 | 對應軟體 ▶ 

在背景鋪滿利用圖形製作的花瓣，
打造女性可愛的感覺！

利用「淚滴」圖形製作花瓣，再於圓形的周圍配置八個花瓣，就能畫出花朵插圖。將這個插圖當成圖樣，鋪滿整個背景後，就能營造可愛、輕盈、歡樂的氣氛。粉紅色的配置也強調了女性的可愛氣息。

每朵花都成了版面的格眼，讓整個版面變得非常工整

利用漫畫常見的集中線
營造速度感滿分的氣氛！

下面的範例畫了多條穿過版面中心點的「直線」與「三角形」。這是調整線條的粗細，並於中心點套用模糊效果，以及在圓形圖案配置文字的簡單版面。光是置入線條，就能畫出類似漫畫的集中線，也讓整個畫面更有速度感與魄力。

在線條的盡頭配置文字，就能吸引讀者的目光

45 利用文繞圖的設定強化視覺效果

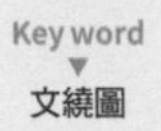

商業文件很常使用街角風景或產品插圖這類圖版。想強化視覺效果，又希望讀者閱讀文章時，可試著讓文章與圖版融為一體。這麼一來，文字與照片能互相襯托，也能讓讀者自然而然地閱讀內容，讀者也會覺得這是很容易閱讀的版面。

文章與視覺效果融為一體

在商業文件配置圖版時，通常會將圖片放在段落之間，因為這種方法不會破壞版面，也比較容易修訂文字，只是這種版面雖然安全，卻顯得很枯燥乏味。

反觀文字與圖版融為一體的版面就不一樣了。這類版面更有躍動感，更強調視覺效果，也能透過個性鮮明的設計營造更強烈的氛圍。如果能讓讀者覺得「哇，好有趣」，簡報就算成功了。

這是文字與照片分開的版面。這是說不出好壞的模式。

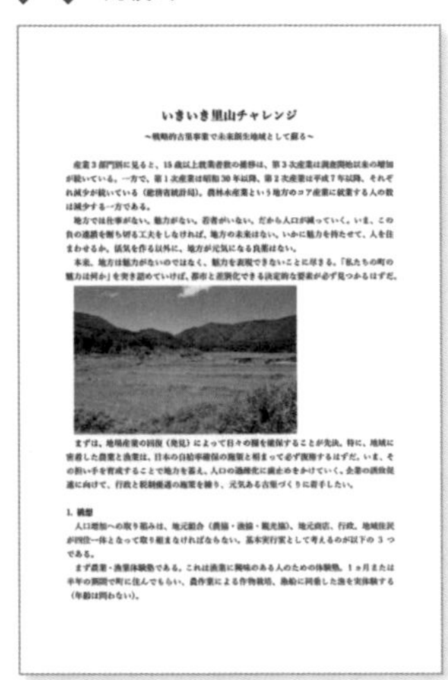

這是文繞圖的版面。照片與文字擺在一起之後，顯得更加親密了。

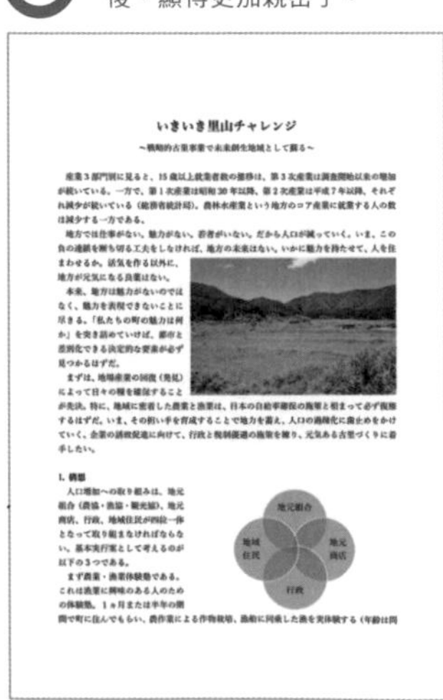

Word 的文繞圖功能

要讓文字與圖版融為一體，可試著讓文字繞著圖版排列。要在 Word 達成這個目的，可使用**文繞圖**功能。

套用這項功能的圖版不管拖曳到什麼位置，文字都會往前移或是往後移，不需要擔心版面會被破壞，所以可找到圖版的最佳位置。

假設置入的視覺效果是矩形照片，文字會位於照片左右兩側，能讓讀者的視覺移動多一些變化。

如果是裁剪成有弧度的照片，可讓文字沿著照片的輪廓配置，讓文字與圖版融為一體。

Example　讓文字沿著拍攝主體排列與加深印象

種類 ▶ 型錄　|　重點 ▶ 突顯視覺效果　|　對應軟體 ▶ W

標題、照片、文字
連續排列的版面有點無聊……

這是補習班招生的型錄。在三行的標題下方配置了主要的視覺設計。儘管一臉難過地聲援學生的女性很吸睛，但這種版面卻太過無聊。希望能讓招生的文案更令人印象深刻的話，就要想辦法突顯視覺設計的部分。

讓文字沿著拍攝主體排列，
就能讓版面更有動感與趣味！

下面的範例讓文字沿著女性的臉、大聲公、手臂排列之後，文字與照片就融為一體，視覺設計也更加吸睛，整個頁面都動了起來。視覺設計能提升文字的訴求力。順帶一提，這張照片經過了去背處理(刪除背景，讓背景變得透明)。

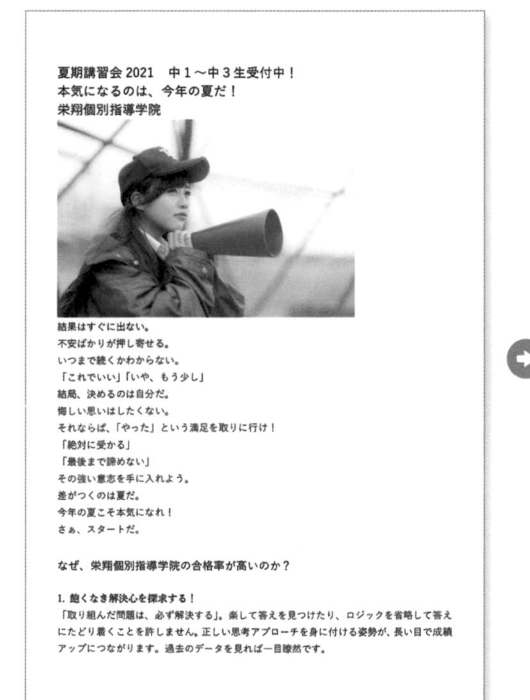

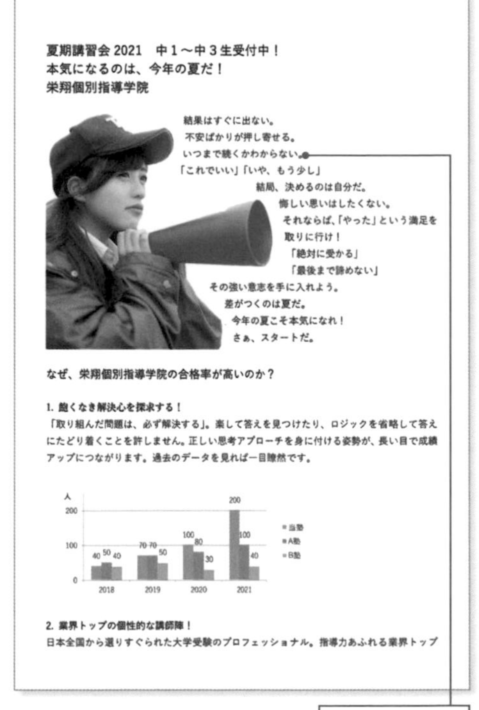

文繞圖的設定為「與文字排列」

46 利用視覺設計的對比讓訊息變得更具體

Key word
▼
對比

照片能原封不動地說明事實，所以讀者也能直覺地接受訊息。對製作資料的人來說，必須在編排版面時，想辦法讓視覺設計發揮最大的效果。讓我們一起試著透過拍攝主體、構圖、配色、方向讓訊息變得更加具體。

利用類似的照片加強訴求

將類似的兩張照片擺在一起，形成**對比**之後，照片本身的印象就會被強化。

舉例來說，將可可豆與甜巧克力放在一起，將午餐菜單放有機蔬菜放在一起，這種將情況各異的照片擺在一起的方法，可讓這兩張照片彼此影響，進而突顯要傳遞的訊息。

在配置照片的時候，若是讓照片以相同的大小配置在相同的位置，對比就會變得明顯，此時若能與構圖、色調搭配，整個版面的一致性就會更強烈。

● 只是將兩張照片擺在一起，就能讓動物的可愛或令人憐愛的感覺放大。

● 光是調整照片的大小與位置，就能讓版面顯得更輕盈，更有律動感。

利用相反的照片創造故事

反之，若將兩張印象相反的照片放在一起，會得到什麼結果？答案就是這兩張照片的印象會交織出故事，也能強調對比的印象。

舉例來說，可連想到哭臉與笑臉，天使與惡魔、都市與自然、環境與生活、機器人與工匠，效率與技藝的傳承這類關鍵字。

印象各異的照片會讓人有種「裡面有什麼故事嗎？」的期待感。只有一張照片時，震撼力或許稍嫌不足，但如果讓兩張照片產生對比，就能營造故事性，也能創造強烈的印象。

將版面編排成字量不多，單靠視覺設計進行訴求的模式，就能透過呈現的方式有效率地傳遞訊息。

● 若使用晴天與雨天這種相反的符號，不多做解釋，讀者也能推敲內容的意思。

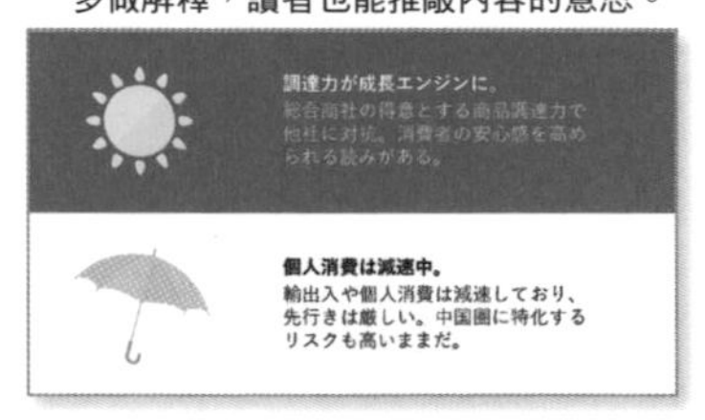

● 圖中是低著頭的人與奔跑的人。這種對比可補充簡潔的文案的不足之處。

Example 利用印象相反的照片讓讀者想像上班與休假的感覺

種類 ▶ 傳單 | 重點 ▶ 透過照片提升訴求力 | 對應軟體 ▶ 

Before

這是希望透過學才藝這件事充實生活的傳單。不過，這種編排的商業色彩太強，照片扮演的角色也不明確……

這是透過商業場景的照片，宣傳興趣與才藝可讓生活變得更充實的內容。可是上班族女性的照片只有「工作」、「忙碌」這類氛圍。雖然可從標題略知內容的意思，但還是希望能透過視覺設計傳遞學才藝的樂趣與成果。

After

利用上班與休假這兩張印象相反的照片，突顯視覺設計的對比！

右側的範例配置了休假、悠閒的照片，強調了工作與休假之間的對比。這個版面刪除了冗長的說明，只憑視覺設計傳遞訊息。加上「ON」與「OFF」這兩個關鍵字，讓照片的對比顯得更加明確。

47 讓照片的主題更具體，藉此製作訊息

Key word
裁剪

照片是效果顯著的視覺設計素材，同時能賦予大量資訊，所以在空間有限的版面裡，照片的使用價值非常高。要精準地傳遞主題，可試著正確地使用照片，或替照片加工。

方方正正地呈現照片

在調整照片的位置或大小時，有可能會不小心讓照片扭曲，以照片填滿圖形時，也有可能會破壞照片的長寬比，所以要正確地傳遞使用照片的意圖或真實感，就要注意照片的比例。

在 PowerPoint 使用照片時，可按住 Shift 鍵拖曳照片的四個角落，就能一邊調整照片的大小，一邊讓照片維持原有的長寬比。如果不小心調整失敗，也可以使用重設圖片功能讓照片復原。

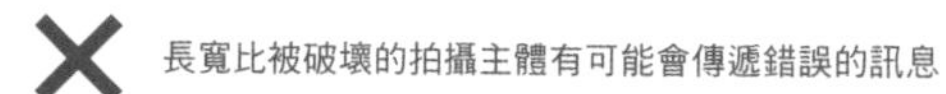
長寬比被破壞的拍攝主體有可能會傳遞錯誤的訊息

最近如何？
上司很討厭

● 想利用背景與整體的構圖進行訴求時，盡可能保留背景。

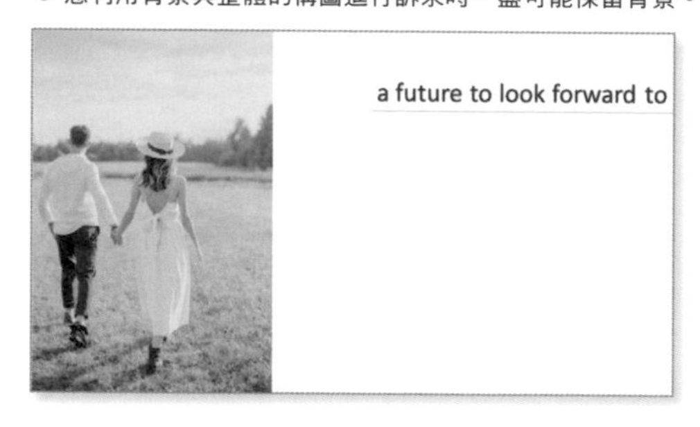
a future to look forward to

要呈現整張照片？還是呈現局部的照片？

擷取照片的一部分，強調要呈現的部分稱為**裁剪**。裁剪可讓設計目的更加具體，所以會根據傳遞照片資訊（魅力）的方式調整。

如果是說明狀況的照片，盡可能呈現照片的全貌，如果是以背景或其他的資訊（時間、場所、季節）傳遞拍攝主體魅力的照片，則可保留拍攝主體周邊的資訊，裁剪其他多餘的部分。

如果想進一步強調拍攝主體的特質或魅力，可聚焦在拍攝主體的某個部分，裁剪其他的部分，突顯照片的主角，讓主角盡情發揮魅力。

● 聚焦在局部上，這個部分就會變成訊息。

living the life

■ 隱藏部分內容，激發讀者的想像力

反之，也可以故意遮住部分內容，激發讀者的想像力。具體來說，就是裁掉照片的一部分，或是特寫某個部分。

當讀者看到照片的某個部分被隱藏，就會覺得這個部分「到底是什麼」進而產生期待。

● 看不見的部分能激刺想法與創造力

讓讀者感受訊息

裁剪照片時，必須注意照片的構圖與拍攝主體的方向。人物或動物的方向、建築物的角度、間隔、空間都有不同的印象。

裁剪的形狀有很多種。文案與文章的位置也會影響裁剪的形狀，所以建議多試幾種形狀，確定正確地傳遞了想法。

● 利用各種形狀呈現照片，能帶給讀者刺激與趣味。

此外，將拍攝主體的構圖各有不同的照片放在一起時，可試著以相同的形狀裁剪拍攝主體，讓可見的範圍一致，如果形狀與位置不一致，裁剪就會失去效果。

讓照片的形狀一致，再設定相同的邊界，就能賦予視覺設計整體性，設計出美麗的版面。

● 拍攝主體的形狀與位置若是一致，就能營造整體性。

■ 利用裁剪功能保留框內的部分

在 PowerPoint 與 Word 裁剪照片時，可從「圖片格式」(或「圖片工具」的「格式」索引標籤)的「大小」點選「裁剪」。

當照片的四個角落與邊長顯示黑線，即可拖曳黑線或照片，讓想要保留的部分位於裁剪框之中。按下 Esc 鍵確定裁剪之後，就會只留下裁剪框之內的照片。

● 透過裁剪突顯主體與傳遞訊息

48 替資訊排列優先順序，讓資訊更容易閱讀

Key word
▼
優先順序

商業資料是「重視呈現方式」的資料，而要讓讀者讀得開心，以及正確理解內容，就必須盡可能將內容排得簡單易懂。替資訊排出**優先順序**，可讓讀者瞬間了解頁面的全貌，掌握資訊的重要性。

替資訊排出優先順序

製作資料的人通常會希望讀者讀完所有的資訊，但讀者不一定有那麼多時間，也不一定有興趣閱讀。要讓消極的讀者對頁面產生興趣，可試著替資訊排出優先順序。

找出重要度較高的三個資訊，再以這三個資訊編排版面，就能讓版面的設計更有張力，讀者也能了解主旨與重點。

記得讓優先順序最高的三個資訊依序縮小。換言之，就是依照重要性調整頁面的佔有率。雖然這種方法很單純，卻能有效地區分資訊。

整理成階層架構可讓優先順序更加明確

賦予資訊優先順序就是建立字級從大變小的階層架構。具體來説，要根據由上至下、由左至右的視線流動建立階層架構，有時候需視情況群組化元素（參考 76 頁）。要注意的是，太過複雜的階層架構會讓讀者混亂，所以最多不要超過兩、三層。

資訊彙整完畢後，就能讓資訊元素變得井然有序，讀者也能在看到的瞬間，了解製作者想傳遞的訊息。

文章從頭到尾的質感都一樣，沒有半點起伏，所以讀者可能會放棄閱讀。

Future Design Forum 2021
未來設計論壇

人口減少と少子高齢化を克服して、日本の将来を活力あふれるものにする。この大きな課題を解決するために、地方のあちこちで再生の取り組みが行われています。
本フォーラムでは、地方の魅力を紹介し、新しい地方のあり方を語り合います。一人ひとりの意志と行動が、地方と日本の将来を描き出します。

「地方で暮らす。生活を変える。」

日時：2021年10月16日（土）13：00～16：00
会場：汐留セントラルホール（東京都港区東新橋）

賦予文字強弱之後，整個版面就變得有律動感，也能一間看出要強調的部分。

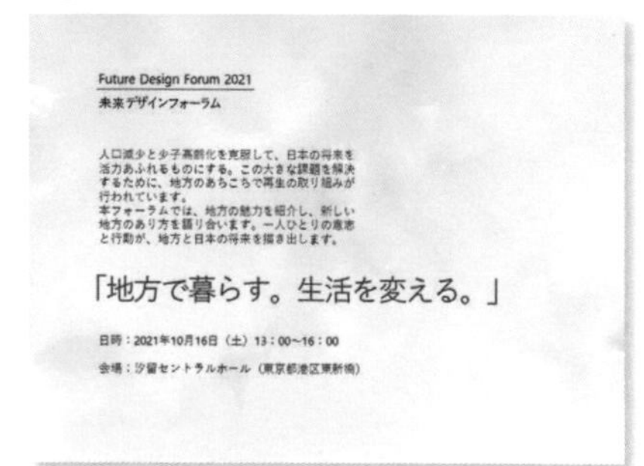

● 這是利用視覺設計優先強調標題的設計。接著再依序將活動資訊與主旨整理成階層架構。

Example 利用由大至小的階層架構強調訴求

種類 ▶ 提案 ｜ 重點 ▶ 規劃訴求的優先順序 ｜ 對應軟體 ▶ 

下面的範例是很隨性的一頁提案。
雖然五個項目整齊地排列了，但是……

雖然這個提案很完整，但應該無法引起讀者興趣。只是羅列一堆文字，沒辦法讓讀者想要閱讀。既然是隨性的氣氛，就應該利用這個氣氛整理版面的資訊。

大膽地使用照片，替資訊排出優先順序。
營造張力，讓內容更易讀

下面的範例拉高了照片的面積，讓讀者對企劃多一分想像，也根據文案、主旨、目的、概要這樣的順序將這些資訊整理成階層架構。由於調整了這些資訊的文字大小，所以一眼就能看出其中的優先順序。這份提案也變得更精彩，更容易瀏覽。

提供新服務的企劃

～Memorial day only for two～

●目的
お客様の「記念日」を当ホテルで過ごしていただくために、いままでにない接客サービスでおもてなしする。新サービスで集客アップを図り、客室稼働率と顧客の平均単価を上げる。当ホテルは話題性が出るとともに、レストランや土産物の物販増加につながっていく。

●主旨
ホテルの利用方法が「泊まる」から「楽しむ」に変化している。外資の参入によって、顧客争奪戦が熾烈を極める現状こそ、お客様の要望にきめ細かく応え、サプライズがある高品質なサービスが求められている。

●キャッチコピー
「二人の記念日をエスコートいたします」

●概要
結婚5周年、初デート記念など、多様な「記念日」でお客様を優待するサービス。宿泊料金、食事、バー利用、アメニティなど、心のこもった接客で思い出に残る一日を過ごしていただく。ホテルが用意した「記念日」に該当するお客様であれば、すべての人が対象となる（別紙参照）。

●開始時期
2021年9月17日(金)からサービスを提供

提供新服務的企劃

二人の記念日を
エスコートいたします

ホテルの利用方法が「泊まる」から「楽しむ」に変化している。外資の参入によって、顧客争奪戦が熾烈を極める現状こそ、お客様の要望にきめ細かく応え、サプライズがある高品質なサービスが求められている。

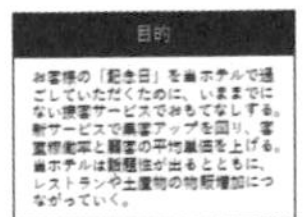

概要
結婚5周年、初デート記念など、多様な「記念日」でお客様を優待するサービス。宿泊料金、食事、バー利用、アメニティなど、心のこもった接客で思い出に残る一日を過ごしていただく。ホテルが用意した「記念日」に該当するお客様であれば、すべての人が対象となる（別紙参照）。

2021年9月17日(金)から

一個大型文案就能說明企劃的意義

49 賦予元素規律，工整地呈現元素

頁面是由文字、照片、圖形、圖表以及各種元素組成，所以若是毫無章法地配置這些元素，整個頁面會變得很凌亂。要賦予元素規律就**對齊**元素。元素的位置越是井然有序，頁面就會更工整美麗。

從置入虛擬線開始編排版面

基本上，要編排出美麗的版面，就要讓文章或圖形這些元素**對齊**位置。工整地排列各種元素除了能美化版面，還能讓整個版面變得穩定。

對齊元素時，記得置入**虛擬線**。所謂的虛擬線就是沿著垂直或水平方向延伸的「臨時線」。

虛擬線是只存在腦中的線條，所以肉眼看不見。大家可以先想像垂直、水平、傾斜、圓弧這類線條，再讓文字方塊或圖形沿著虛擬線排列。

利用虛擬線排列的文字或圖形會變得整齊劃一，整個頁面的質感也會變得更美麗。

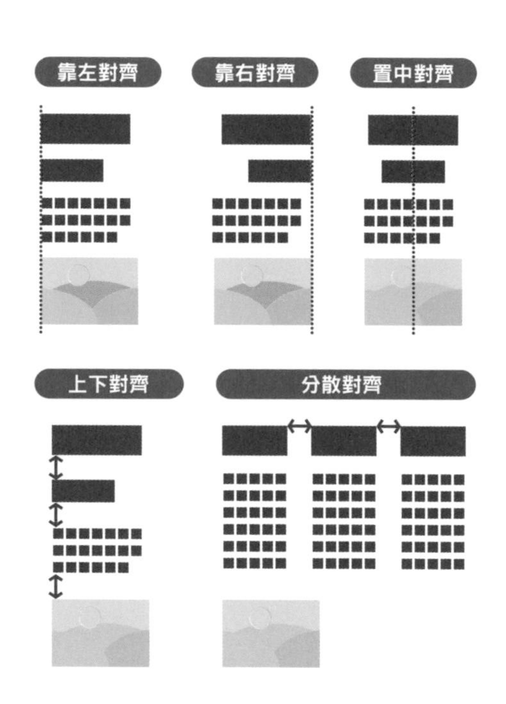

讓所有元素沿著虛擬線排列

虛擬線可以很多條，記得讓相隔很遠的元素一一對齊。對齊的虛擬線越多，版面就越整齊。

- **小標與內文靠左對齊或置中對齊。**
- **左右的項目名稱可垂直對齊。**
- **文章的行首與行尾可與版面的邊緣對齊。**

像這樣讓人以為有虛擬線的版面非常漂亮，也顯得非常專業。

● 沿著虛擬線對齊，可讓人覺得很整齊以及聯想元素之間的相關性。

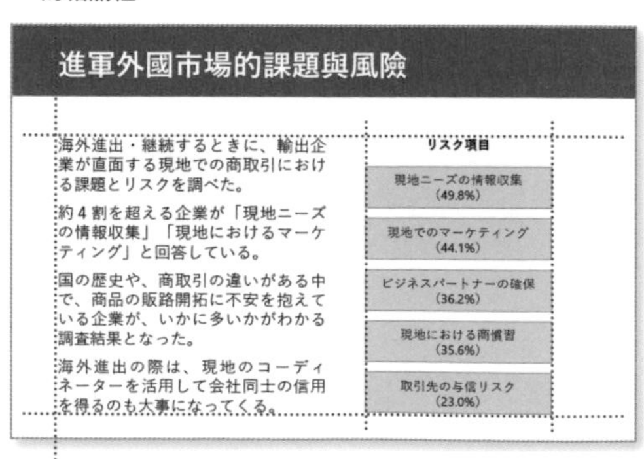

統一距離、大小與顏色

對齊商業資料的資訊元素可説是百利而無一害。務必讓頁面之中的所有元素完美地對齊。

對齊時，有一些需要注意的事項，也就是要讓元素的大小、形狀與顏色一致。

只要這些部分一致，讀者就會知道這些元素的功能或性質相同，製作者完全不需要多做解釋。

反之，當大小或形狀不同，讀者就會以為這些元素的「價格不同」。若是將不同大小或形狀的元素放在版面裡，就會變成看不出相關性的圖解，這點請大家千萬多注意。

■ 元素的相關性會隨著距離的遠近而改變

在此要請大家記住的是，元素之間的關係會隨著距離改變。

要正確地排列資訊就要「讓具有相關性的元素擺在一起」。讀者會將距離較近的元素視為「夥伴」，並將距離較遠的元素視為相關性較淺的元素。

調整元素的距離可減少讀者混亂，讓版面更容易閱讀。正因版面的空間不足，所以才要更重視這微妙的距離感。

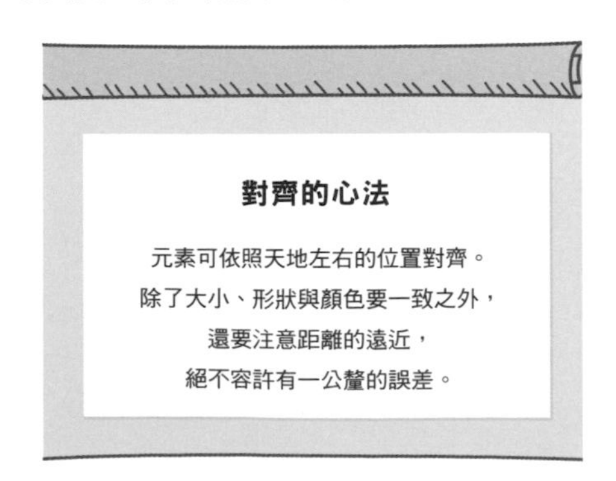

對齊的心法
元素可依照天地左右的位置對齊。
除了大小、形狀與顏色要一致之外，
還要注意距離的遠近，
絕不容許有一公釐的誤差。

圖形的形狀與顏色都不一致之外，分隔線的設定也不一樣。整個版面看起來很雜亂。

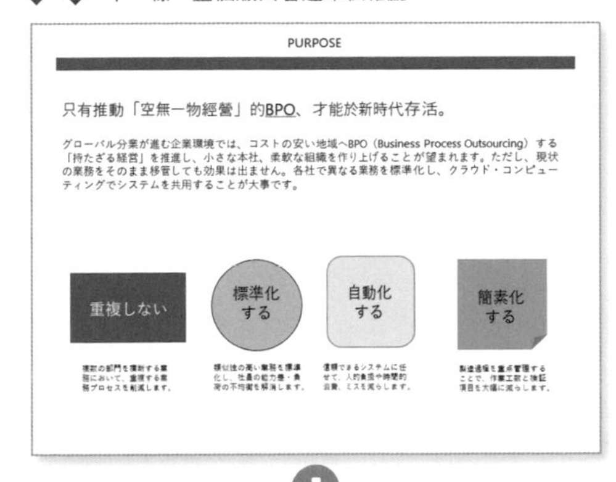

○ 這是標題、文章對齊的版面，也可從圖形的位置了解元素的相關性。

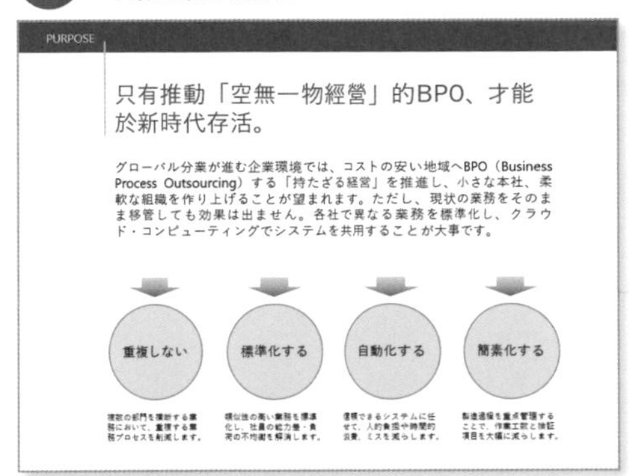

● 所有的元素都對齊，連一公釐的偏差都沒有。

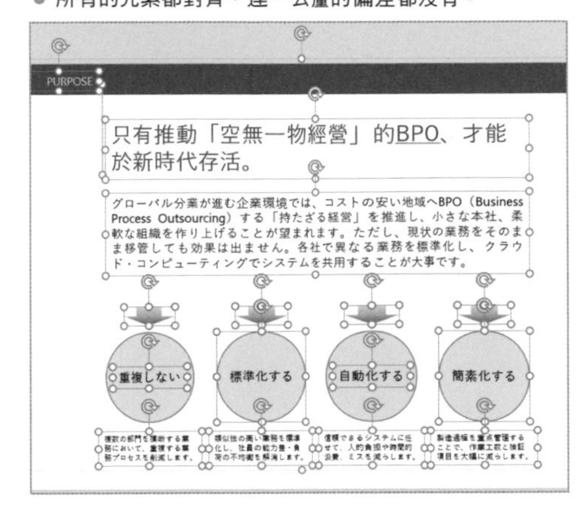

等距與群組化

在編排相同元素時，可試著等距編排或是群組化元素。等距編排的元素能讓讀者放心閱讀，也會想從相同的圖形之中找出共通之處。

此外，將相關的元素放在一起，讓元素群組化（參考 76 頁），就能強化元素的相關性，也能打造資訊井然有序的版面。

● 照片等距排列後，整個版面變得很穩定。中間空出空間，可讓多個元素自成一組。

● 若想建立明確的群組，可利用框線圍住元素，或是利用顏色建立群組，也能替版面增加重點。

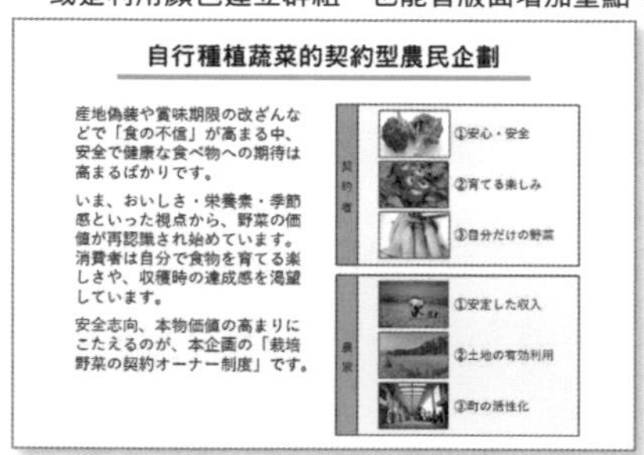

● 實心圓弧、照片的框線顏色、文字顏色及位置，在在說明了元素的群組是精心設計過的版面。

■ 讓多個圖形群組化

版面的元素越多，就越需要對齊以及讓形狀、大小一致。排列整齊的圖形也有可能不小心移動，而變得不那麼整齊。

若元素先群組化，就能確保每個圖形的相對位置不變，還能同時移動與縮放。

● 按住 Shift 鍵，點選多個圖形，再按下 Ctrl ＋ G 鍵。

● 這時候圖形就會群組化。要解除群組可按下 Ctrl ＋ Shift ＋ G 鍵。

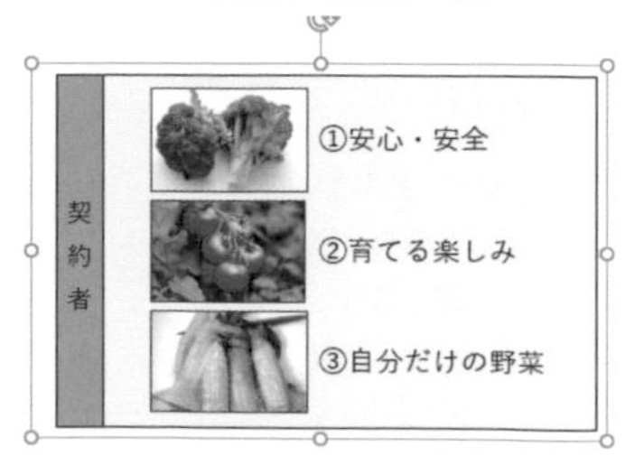

Example 利用精準對齊的版面讓內容變得簡單易懂

種類 ▶ **說明資料** ｜ 重點 ▶ **對齊元素，讓元素的大小與形狀一致，打造美觀的版面** ｜ 對應軟體 ▶ 

元素的配置沒有任何規律，
只是將文章與圖版放入版面而已……

這個版面共有四個內文的文字方塊，但每個文字方塊的單行字數都太多，讓整個版面變得很沉重。圖表、表格、照片的大小也都不一致，而且所有元素之間的距離都沒對齊，讓人不知道該從何看起。元素的配置沒有任何規律，是這個版面失敗的原因。

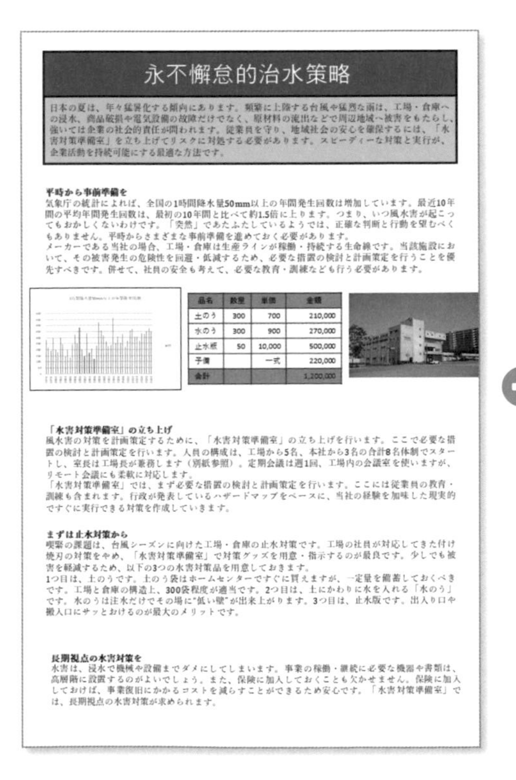

澈底對齊元素，統一元素的大小、
形狀與距離，完成美觀的版面

每段內文都有對應的小標之外，圖表也依照內容重新製作，表格則是將奇數行與偶數行設定成不同的顏色，而且還將顏色調淡，方便讀者閱讀。所有元素的上下左右的位置與距離也都對齊了。從整齊劃一的標題與小標，以及文章與圖版的位置，都能讓讀者感受到這個版面設計的用心，也會覺得這個版面的設計很協調。

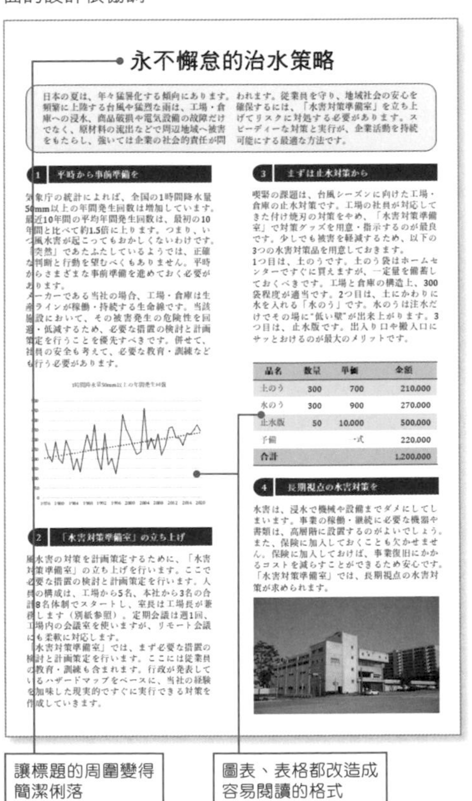

讓標題的周圍變得簡潔俐落

圖表、表格都改造成容易閱讀的格式

50 打造規律、穩定與美觀的版面

Key word
▼
格狀系統

前一節介紹了在腦中描繪的虛擬線，但對於不習慣的人來說，這不是很確實的方法，所以這次要介紹以格狀輔助線為基準的**格狀系統**。這套系統只需要讓所有的文字或圖版沿著格狀輔助線配置，所以不管是誰，都能輕鬆地排出工整的版面。

建立工整的版面

格狀系統是以垂直與水平的格子切割整張頁面，讓元素沿著這些線條排列的版面編排方式。由於文章的每一行及圖版的垂直與水平的位置都會精準對齊，所以能營造規律、穩定的印象。

此外，也能透過位置營造元素之間的相關性，所以能快速建立閱讀的順序。

格狀系統可在有限的空間之內，有效率地編排大量的資訊，營造穩定感與美感。除了以視覺設計為主的頁面之外，商業資料也能利用格狀系統追求簡潔感。

自由配置的格狀輔助線

格狀輔助線的形狀可依需求自行安排。實際編排時，只需要沿著格狀輔助線配置元素。基本上會依照字數、圖版大小塞滿每一格。有時候會依照格狀輔助線放大照片或是增減字數，讓整個版面保持平衡。

格狀系統雖然很有規律，但也常給人單調的印象。此時，可以試著讓部分元素超出格線，藉此增添變化與動感，也可以調整小標的大小，增加畫面的重點，讓讀者不至於讀膩。

在 PowerPoint 顯示格線

PowerPoint 可利用「格線」或「補助線」建立格狀系統。在「檢視」索引標籤中的「顯示」勾選，即可啟用這類功能。當畫面顯示如同稿紙的格線時，請沿著格線配置元素。

這個格線的間距可在「格線及輔助線」對話框自行設定。也可以強制元素貼著格線配置，如此一來就不需要一直為了對齊元素而微調元素的位置。

有計畫的對齊，可賦予頁面規律與律動感，所以請大家務必活用這項功能。

● 只需要沿著格線配置元素

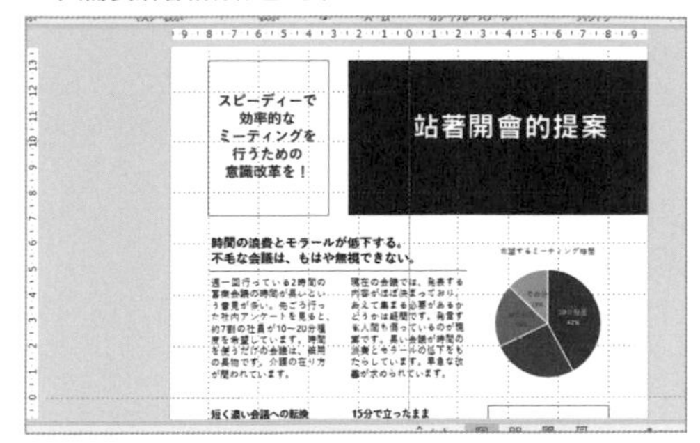

● 格線的間距可利用對話框自行設定

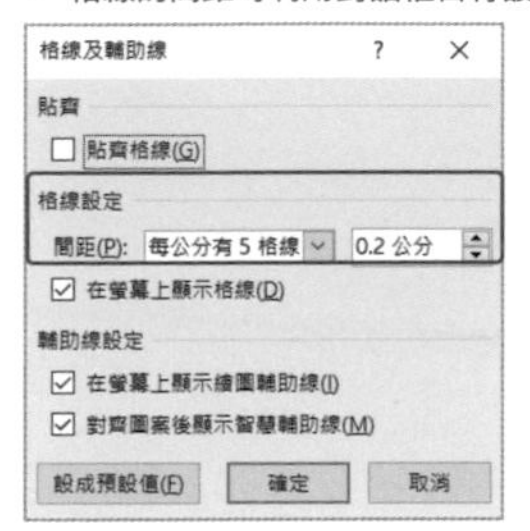

在 Word 顯示格線

要在 Word 顯示格線可從「版面配置」的「排列」點選「對齊」，再點選「格線設定」。

勾選對話框之中的「在螢幕上顯示格線」，即可顯示格線。

若想使用如同稿紙的格眼，可在「格線設定」對話框設定值，並且勾選「顯示格式」的「垂直顯示間格」，以及設定相關值。

● 可依照文字大小或公釐這個單位設定格線

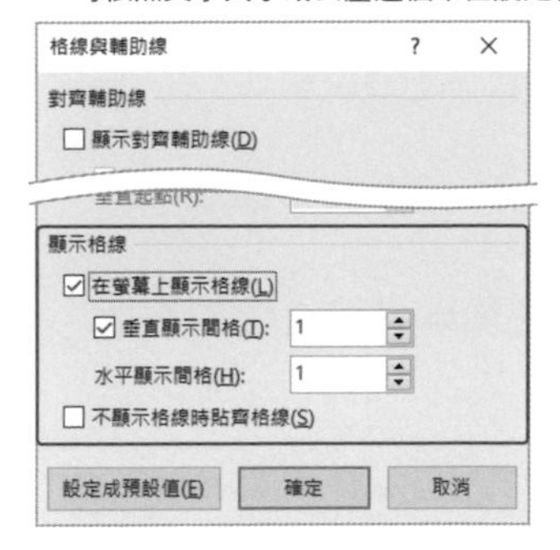

● 以文字為主的 Word 文章也能排列得非常整齊

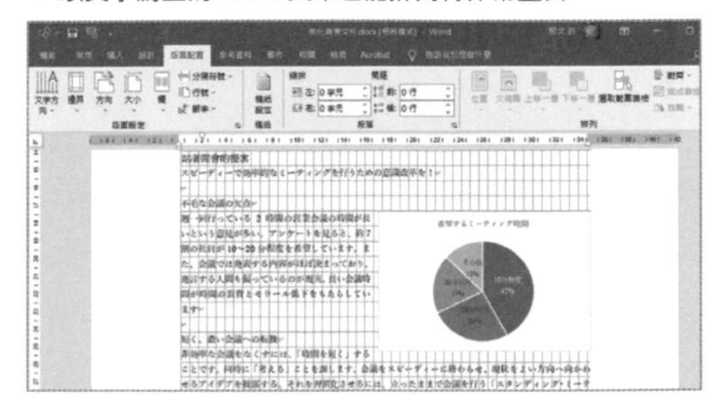

51　利用留白創造收放自如的版面

文章的周圍若沒有半片**留白**，看起來會很侷促，但留白太多又顯得太寬鬆。能創造寬鬆感與緊張感的留白是能營造高雅的印象，以及創造空間感與景深的設計技巧。在關鍵字或照片的周圍留白，自然就能吸引目光。

留白也是重要的設計元素

假設白色頁面的正中央有一個巍然聳立的關鍵字，任誰看到都會「喔！」的一聲，思考為什麼會有個關鍵字在這裡，這就是利用大片留白突顯關鍵字，吸引讀者目光的方法。

設計的留白在英文稱為「White space」，是利用空無一物的部分控制頁面整體的平衡與氣氛的工具。善用留白，營造高雅沉靜的感受。

留白既非背景的一部分，也不是非得填滿內容的部分，而是與文章、照片、圖表一樣重要的設計元素。

維持元素的密集與分散之間的平衡

在元素的周圍保留越多留白，就越能強調元素，但留白太多，有可能會讓整個版面看起來很鬆散，所以使用留白的祕訣在於控制元素的密集與分散之間的平衡。

商業資料的留白通常會在文字與文字、段落與段落、照片與文案、圖形與圖形之間。

舉例來說，在段落之間隔一行，讓小標與內文之間空一行，藉此讓整個版面變得容易閱讀的留白就很常見，但是在運用留白時，還是需要以易讀性為第一優先。

標題、文章、照片的位置雖然很平均，卻讓人覺得太緊湊，很難閱讀。

下面的範例縮小照片與文章，創造了大片的留白。小標變得顯眼與吸睛。

● 將標題放在大片的留白，營造寬鬆的感覺，再讓下面的文章集中在某個區塊，藉此創造緊湊感。

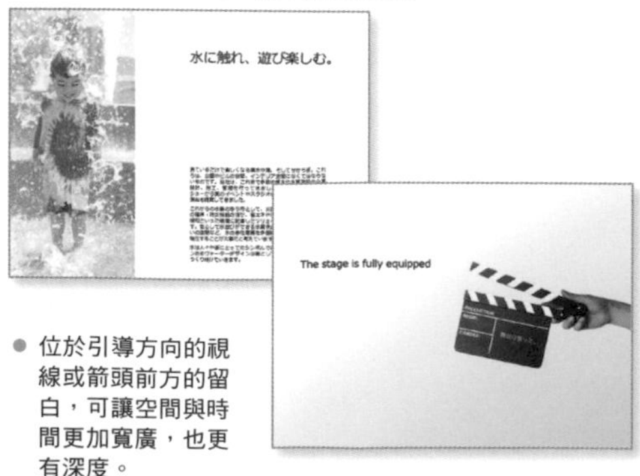

● 位於引導方向的視線或箭頭前方的留白，可讓空間與時間更加寬廣，也更有深度。

Example 打造利用留白突顯局部的版面

種類 ▶ 企劃書 | 重點 ▶ 利用留白集中視線 | 對應軟體 ▶ 

這是一份欲增設伴手禮諮詢師
來增加業績的企劃書，
希望版面能更加單純啊……

沿著 Z 字編排內容的版面能讓讀者輕鬆了解故事與後續的發展。在此想要將這個版面改造成一句話道出企劃重點的單純版面。這份企劃書的重點全在於希望能夠配置專任的伴手禮諮詢師。

在標題周圍保留大片留白，
將視線引導至標題

只要預留這麼大片的留白，上方的標題一定會變得十分搶眼。版面之中的插畫成為文案，讓讀者自然而然地注意「伴手禮諮詢師」這個詞。如此一來，誰都會知道這個企劃的重點在於配置一名專任的伴手禮諮詢師。雖然沒有提到企劃的背景或效果，但只要在簡報時，視情況補充說明即可。

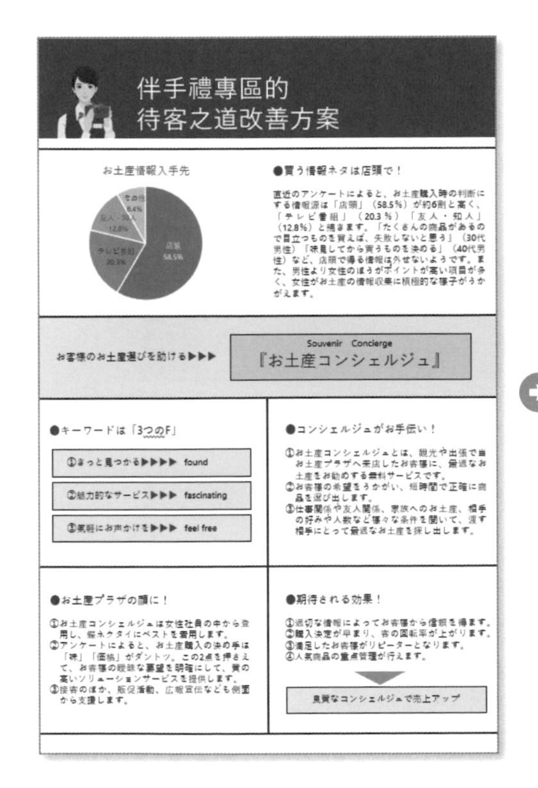

與留白形成對比，就能強調要強調的元素

52 利用對稱架構營造穩定感

Key word
▼
對稱構造

版面編排就是煩惱該如何構圖的過程。構圖指的是能突顯編排效果的頁面架構。就算使用的是相同的資訊元素，只要構圖不同，整個頁面的氣氛也會跟著不同。若想強調穩定感與安心感，建議使用**對稱架構**的版面。

利用對稱架構營造絕對的安定感

企劃書、會議資料都可放心地使用對稱架構的版面。所謂對稱架構是指在正中央畫一條中心線，再以左右對稱或上下對稱的方式配置元素的版面。在上下左右同一個位置配置文章、小標或圖表，能讓整個版面顯得更穩定與放心。

舉例來說，比較商品的簡報或是正式的簡報都很適合使用這種版面。保持平衡的頁面能給人內容值得信賴的感覺，所以對稱架構可說是最適合商業資料的構圖。

● 這是左右對稱的版面。雖然很單純，但不會很無聊，而且這麼大張的插畫也讓版面變得很穩定。

可加入一些變化，避免版面變得枯燥乏味

雖然對稱架構可營造穩定、沉著的感覺，卻也有可能太過單調與乏味。

這時候可試著調整兩張照片的主題，強調照片之間的對比，或是調整某個元素的角度或顏色，故意破壞對稱構圖，就能為版面增添些許變化，要注意的是，稍微破壞對稱的感覺就好。

此外，也有以頁面的某個點為圓心，讓元素沿著圓周對稱排列的點對稱構造，這種排列方式可以讓版面多點變化以及隱約的動感。

● 這是左右對稱的版面。利用大海與森林這兩個主題營造了對比。

● 這是利用中央的色帶營造上下對稱的版面。依照照片的色調將文字設定為藍色與綠色。

Example 替對稱架構添加變化與動感

種類 ▶ 企劃書 | 重點 ▶ 添加隱約的變化 | 對應軟體 ▶ 

這是左右完全對稱的版面，
雖然很穩定，但希望多點玩心……

這是網路促銷企劃書的部分內容。對於以安心與安全為訴求的網路購物而言，穩定的對稱架構可說是最佳的版面，但這個版面太過靜態，沒有任何的動感。如果希望顧客更積極地購物，應該要添加一些主動積極的氣氛。

網路購物的重點在於
隨時都能安心購物。

夜は、18時以降のお客様に
創造的な販売ができます。

代理店販売に代わる新しいチャネルとして、ネットによる直販を行います。自社の責任で商品販売する直販は、人材と組織、情報を駆使して多様な仕組みとアイデアが考えられ、迅速で創造的な販売が行えます。自由な時間が生まれる18時以降は、御社がいままで手を出してこなかった販売時間です。

昼は、迅速な顧客対応で
お客様へ安心を提供します。

昼間のネットショッピングは、電話によるサポートでつながり、お客様に安心と安全を感じてもらうことが重要になります。
お客様の信頼をベースに、理想のブランドやイメージを形成し、競争力ある商品を育てることができます。同時に、価格と販売を戦略的に運営し、利益確保を安定化させることも可能です。

改造成點對稱架構的版面，
為版面增添些許動感與對比，營造更鮮明的印象！

下面的範例將版面改造成點對稱架構，讓元素以180度旋轉的方式對稱。如此一來，頁面就多了一些變化與趣味性。突顯「晝」與「夜」這兩個關鍵字，讓讀者一眼看到這兩個主題的對比。

18時以降の創造的販売

代理店販売に代わる新しいチャネルとして、ネットによる直販を行います。自社の責任で商品販売する直販は、人材と組織、情報を駆使して多様な仕組みとアイデアが考えられ、迅速で創造的な販売が行えます。自由な時間が生まれる18時以降は、御社がいままで手を出してこなかった販売時間です。

網路購物的重點在於
隨時都能安心購物。

昼間のネットショッピングは、電話によるサポートでつながり、お客様に安心と安全を感じてもらうことが重要になります。
お客様の信頼をベースに、理想のブランドやイメージを形成し、競争力ある商品を育てることができます。同時に、価格と販売を戦略的に運営し、利益確保を安定化させることも可能です。

つながる安心を提供

雖然是對稱架構，卻帶有動感

不依賴對齊功能，最後要以目視進行微調

要讓訊息變得簡單易懂，就要對齊元素。讓元素垂直與水平對齊，的確可讓整個版面變得井然有序，但文字的位置還有一些細節需要注意。

有時候就算利用對齊功能對齊文字，還是有可能因為選用的字型、字體大小、文字方塊的上下左右邊界，導致文字無法完美對齊。此時請將縮放層級放大至 100% 以上，再逐一目視調整，或是調整邊界的數值。

meiryo字型與圖形

meiryo 字型會在文字方塊之中略略偏上靠齊，導致下方的空間增加，所以與其他元素擺在一起時，要記得微調位置，以便對齊文字的下緣線。

根據文字下方的空白多寡，目視調整文字方塊的位置。

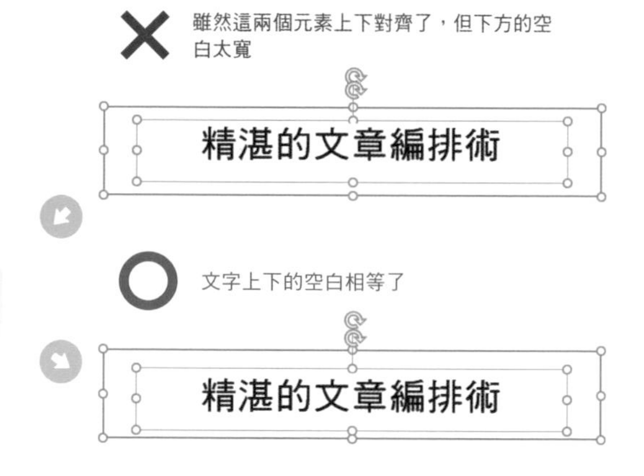
雖然這兩個元素上下對齊了，但下方的空白太寬
精湛的文章編排術
文字上下的空白相等了
精湛的文章編排術

標題與內文

標題與內文常以一上一下的方式編排，但是當文字的大小有明顯的差距，標題與內文的第一個字的位置有時會出現些許的誤差，這時候請調整文字方塊的留白。

將上方文字方塊的左邊界設定為零

標題與內文的第一個字沒對齊

爆紅的理由

消費者の心をつかんだ製品は、どのようにして生まれたのか。そこには
つきではない、経験と知識に裏打ちされた必然となる「理由」があった
当時の開発者たちの声を交え、メガヒット製品の理由を探ります。

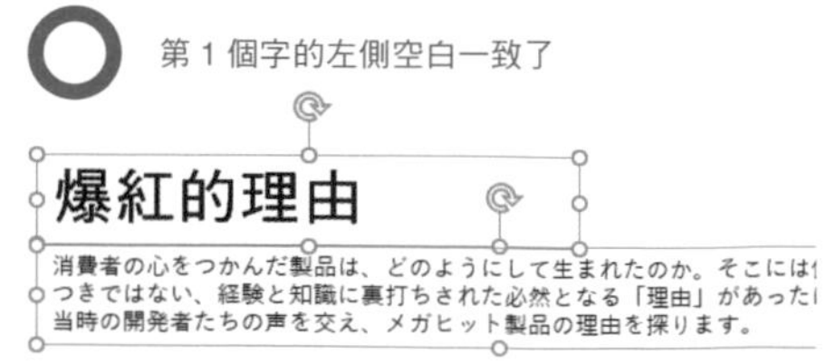
第 1 個字的左側空白一致了
爆紅的理由
消費者の心をつかんだ製品は、どのようにして生まれたのか。そこには
つきではない、経験と知識に裏打ちされた必然となる「理由」があった
当時の開発者たちの声を交え、メガヒット製品の理由を探ります。

5

讓資料瞬間變得「簡單易懂」的範例

讓我們一起瀏覽整理資訊元素，以及視覺化資訊元素的各種技巧。只需要一點巧思，就能讓資料變得「簡單易懂」。

53 Key word ▸ 字型

對應軟體 ▸ P W

稍微讀一下，
就發現文字的感覺怪怪的

這個範例使用的是粗體字，與柔和的內容之間產生落差。明明使用了很漂亮的照片，所以希望能營造女性特有的柔韌感。

設計女性的
身體課程

美しくありたいトレーニング

フィットネス市場は縮小傾向です。フィットネス施設は、一時の数量飽和状態を経て、撤退する企業が増えています。小規模施設は乱立気味であり、燃料費の維持費の上昇と、消費者の生活防衛意識の高まりで利益幅は多くはありません。一方で、ダイエットや健康に対する消費者の欲求は増加しています。

そこで「女性向けボディデザインカリキュラムの開発」を提案します。女性の美容・健康を意識したボディデザインのカリキュラムを開発し、トレーニングを中心としたサービスに転換します。これなら新たなハードの投資が抑えられ、維持費用も低くなります。

本サービスのコアターゲットは女性で、仕事帰りと休日の利用促進を促します。スマホやPCを使ったマンツーマン指導によるトレーニングサービスです。

硬梆梆的感覺與照片很不搭

After

選擇適合
內容的字型

右邊的範例將字型換成「AR 丸 Gothic 體 M」。這種字型的筆畫較細柔，能讓人聯想到女性。縮小內文的字級後，留白也更寬了。

設計女性的
身體課程

美しくありたいトレーニング

フィットネス市場は縮小傾向です。フィットネス施設は、一時の数量飽和状態を経て、撤退する企業が増えています。小規模施設は乱立気味であり、燃料費の維持費の上昇と、消費者の生活防衛意識の高まりで利益幅は多くはありません。一方で、ダイエットや健康に対する消費者の欲求は増加しています。

そこで「女性向けボディデザインカリキュラムの開発」を提案します。女性の美容・健康を意識したボディデザインのカリキュラムを開発し、トレーニングを中心としたサービスに転換します。これなら新たなハードの投資が抑えられ、維持費用も低くなります。

本サービスのコアターゲットは女性で、仕事帰りと休日の利用促進を促します。スマホやPCを使ったマンツーマン指導によるトレーニングサービスです。

美麗的字型營造了適當的氛圍

54 Key word ▸ 字型

對應軟體 ▸ P W

太有個性的文字很難閱讀

特殊字型很適合在廣告或傳單使用，但就算是非正式的資料，太難閱讀就無法達到效果。商業資料要以易讀性為第一優先。

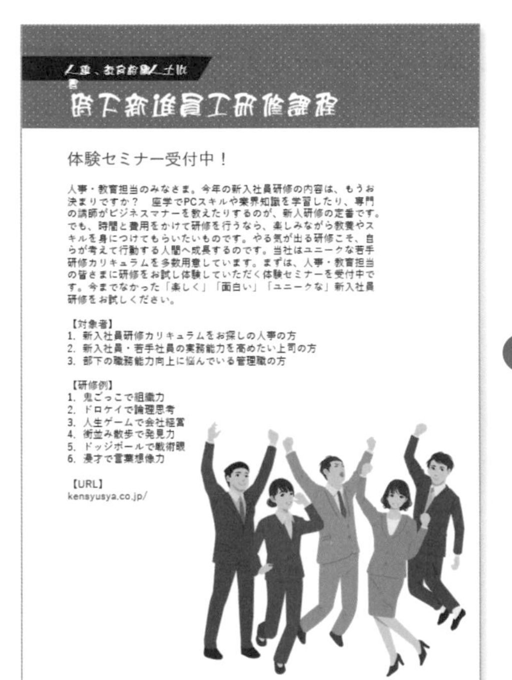

特殊的變體字型（moziwaku研究所）

使用方便閱讀的字型！

換成 meiryo 字型之後，整個內容都變得好讀了。也可以使用內建的游 Gothic 體。在歡樂氣氛的視覺設計之中，字型較摩登的現代字型比較適合。

個性鮮明的字型要適時適地使用

55　Key word ▸ 分欄　對應軟體 ▸ P W

想設計成有趣的頁面……

右側範例的單行字數過多，讀起來會很辛苦。這種字數較多的頁面就該編排成讀者能輕鬆閱讀的版面。

讓廢棄的舊校舍成為小鎮的象徵

一切從「綻放笑容的十字路口」開始

地域の真ん中にある学校
地域の真ん中にあって子供たちを育てる学校は、町と地域住民の心のよりどころでした。廃校後、子供たちの歓声は遠ざかり、寂とした場所に。本来、学校は住民みんなが手を取り合って、共に生きていく地域づくりの象徴のはずです。住民の息吹きが感じられる新しい地域の交流シンボルとして活用します。

楽しい体験施設
まずは、小学校の改修を行い、木造の伝統建築を生かした滞在型複合体験施設として再生します。そこでは地元の漁業者や農家と連携し、子供向けの農業や漁業の体験学習プログラムを開発・実施します。生き物調べや天体教室、地元劇団の影絵上演、そば打ちなど、懐かしい木造校舎に泊まり、誰にも気兼ねせず、ゆっくりした時間を過ごす主旨です。
同時に、宿泊者と地域住民が利用できるレストラン機能を備えます。地元で採れる野菜や山菜、きのこや果物を調理提供し、食材を通じて地元の魅力と地産地消を推進します。

制限しない利用方法
次に、国立公園や一級河川の源流といった自然環境や千年以上の歴史を持つ文化を活かし、ビオトープをはじめとしたグリーンツーリズムにも特長を出します。学校の校庭や体育館は、適度な整備と改修で運動広場（キャンプサイト）となりバーベキュー開催も可能です。青少年関係や地域グループの親睦会、レクリエーション等、制限のない多様な利用が期待できます。

企業と人に寄り添う
校舎は天井が高く廊下も広いなど、造りにゆとりがあって使いやすい構造です。電気・通信や機械警備等のインフラを整備すれば、学校は使い勝手のよいオフィスに変身します。学校の開放的な雰囲気をアピールし、ベンチャー企業の誘致、企業のサテライトオフィス化を進めます。
さらに、静かな山村風景と穏やかな木造校舎は、創作意欲を掻き立て、芸術活動には最適の空間です。ここを地域の芸術文化拠点として情報を発信し、若者のプチ移住を促します。

運営協議会が運営
施設は、町民・地域による運営協議会を設置して運営にあたります。携わる人すべてが交流することを目的に「えがお交差点プロジェクト」と称します。既存施設の改修と改築、土地整備においては、徹底した現状利用と歳出削減を行い、3年目の黒字収支の採算を目指します。
廃校舎を町のシンボルにする企画は、やすらぎと体験・交流の場所を発信します。日本だけでなく、世界中の人々が集まる複合体験施設になることでしょう。そして、何より地域住民の心が躍り、地域が元気になるはずです。

總之單行的字數太多了

利用文案與分欄
改變印象！

右側的範例在左上角配置了象徵十字路口的文案，讓讀者將重點放在「綻放笑容的十字路口」。內文設定為三欄後，單行的字數就不會太過冗長了。

分欄之後，單行的字數就不會那麼長了

56 Key word ▸ 字型／分欄

對應軟體 ▸ P W

覺得印象很模糊，不夠強烈……

下面的範例只是將重點整理成條列式而已。就算放大了標題與引文，還是讓人覺得印象很模糊，不夠強烈。

『スマホで筆文字講座』

年賀状や祝儀袋、芳名録の美しい筆文字は、大切な場面で役立つ財産です。
スマホを使った新しい添削と指導は、自由で積極的な生活を応援します。

タイトル
『スマホで筆文字講座』
～いつでもどこでもやりたいときに～

課題
- 通える筆文字教室が近くにない。
- 時間的な調整がうまくいかない。
- 人目を気にしながら習いたくない。
- 金銭的な負担を少しでも軽くしたい。

解決
- 自宅で筆文字を習うことができる。
- 自分の好きな時間に習うことができる。
- 一人で集中して書道を勉強できる。
- 少しの受講料で習うことができる。

内容
- 会員登録した生徒は、宿題入手後に作品を送信し、達人（指導者）が添削したものを返信します。
- 提出した作品の添削が完了すると、事務局から「添削完了」のメールを送信します。生徒は「受講生専用ページ」に入室し、添削内容を見ながらおさらいします。
- 提出作品は、原則として翌日までに添削します（土・日・祝日は除く）。
- 質問は2回まで直接メール可能です。それ以外は専用掲示板にて各種のコミュニケーションを行うことができます。
- 入会費用やオプション費用は別紙を参照してください。

就是這裡！在最適當的位置使用個性鮮明的字體！

下面的範例將內文設定為游明朝字型，標題則使用了有澤太楷書。這種以直書配置的特殊字型與照片的氣氛非常符合，也能引起讀者興趣。

年賀状や祝儀袋、芳名録の美しい筆文字は、
大切な場面で役立つ財産です。
スマホを使った新しい添削と指導は、
自由で積極的な生活を応援します。

タイトル
「スマホで筆文字講座」
～いつでもどこでもやりたいときに～

課題
- 通える筆文字教室が近くにない。
- 時間的な調整がうまくいかない。
- 人目を気にしながら習いたくない。
- 金銭的な負担を少しでも軽くしたい。

解決
- 自宅で筆文字を習うことができる。
- 自分の好きな時間に習うことができる。
- 一人で集中して書道を勉強できる。
- 少しの受講料で習うことができる。

内容
- 会員登録した生徒は、宿題入手後に作品を送信し、達人（指導者）が添削したものを返信します。
- 提出した作品の添削が完了すると、事務局から「添削完了」のメールを送信します。生徒は「受講生専用ページ」に入室し、添削内容を見ながらおさらいします。
- 提出作品は、原則として翌日までに添削します（土・日・祝日は除く）。
- 質問は2回まで直接メール可能です。それ以外は専用掲示板にて各種のコミュニケーションを行うことができます。
- 入会費用やオプション費用は別紙を参照してください。

對應軟體 ▸ P

讓文字變形，加強印象

文字變形之後，就能不受文字方塊的限制隨意縮放（參考94頁）。雖然可利用變形控制點將文字調整成特殊的形狀，但還是要注意長寬比。可試著只調整一個文字的形狀或是角度，利用讓人驚嘆的特殊方式呈現。

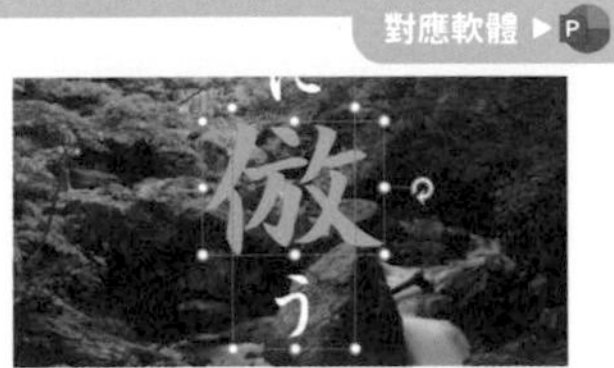

搭配變形文字

57 Key word ▸ 字體

對應軟體 ▸ P W

原本想利用斜體字與底線強調的……

斜體字或疑似斜體的字型其實一點都不搶眼。使用底線樣式強調的話，文字下方與底線又太接近，看起來一點都不美；所以盡可能不要使用這兩種文字效果。

提案背景

電子ペーパー市場に参入する上では、これまで当社が蓄積してきた組織力と技術力を生かすことができます。中でも玄人好みと評価されてきたブランドイメージは、新技術にも継承させたい哲学です。「プロがうなる」「満足度No.1」と評価される当社製品が「満を持して」発売する商品としてデビューさせたいと考えます。

電子ペーパーの製品化においては、*低消費電力*と*応答速度*と*視認性*の３つがポイントとなります。エコ時代の消費電力の低減は言うまでもなく、将来的には動画コンテンツの普及や一般世帯への浸透を考えると、高速な応答速度と視野角が広い視認性は必須の特徴です。動画の高速表示に対応できる電子粉流体方式での開発を進めます。

また、利用するTPOに対応すべく、画面の視認性の向上は必須であり、開発の力点を置きたい分野です。普及の鍵は低価格化にありますので、官学共同プロジェクトを前提に、素材と技術の選定に注力します。将来の市場投入に当たっては、現行のSC-5000シリーズだけを残し、それ以外の製品は３年をメドに順次生産の取りやめを目指します。

疑似斜體字或底線會讓頁面變得髒髒的

將斜體字與底線都換成粗體字

游 Gothic 與游明朝這兩種字型都不會因為設定成粗體字而扭曲。如果想要營造更高雅、自然的感覺，可以使用名稱之中有「Bold」的相同字型。

提案背景

電子ペーパー市場に参入する上では、これまで当社が蓄積してきた組織力と技術力を生かすことができます。中でも**玄人好み**と評価されてきたブランドイメージは、新技術にも継承させたい哲学です。「プロがうなる」「満足度No.1」と評価される当社製品が「満を持して」発売する商品としてデビューさせたいと考えます。

電子ペーパーの製品化においては、**低消費電力**と**応答速度**と**視認性**の３つがポイントとなります。エコ時代の消費電力の低減は言うまでもなく、将来的には動画コンテンツの普及や一般世帯への浸透を考えると、高速な応答速度と視野角が広い視認性は必須の特徴です。動画の高速表示に対応できる電子粉流体方式での開発を進めます。

また、利用するTPOに対応すべく、画面の視認性の向上は必須であり、開発の力点を置きたい分野です。普及の鍵は**低価格化**にありますので、官学共同プロジェクトを前提に、素材と技術の選定に注力します。将来の市場投入に当たっては、現行のSC-5000シリーズだけを残し、それ以外の製品は３年をメドに順次生産の取りやめを目指します。

使用游 Gothic 的粗體樣式

58 Key word ▸ 字體

對應軟體 ▸ P W

雖然陰影效果與反射能突顯文字……

會想突顯小標是人之常情，但過猶不及，太過突顯就會變得突兀，過度的裝飾也會讓文字變糊。如果精心設計的裝飾讓讀者覺得讀得很不痛快，可就弄巧成拙了。

Background

進軍新市場的計畫

電子ペーパー市場に参入する上では、これまで当社が蓄積してきた組織力と技術力を生かすことができます。中でも**玄人好み**と評価されてきたブランドイメージは、新技術にも継承させたい哲学です。「プロがうなる」「満足度No.1」と評価される当社製品が「満を持して」発売する商品としてデビューさせたいと考えます。

電子ペーパーの製品化においては、**低消費電力**と**応答速度**と**視認性**の３つがポイントとなります。エコ時代の消費電力の低減は言うまでもなく、将来的には動画コンテンツの普及や一般世帯への浸透を考えると、高速な応答速度と視野角が広い視認性は必須の特徴です。動画の高速表示に対応できる電子粉流体方式での開発を進めます。

また、利用するTPOに対応すべく、画面の視認性の向上は必須であり、開発の力点を置きたい分野です。普及の鍵は**低価格化**にありますので、官学共同プロジェクトを前提に、素材と技術の選定に注力します。将来の市場投入に当たっては、現行のSC-5000シリーズだけを残し、それ以外の製品は３年をメドに順次生産の取りやめを目指します。

散發著光暈的文字令人鬱悶

文字不要有太多的裝飾！

不管是陰影還是反射效果都是過多的裝飾，千萬不要這麼做。簡單來說，就是放大文字、改變顏色、加上分隔線就夠了。

Background

進軍新市場的計畫

電子ペーパー市場に参入する上では、これまで当社が蓄積してきた組織力と技術力を生かすことができます。中でも**玄人好み**と評価されてきたブランドイメージは、新技術にも継承させたい哲学です。「プロがうなる」「満足度No.1」と評価される当社製品が「満を持して」発売する商品としてデビューさせたいと考えます。

電子ペーパーの製品化においては、**低消費電力**と**応答速度**と**視認性**の３つがポイントとなります。エコ時代の消費電力の低減は言うまでもなく、将来的には動画コンテンツの普及や一般世帯への浸透を考えると、高速な応答速度と視野角が広い視認性は必須の特徴です。動画の高速表示に対応できる電子粉流体方式での開発を進めます。

また、利用するTPOに対応すべく、画面の視認性の向上は必須であり、開発の力点を置きたい分野です。普及の鍵は**低価格化**にありますので、官学共同プロジェクトを前提に、素材と技術の選定に注力します。将来の市場投入に当たっては、現行のSC-5000シリーズだけを残し、それ以外の製品は３年をメドに順次生産の取りやめを目指します。

加上分隔線之後，粗體的部分使用游 Gothic Medium 就夠了

59 Key word ▸ 行距

對應軟體 ▸ P W

行距太密了……

文章很難閱讀的原因之一就是行距過窄。預設的行距通常有點窄，所以只要稍微拉開就會變得很容易閱讀。請大家不要嫌麻煩，重新設定一下行距。

具體方案

- 「商品一覧」「商品特長」「評価」「購入者の声」といった来訪者のニーズを確実に満たすページを用意する。
- 作り方や季節、素材のウンチクまで、ユーザーの関心が高まる質の高い情報とメッセージを発信する。
- 来訪者のニーズを予想したリンク文言を数多く用意して、新鮮でレアな料理情報、生活知識を提供する。

優れたナビゲーションと
快適なユーザビリティを持った
Webサイトを構築する

感覺有點難度，應該要重新調整行距。

試著稍微拉高行距！

「段落」對話框的「間距」可設定行距（參考60頁）。範例將24點的文字方塊的行距設定為「固定行高」，再將「間距」設定為「32點」。

具體方案

- 「商品一覧」「商品特長」「評価」「購入者の声」といった来訪者のニーズを確実に満たすページを用意する。
- 作り方や季節、素材のウンチクまで、ユーザーの関心が高まる質の高い情報とメッセージを発信する。
- 来訪者のニーズを予想したリンク文言を数多く用意して、新鮮でレアな料理情報、生活知識を提供する。

優れたナビゲーションと
快適なユーザビリティを持った
Webサイトを構築する

拉開行距後，讀起來輕鬆許多。

60 Key word ▸ 行距

對應軟體 ▸ P W

行距看起來太寬了……

有時候行距會因為文字大小而顯得太寬。不同的字型適合不同的行距，所以行距會自動設定。建議大家手動調整行距。

キッズ料理教室の運営企画
お母さんと一緒に
楽しく料理する
小学生向け料理教室の開催
子供の頃の"食"は、大人になっても強い影響を及ぼします。子供のうちから料理を学び、食に対する正しい知識と楽しさ、健康への意識を植え付けることで、長年にわたり健康な体を維持し、快適な社会生活が営めることでしょう。
本企画は「キッズ料理教室」を運営して、食と健康における貴社の認知度を高めます。そして商品と企業のファンを増やし、商品・サービスの販売拡大につなげます。
行距：「單行間距」（間距：「28.8pt」）

縮小行距，直到容易閱讀為止！

小標與內文的段落都是24點的游Gothic。如果覺得行距太寬，可試著縮小行距。讓小標的行距靠近一點，就能與內文區分開來。

キッズ料理教室の運営企画
お母さんと一緒に
楽しく料理する
小学生向け料理教室の開催
子供の頃の"食"は、大人になっても強い影響を及ぼします。子供のうちから料理を学び、食に対する正しい知識と楽しさ、健康への意識を植え付けることで、長年にわたり健康な体を維持し、快適な社会生活が営めることでしょう。
本企画は「キッズ料理教室」を運営して、食と健康における貴社の認知度を高めます。そして商品と企業のファンを増やし、商品・サービスの販売拡大につなげます。
行距：「固定行高」（間距變更為「25pt」）

變更為固定行高的25pt

有些字型會自動設定行距，這時候可利用「段落」對話框的「行距」與「間距」自由調整行距。將「行距」設定為「固定行高」之後，不管文字如何縮放，都會套用設定的行距。要注意的是，如果使用了比指定值更大的文字，文字有可能就會疊在一起。

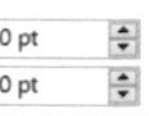

61 Key word ▸ 字距

對應軟體 ▸ P W

標題有點鬆散

放大標題後，字距變得很寬，此時會讓人覺得很安心，很沉靜。如果想要化解這種印象，可試著縮小字距。

脫口秀活動企劃

目的
先月に発売した健康食品の知名度向上を図ることが第一の目的になります。これからの冬シーズンに向けての話題作りと、販売促進の後方支援を兼ねたイベントです。

概要
永作涼子氏によるビューティトークショーを行います。「美肌をつくる食事と睡眠」をテーマにしたトークと参加者の質問の受け答え、そして商品紹介の3部構成とします。

告知
新聞と雑誌に記事タイアップの広告を出広し、本企画のトークショー参加者募集を行います。参加希望者はホームページからＰＣまたはスマホ、ケータイなどで申し込みます。

招待方法
締切日までに申し込んだ方の中から、ペア100組の計200人を抽選で決定します。トークショーの開催2週間前までに、招待状とアンケート用紙を同封して当選者の住所に郵送します。

字距很鬆散

After

縮小字距，讓頁面變得紮實

縮小字距後，就能賦予頁面緊湊感與動感。標題是讀者最先看到的部分，所以字距會影響讀者對頁面的印象。請大家務必注意這類細節。

脫口秀活動企劃

目的
先月に発売した健康食品の知名度向上を図ることが第一の目的になります。これからの冬シーズンに向けての話題作りと、販売促進の後方支援を兼ねたイベントです。

概要
永作涼子氏によるビューティトークショーを行います。「美肌をつくる食事と睡眠」をテーマにしたトークと参加者の質問の受け答え、そして商品紹介の3部構成とします。

告知
新聞と雑誌に記事タイアップの広告を出広し、本企画のトークショー参加者募集を行います。参加希望者はホームページからＰＣまたはスマホ、ケータイなどで申し込みます。

招待方法
締切日までに申し込んだ方の中から、ペア100組の計200人を抽選で決定します。トークショーの開催2週間前までに、招待状とアンケート用紙を同封して当選者の住所に郵送します。

將字距設定成「非常緊密」

62 Key word ▸ 單行字數

對應軟體 ▸ 

這樣也會被說字數太多…

就算製作者覺得已經整理得很簡潔，對方還是有可能會覺得「太冗長」。字數太多是簡報的致命傷，有些讀者甚至連讀都不讀。

有些人會覺得這樣的文字太多

總之整理成簡短的資訊！

字數如果太多，就只能「減少字數」了。可試著將文字拆成不同的段落，或是空一行，將文字編排成區塊，引導讀者的視線。

總之就是盡可能簡短

63 Key word ▸ 對齊

對應軟體 ▸ 

Before

行末的文字沒對齊，看起來很雜亂……

如果行末的文字沒對齊，由上看下來會覺得很凌亂。如果英文與日文同時出現，其中又有半形字元的話，通常都無法對齊。

了解競爭對手

経営の方向づけを考えるときに、「自社が頑張れば、他社を気にする必要はない」という人がいます。しかし、短期的に業績を向上させる上で、「ライバルを知る」ことは非常に重要です。顧客の大多数は「相対的」に他社と見比べて、どちらの商品やサービスを選ぶかを決めているのです。この「相対的に」ライバルと見比べて、自分にとって都合のいいほうを決める行動を理解することが、ビジネスで非常に重要な視点です。

もちろん、ほとんどの顧客は「絶対的な」評価基準を持っているわけではありません。だからこそ、ライバルをきちんと分析することが必要になります。要は、ライバルがどのような品質と価格で、商品やサービスを顧客に提供しているかを知ることです。ライバルが同じ値段で高品質な商品を販売したら、顧客はライバルに流れる可能性が高まります。自社とすれば、ライバルと同様の戦略を取るか、価格を下げるか、ライバルより高品質な商品を提供するかのいずれかを考えなければなりません。

このように、ライバルが提供する内容によって、顧客の行動が変わります。ですから、ライバルの状況を正確にスピーディーに把握することが大切なのです。実際の経営の現場では、ライバルの状況をきちんと定量的に分析していない会社が多いのが実情。当社も多分に漏れません。これでは勝てる戦も勝てません。「他社製品などたいしたことはない」などと思ってはいけません。素直にニュートラルな目で、顧客のこと、ライバルのことを見つめることができるかどうか。これが自社の業績を伸ばす大前提なのです。

使用MS P Gothic（明朝）、MS UI Gothic的時候要特別注意。

After

利用左右對齊功能讓行末對齊！

PowerPoint 與 Word 都可從「常用」索引標籤的「段落」點選「左右對齊」按鈕，讓行末對齊。如果太投入編排作業，有時真的會忘記對齊文字。

了解競爭對手

経営の方向づけを考えるときに、「自社が頑張れば、他社を気にする必要はない」という人がいます。しかし、短期的に業績を向上させる上で、「ライバルを知る」ことは非常に重要です。顧客の大多数は「相対的」に他社と見比べて、どちらの商品やサービスを選ぶかを決めているのです。この「相対的に」ライバルと見比べて、自分にとって都合のいいほうを決める行動を理解することが、ビジネスで非常に重要な視点です。

もちろん、ほとんどの顧客は「絶対的な」評価基準を持っているわけではありません。だからこそ、ライバルをきちんと分析することが必要になります。要は、ライバルがどのような品質と価格で、商品やサービスを顧客に提供しているかを知ることです。ライバルが同じ値段で高品質な商品を販売したら、顧客はライバルに流れる可能性が高まります。自社とすれば、ライバルと同様の戦略を取るか、価格を下げるか、ライバルより高品質な商品を提供するかのいずれかを考えなければなりません。

このように、ライバルが提供する内容によって、顧客の行動が変わります。ですから、ライバルの状況を正確にスピーディーに把握することが大切なのです。実際の経営の現場では、ライバルの状況をきちんと定量的に分析していない会社が多いのが実情。当社も多分に漏れません。これでは勝てる戦も勝てません。「他社製品などたいしたことはない」などと思ってはいけません。素直にニュートラルな目で、顧客のこと、ライバルのことを見つめることができるかどうか。これが自社の業績を伸ばす大前提なのです。

行末一對齊，整體就變得很工整。

64 Key word ▶ 對齊

對應軟體 ▶ P W

每一句的起點
沒對齊

右側的範例為了強調或編排的樣式，而選擇讓文字置中對齊，但其實每一句的起點沒對齊，會讓人覺得很難閱讀。置中對齊不一定就很美觀。

提升滿意圖的重點在於「方便使用」

オフィス用品通販会社を選ぶ理由は、
「価格の安さ」がトップです。
一方で、満足度の視点からは、
「Webサイト／カタログ」「提供内容」「配送」
の順番と合計でほぼ70%を占めます。
このことから通販サービスの良し悪しを決めるのは、
Webサイトやカタログの「使い勝手」といえます。
対面販売機能を持たないサービスの
成功のカギは、ここにあります。

視線被迫一直移動

基本都是
靠左對齊！

只要起點一致，讀起來就輕鬆。不管句子是長是短，重點在閱讀的文章都應該靠左對齊，如此一來，視線比較不需要移動，版面也比較有律動感。

提升滿意圖的重點在於「方便使用」

オフィス用品通販会社を選ぶ理由は、
「価格の安さ」がトップです。
一方で、満足度の視点からは、
「Webサイト／カタログ」「提供内容」「配送」
の順番と合計でほぼ70%を占めます。
このことから通販サービスの良し悪しを決めるのは、
Webサイトやカタログの「使い勝手」といえます。
対面販売機能を持たないサービスの
成功のカギは、ここにあります。

起點固定，就能放心閱讀。

65　Key word ▸ 段落　對應軟體 ▸ P W

段落的字數差異太大時，
看起來很醜……

如果是用於說明的資料，通常會有一定的字量，而且有時候某個段落的字量會特別多，此時看起來就會很醜。

由敏感的情緒編織而成的世界觀很美麗
『Ghost・Beat・Portable3rd』

「ゴースト・ビート・ポータブル3rd」は、ダブルミリオンセラーを達成した前作の拡張版です。驚異のヒットを記録した前作の世界観をそのままに、初めてプレイする人にも十分楽しめるように難易度を下げた一方で、細部にこだわって、より微細により親切に仕様を見直したゲームソフトです。2013年末に発売以来、子供も大人も楽しめる作品として、前作以上の高い評価をいただいています。

「ゴースト・ビート・ポータブル3rd」では、本体とソフトを持ち寄ってその場でマルチプレイが行えるようになりました。契約や認証などは一切必要なく、簡単にマルチプレイできるシンプルさと期待感が多くのユーザーを獲得し始めています。2014年に入ってからは口コミが一気に広がり、プレイヤーの数が急上昇しています。前作を大きく上回る販売本数を達成できそうです。ゲームを批評するWebサイトや各種のゲーム雑誌でも、「ゴースト・ビート・ポータブル3rd」は高い評価をいただいております。「細部の作り込みに好印象」「キャラクターに人間味あり」「戦闘環境と生活環境の二面性が楽しい」といった意見が寄せられています。プレイヤーの感情移入を第一に考えた設計が多くのファンから賛同を得ています。

人間界とはまったく異なる生態系を持つゴーストが住む世界。そこで強大なゴーストを倒すバスター（討伐者）として生活する壮大なアクションゲーム。それが「ゴースト・ビート・ポータブル3rd」です。バスター自身はレベルアップせずに、倒したゴーストから得たさまざまな武器や技術を使うことで強くなっていきます。また、ある種のゴーストのみ、味方に引き入れることができます。どんなに強く体力のあるバスターでも、一瞬の気の緩みが死に直結しますので、緊張感やワクワク感も十分です。

ゴーストを退治した任務完了後は、お金と報酬品としてのアイテムが支給されます。比較的倒しやすいゴーストから対決を開始し、ある程度アイテムを揃えてから強いゴーストに立ち向かいましょう。ゴーストにはいたずらだけをするちょっかい系、騒々しい絶叫系、そして獰猛な肉食系と、さまざまな種類が生息しています。正攻法だけで勝つことができない場合は、手元のアイテムを巧みに使いこなしてゴーストを討伐してください。

本作から最大4人でプレイすることができるようになりました。もちろん3人でも2人でも、1人でもOKです。前作のフィールドとの連動も可能です。キャラクターの生活環境を変えてプレイできる楽しみが加わりました。国内出荷ダブルミリオンを達成した前作は、爆発的な人気を博しましたが、本作も前作同様に、発売当日から全国の量販店で長蛇の列ができ、発売第1週で出荷90万本に到達していました。

これは、業界の垣根を超えたさまざまな販促活動の実施や、スピンオフ作品、TVアニメ、モバイルゲームなどを通じて新規顧客層にアプローチしたことが要因に挙げられます。

公式、非公式を問わないケータイサイトのファンクラブをバックアップするなどきめ細やかで持続的な情報発信により幅広い層に認知、告知が浸透していった結果だと考えられます。

今年もまた、さらなるユーザー層の拡大を目指して、温泉郷の宿泊施設と連携したコラボ企画や、都内遊園施設で大規模なイベントを開催するなど、複数の製菓会社との連動プロモーションを企画しています。さらに夏には、全国8地区で「ゴースト・ビート・フェスタ」の開催を予定しています。

文章的「區塊」有大有小

讓每個段落的
行數接近

建議大家讓每個段落的行數差不多。假設是 10 行的段落，增減 2 行都還沒問題。建議大家縮減內容，讓每一段都能是理想的行數。

由敏感的情緒編織而成的世界觀很美麗
『Ghost・Beat・Portable3rd』

「ゴースト・ビート・ポータブル3rd」は、ダブルミリオンセラーを達成した前作の拡張版です。驚異のヒットを記録した前作の世界観をそのままに、初めてプレイする人にも十分楽しめるように難易度を下げた一方で、細部にこだわって、より微細により親切に仕様を見直したゲームソフトです。2013年末に発売以来、子供も大人も楽しめる作品として、前作以上の高い評価をいただいています。

「ゴースト・ビート・ポータブル3rd」では、本体とソフトを持ち寄ってその場でマルチプレイが行えるようになりました。契約や認証などは一切必要なく、簡単にマルチプレイできるシンプルさと期待感が多くのユーザーを獲得し始めています。2014年に入ってからは口コミが一気に広がり、プレイヤーの数が急上昇しています。前作を大きく上回る販売本数を達成できそうです。

ゲームを批評するWebサイトや各種のゲーム雑誌でも、「ゴースト・ビート・ポータブル3rd」は高い評価をいただいております。「細部の作り込みに好印象」「キャラクターに人間味あり」「戦闘環境と生活環境の二面性が楽しい」といった意見が寄せられています。プレイヤーの感情移入を第一に考えた設計が多くのファンから賛同を得ています。

人間界とはまったく異なる生態系を持つゴーストが住む世界。そこで強大なゴーストを倒すバスター（討伐者）として生活する壮大なアクションゲーム。それが「ゴースト・ビート・ポータブル3rd」です。バスター自身はレベルアップせずに、倒したゴーストから得たさまざまな武器や技術を使うことで強くなっていきます。また、ある種のゴーストのみ、味方に引き入れることができます。どんなに強く体力のあるバスターでも、一瞬の気の緩みが死に直結しますので、緊張感やワクワク感も十分です。ゴーストを退治した任務完了後は、お金と報酬品としてのアイテムが支給されます。比較的倒しやすいゴーストから対決を開始し、ある程度アイテムを揃えてから強いゴーストに立ち向かいましょう。

ゴーストにはいたずらだけをするちょっかい系、騒々しい絶叫系、そして獰猛な肉食系と、さまざまな種類が生息しています。正攻法だけで勝つことができない場合は、手元のアイテムを巧みに使いこなしてゴーストを討伐してください。

本作から最大4人でプレイすることができるようになりました。もちろん3人でも2人でも、1人でもOKです。前作のフィールドとの連動も可能です。キャラクターの生活環境を変えてプレイできる楽しみが加わりました。国内出荷ダブルミリオンを達成した前作は、爆発的な人気を博しましたが、本作も前作同様に、発売当日から全国の量販店で長蛇の列ができ、発売第1週で出荷90万本に到達していました。

これは、業界の垣根を超えたさまざまな販促活動の実施や、スピンオフ作品、TVアニメ、モバイルゲームなどを通じて新規顧客層にアプローチしたことが要因に挙げられます。公式、非公式を問わないケータイサイトのファンクラブをバックアップするなど、きめ細やかで持続的な情報発信により幅広い層に認知、告知が浸透していった結果だと考えられます。

今年もまた、さらなるユーザー層の拡大を目指して、温泉郷の宿泊施設と連携したコラボ企画や、都内遊園施設で大規模なイベントを開催するなど、複数の製菓会社との連動プロモーションを企画しています。さらに夏には、全国8地区で「ゴースト・ビート・フェスタ」の開催を予定しています。

「區塊」的行數接近，看起來就舒服

66 Key word ▸ 首行縮排

對應軟體 ▸ W

Before

第一行與第二行的文字沒垂直對齊……

套用首行縮排後，第 2 行之後的文字與上方的上一行文字沒對齊，看起來也很醜。有好幾種方法可以解決這個問題，大家可從中選擇最適當的方法。

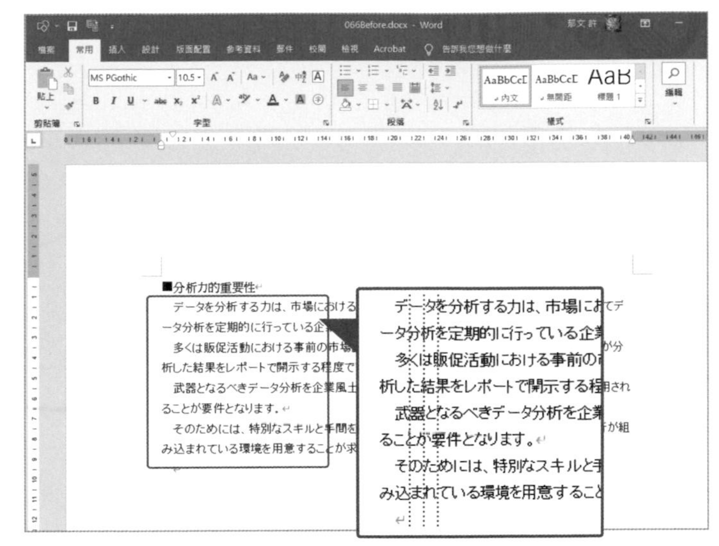

MS P Gotchi 的字型會讓各行的文字無法對齊

After

試著利用幾種方式解決

①不要使用比例字型，②將左右對齊改成靠左對齊，③利用尺規或「段落」方塊調整段落的設定，都是不錯的方法。

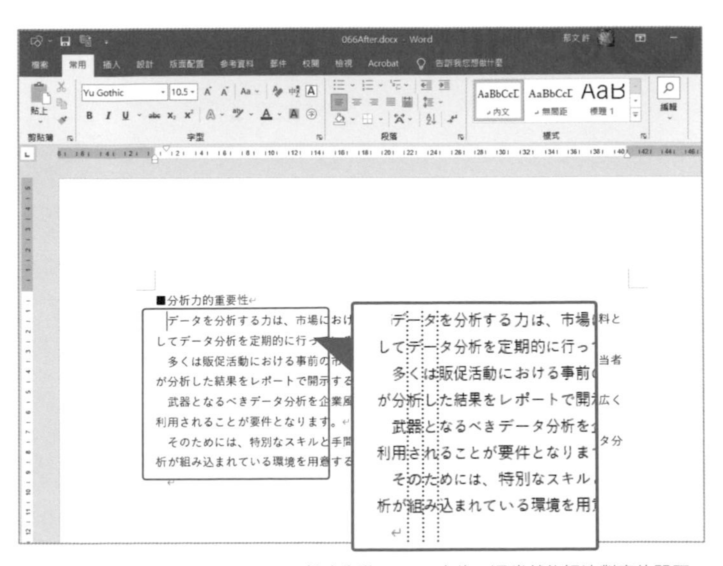

設定為游 Gothic 之後，通常就能解決對齊的問題。

67 Key word ▸ 調整字距

對應軟體 ▸ W

Before

使用游明朝，半形英文字母與數字也無法對齊

前面提過，游明朝、游Gothic、meiryo的全形字元都是等寬字型，但半形字元的寬度卻會隨著字形而改變，所以摻雜英文字母與數字的句子就必須特別注意對齊的問題。

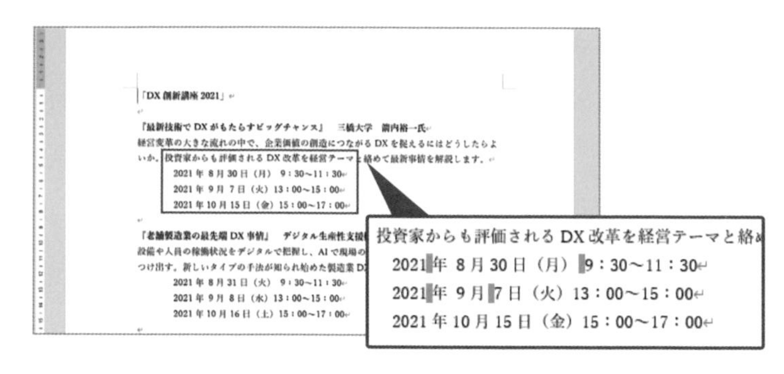

就算插入半形字元，還是無法與上一行的文字對齊。

利用英文字母與數字的自動調整功能拿掉字距的調整！

這是因為日文與英文的間距會自行調動。請大家利用「段落」對話框調整半形英文字母對數字的間距。如此一來，就算是使用MS P Gothic（明朝）的字型，文字也能對齊。

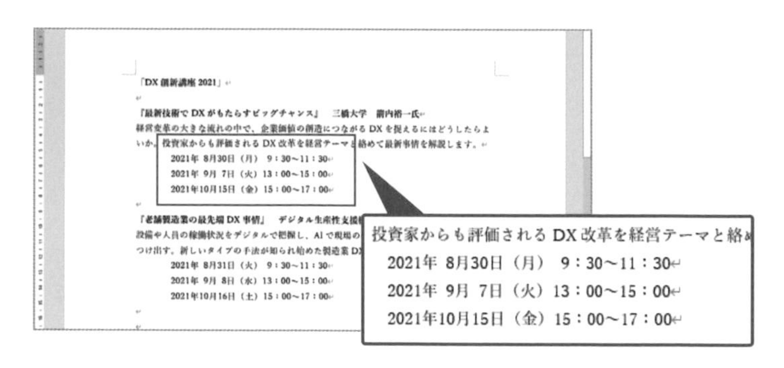

由上而下的文字間距對齊了

「段落」對話框

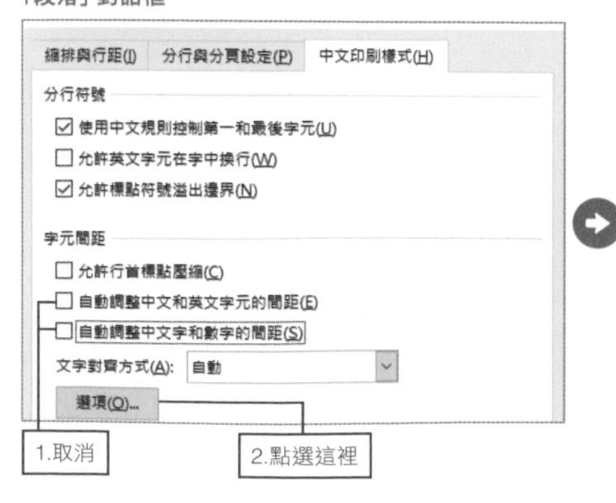

「Word選項」畫面

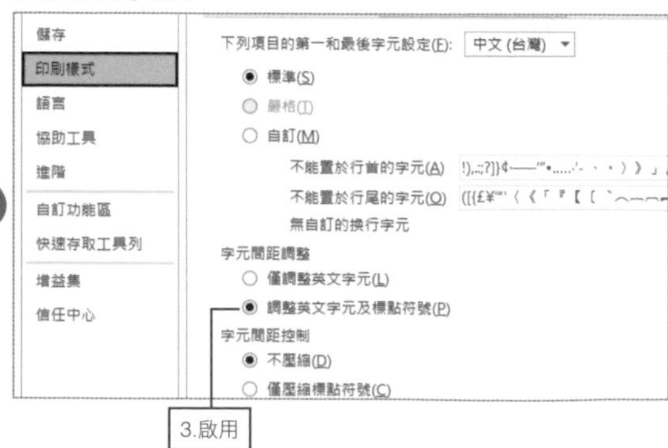

68 Key word ▸ 首行凸排

對應軟體 ▸ W

Before

段落開頭的小標不太搶眼

小標與說明內容的文章若是超過 2 行時，在小標的後面插入定位點，也無法突顯小標的存在。此時最好將第 2 行以後的起點挪到說明內容的開頭。

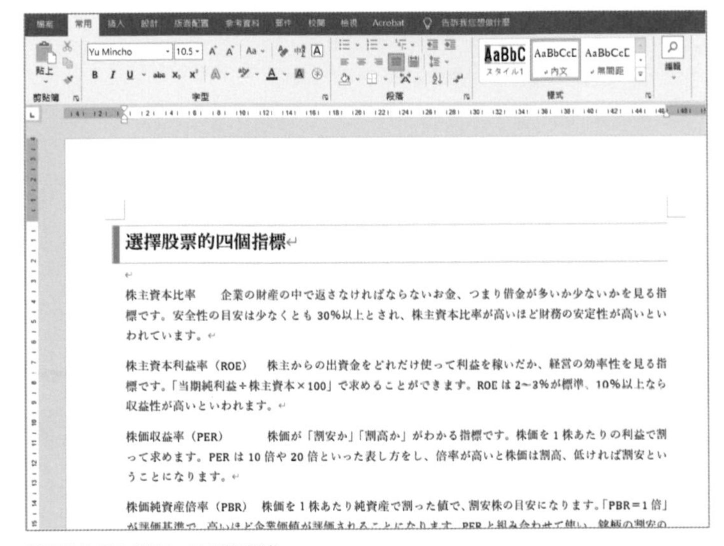

開頭的位置沒對齊，就很難閱讀。

After

利用尺規設定首行凸排

將滑鼠游標移動段落之後，再將尺規的「首行凸排」拉到說明內容的開頭位置。當小標移到開頭，整個段落就會變得容易閱讀，也能快速掌握內容。

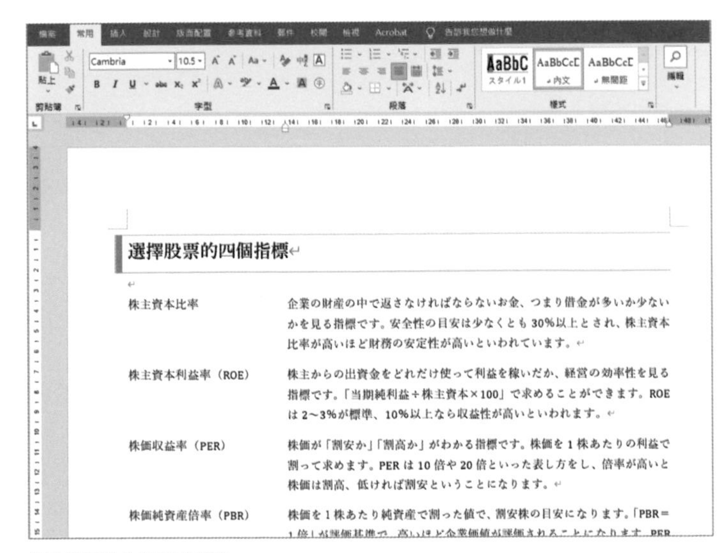

編排整齊的文章容易閱讀

69 Key word ▶ 首行凸排

對應軟體 ▶ W

Before

想進一步強調段落的小標……

範例 68 的小標雖然與說明內容隔開來，但訴求仍然太弱。雖然可利用行首文字強調，但只是點選「項目符號」的話，縮排的位置就無法對齊。

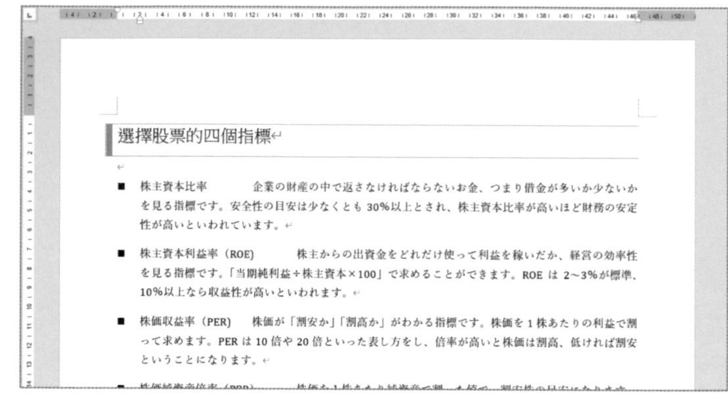

在範例60的狀態下點選「項目符號」之後，說明內容又無法對齊了。

After

只讓行首文字轉換成條列式！

若使用縮排與段落符號，就能進一步強調標題。這個範例在開頭置入了■以及設定了小標的距離，也依照範例 68 的方法，利用尺規替說明內容設定了縮排。

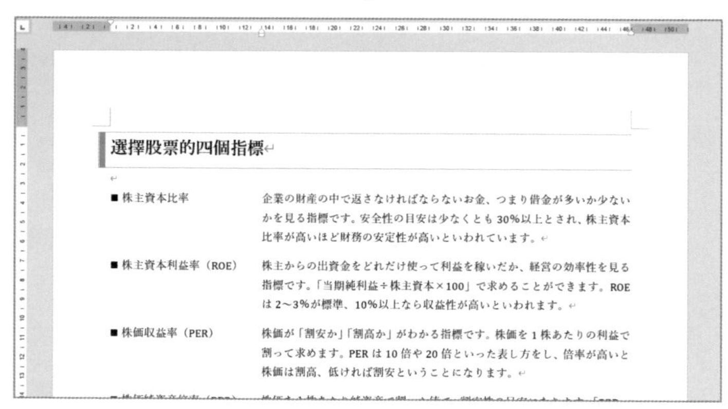

加上段落符號後，標題與說明內容的開頭就對齊了。

對應軟體 ▶ W

調整清單縮排

在範例68的Before狀態下以尺規設定縮排，小標的位置還是會跑掉，而且行首文字、段落編號與內文之間的空白也不太好看。建議大家透過下列的方式微調縮排。縮排就是內文與左端的距離。

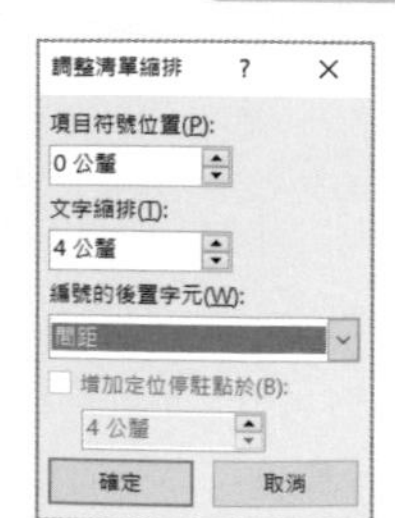

1 在段落按下滑鼠右鍵，選擇「調整清單縮排」。
2 將「調整清單縮排」對話框的「文字縮排」從「7.4公釐」調整為「4公釐」。
3 將「編號的後置字元」從「定位字元」換成「間距」。
4 完成設定後，利用尺規的「首行凸排」決定說明內容的開頭位置。

70 Key word ▸ 縮排

對應軟體 ▸ P W

Before

行內的數值位數沒有對齊

有時候會需要在一行之內同時配置文字與數值。這時候就算利用 Tab 鍵對齊每個項目，通常會靠左對齊，看起來也不美觀。

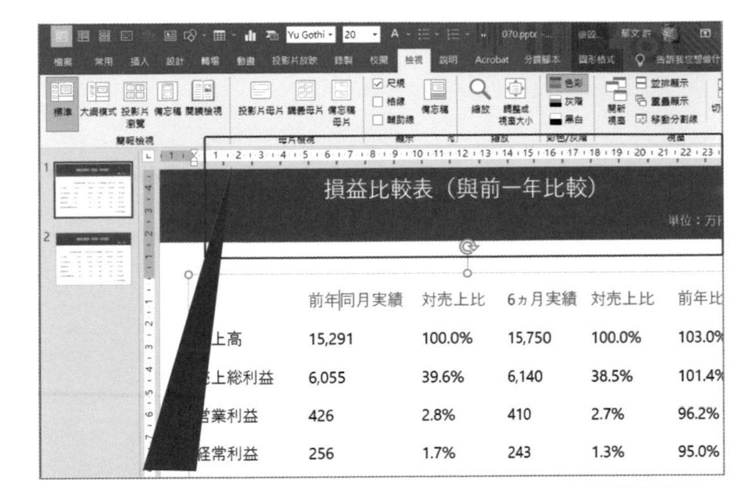

項目一多，就得按很多次 Tab 鍵。

利用定位點尺規就能完美對齊

在畫面左上方的定位點選取器選擇種類後，再於尺規設定定位點，就能設定不同種類的對齊方式。這個範例設定了靠右定位點，有小數點的數值則以「對齊小數點之定位點」對齊。

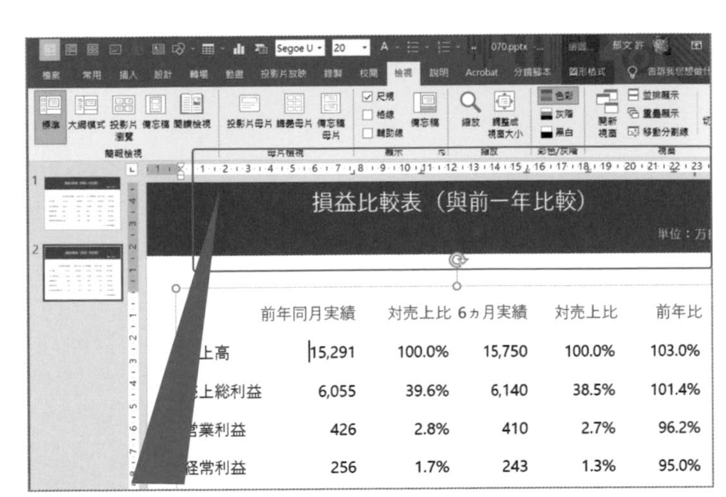

每個項目都完美對齊了

71 Key word ▸ 分隔線

對應軟體 ▸ W

引言與內文沒有區分開來……

重點在於説明的報告或報表，通常會放一段作為總結的引言，但如果沒有特別調整，引言就無法發揮作用，整個版面也會變得很散漫。

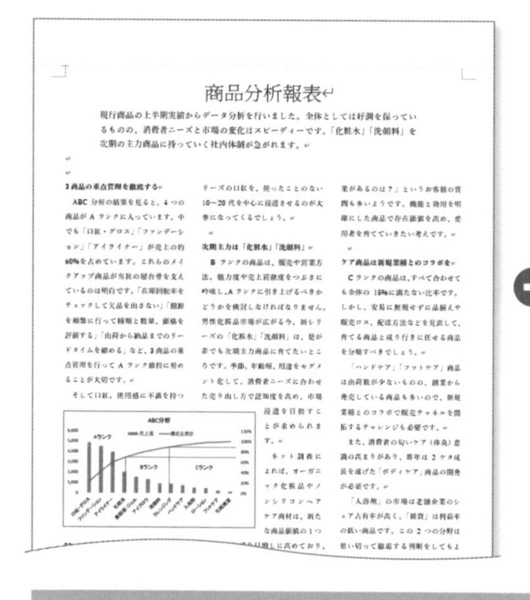

商品分析報表

現行商品の上半期実績からデータ分析を行いました。全体としては好調を保っているものの、消費者ニーズと市場の変化はスピーディーです。「化粧水」「洗顔料」を次期の主力商品に持っていく社内体制が急がれます。

試著加上一條水平分隔線！

只是加一條分隔線，就能讓引言與內文隔開來，也會變得更容易閱讀。調整分隔線的種類、粗細、顏色與長短都能營造不同的氣氛。

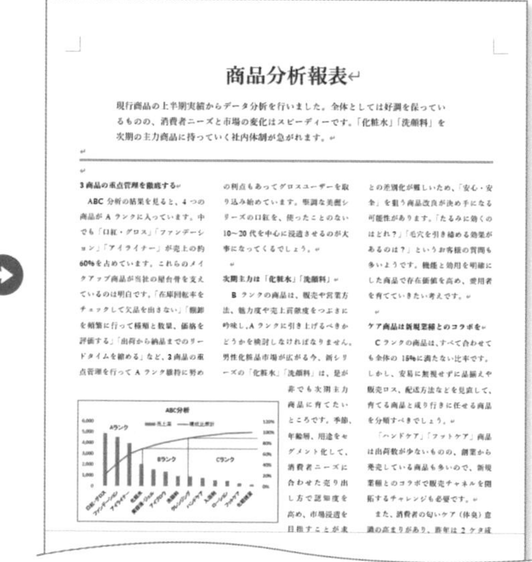

商品分析報表

現行商品の上半期実績からデータ分析を行いました。全体としては好調を保っているものの、消費者ニーズと市場の変化はスピーディーです。「化粧水」「洗顔料」を次期の主力商品に持っていく社内体制が急がれます。

對應軟體 ▸ W

繪製框線或水平線

如果想快速畫線，可選擇框線或水平行。選擇某行文字後，在「常用」索引標籤的「段落」點選「框線」的選項，再「下框線」或「水平線」，接著再點選「框線及網底」，就能在對話框設定線條的種類與顏色。

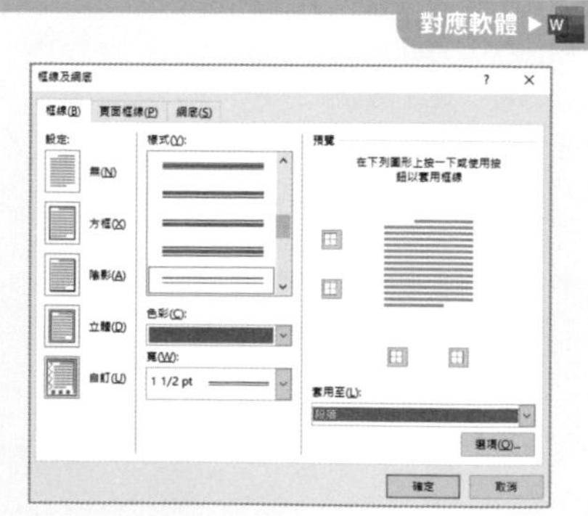

繪製符合氣氛的框線

72 Key word ▸ 首字放大

對應軟體 ▸ W

只有文字會讓人覺得很沉重……

以文字為主的資料總是讓人覺得煞風景。如果沒有小標與視覺設計，最好能有個像文案一樣的開頭會比較好啊……。

採訪報導Ⅶ

＜バーコードで実現したリアルタイムな生産管理システム＞

現在の製造業において「ジャスト・イン・タイム」は欠かせない。必要なものが必要なときに必要なだけ調達・生産できるということは、無駄を排除し、在庫保管の効率化と高い生産性を実現できる。スピード経営の時代において、「IT 力」は企業の競争力と同意語である。内外精機株式会社は 1911 年（明治 44 年）の創業以来、配管用鋼管、構造用鋼管、電路資材の製造・販売を行う鋼管メーカーとしての歴史を持つ。生産においては、約 20 年間、ACOS システムで主にパイプの生産管理を行ってきた。生産拠点である市川事業所（千葉県市川市）と尼崎事業所（兵庫県尼崎市）に存在していた同システムは、市川事業所に統合したものの 1 つの OS で 2 つのシステムが稼動していた。そこでは情報の重複管理による不都合や、新しい製品と新しいプロセスの出現によってシステム利用者が介在する手作業が、システムを運用するコスト増加をもたらしていた。また、市川事業所の鹿島事業所（茨城県鹿嶋市）への移転と、旧システムの ACOS4 の更新時期が、同じタイミングで押し寄せて来ていた。「当時は実績処理をバッチ処理していました。現場では出来高情報を日報に書き、翌日入力していたのです。必然的に、在庫情報の反映は一日遅れになります。お客様や営業サイドの問い合わせに即時返答するためには、リアルタイムの生産管理システムが必要でした」（内外精機 飛内氏）

運用コストの増加を招いていた 2 つのシステムを一元化することは当然の目標として、視点は ACOS のリプレースか、オープンシステムによる構築かの択一問題に移る。「ACOS と同様の可用性を維持したい」「ノンストップで運用したい」「極力、コストを抑えたい」といった要望は、クラスタ機能を搭載したオープンシステムが戦略的にも最適であるという結論に至る。「時代の趨勢として、品質管理の精度を上げることは非常に重要です。私たちが考えたのは、パイプを束にした単位で製品カードを付けて、製造工程で情報登録をすることができるバーコードを使った生産管理システムです。これにより原材料から最終製品までの生産履歴がたどれることを目指しました」（飛内氏）　内外精機が構築したシステムは、「SP トップス」と呼ばれるパイプの生産管理システムだ。新システムの稼動開始は 2003 年 9 月。メインフレームからオープンシステムへの全面切り替えは、システムの一元化、手作業による負荷の解消など、前述した課題を着実に克服していく。「導入効果としては、まずリアルタイムで物の動きがわかるようになったこと。従来、問い合わせの電話から在庫検索し、一日遅れて返事をしていたものが、即座に仕掛り状況が把握でき、製品の完成日時が予測できるようになりました。次に、現品管理の精度が飛躍的に向上したこと。鹿島と大阪の事業所だけで月に 200 万本のパイプを生産する現状では、予期しない数え間違いなどが発生していましたが、バーコードシステムを導入してからは、ほとんど狂いがなくなりました。

1

通篇都只有文字

只讓開頭的第一個字放大！

只讓開頭第一個字放大的功能稱為「首字放大」，這項功能可為文章增添重點。在「插入」索引標籤的「文字」點選「新增首字放大」按鈕即可。

採訪報導Ⅶ

＜バーコードで実現したリアルタイムな生産管理システム＞

現在の製造業において「ジャスト・イン・タイム」は欠かせない。必要なものが必要なときに必要なだけ調達・生産できるということは、無駄を排除し、在庫保管の効率化と高い生産性を実現できる。スピード経営の時代において、「IT 力」は企業の競争力と同意語である。内外精機株式会社は 1911 年（明治 44 年）の創業以来、配管用鋼管、構造用鋼管、電路資材の製造・販売を行う鋼管メーカーとしての歴史を持つ。生産においては、約 20 年間、ACOS システムで主にパイプの生産管理を行ってきた。生産拠点である市川事業所（千葉県市川市）と尼崎事業所（兵庫県尼崎市）に存在していた同システムは、市川事業所に統合したものの 1 つの OS で 2 つのシステムが稼動していた。そこでは情報の重複管理による不都合や、新しい製品と新しいプロセスの出現によってシステム利用者が介在する手作業が、システムを運用するコスト増加をもたらしていた。また、市川事業所の鹿島事業所（茨城県鹿嶋市）への移転と、旧システムの ACOS4 の更新時期が、同じタイミングで押し寄せて来ていた。「当時は実績処理をバッチ処理していました。現場では出来高情報を日報に書き、翌日入力していたのです。必然的に、在庫情報の反映は一日遅れになります。お客様や営業サイドの問い合わせに即時返答するためには、リアルタイムの生産管理システムが必要でした」（内外精機 飛内氏）

運用コストの増加を招いていた 2 つのシステムを一元化することは当然の目標として、視点は ACOS のリプレースか、オープンシステムによる構築かの択一問題に移る。「ACOS と同様の可用性を維持したい」「ノンストップで運用したい」「極力、コストを抑えたい」といった要望は、クラスタ機能を搭載したオープンシステムが戦略的にも最適であるという結論に至る。「時代の趨勢として、品質管理の精度を上げることは非常に重要です。私たちが考えたのは、パイプを束にした単位で製品カードを付けて、製造工程で情報登録をすることができるバーコードを使った生産管理システムです。これにより原材料から最終製品までの生産履歴がたどれることを目指しました」（飛内氏）　内外精機が構築したシステムは、「SP トップス」と呼ばれるパイプの生産管理システムだ。新システムの稼動開始は 2003 年 9 月。メインフレームからオープンシステムへの全面切り替えは、システムの一元化、手作業による負荷の解消など、前述した課題を着実に克服していく。「導入効果としては、まずリアルタイムで物の動きがわかるようになったこと。従来、問い合わせの電話から在庫検索し、一日遅れて返事をしていたものが、即座に仕掛り状況が把握でき、製品の完成日時が予測できるようになりました。次に、現品管理の精度が飛躍的に向上したこと。鹿島と大阪の事業所だけで月に 200 万本のパイプを生産する現状では、予期しない数え間違いなどが発生していましたが、バーコードシステムを導入してからは、ほと

1

文字會跳入讀者眼簾的版面

73 Key word ▶ 拼字及文法檢查

對應軟體 ▶ P W X

想一口氣揪出頁面裡的所有錯字……

拼寫錯誤的問題很難避免，要解決只能仔細地校稿，但是，也可以使用校對功能快速校稿。

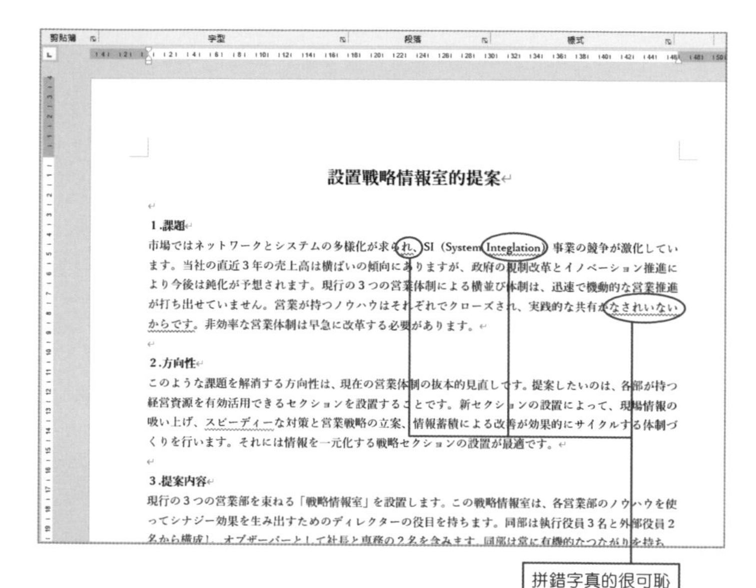

使用拼字及文法檢查功能（拼字檢查）

紅色波浪線是錯誤明顯的位置，藍色波浪線或雙重線則是日文拼寫問題或重複語言的問題。可在「Word 選項」畫面設定檢查的條件。

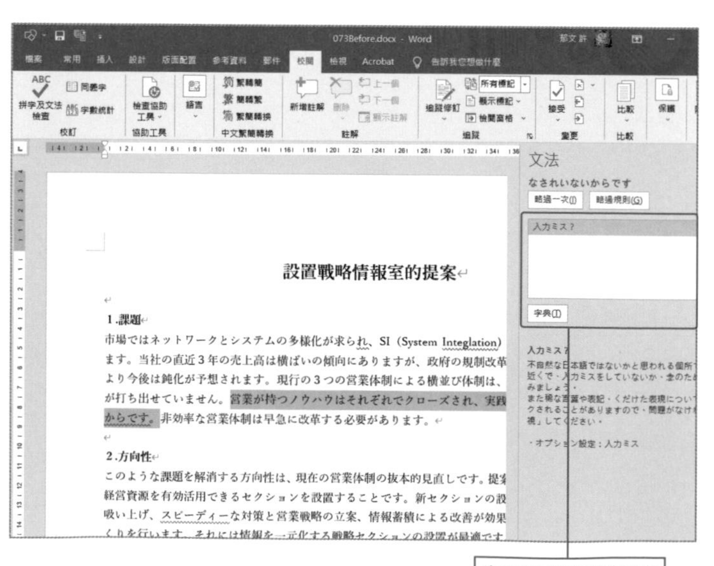

74

Key word ▶ 圖形

對應軟體 ▶ P W X

這還真是不痛不癢的內容啊…

過度追求語句的邏輯與修飾詞藻，常會做出不痛不癢的內容。這種鸚鵡學舌的詞彙非常抽象，完全無法感動讀者。

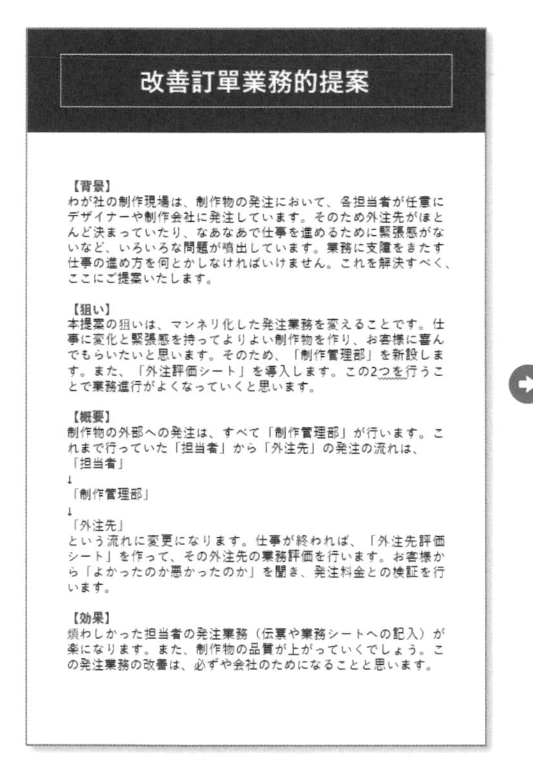

改善訂單業務的提案

【背景】
わが社の制作現場は、制作物の発注において、各担当者が任意にデザイナーや制作会社に発注しています。そのため外注先がほとんど決まっていたり、なあなあで仕事を進めるために緊張感がないなど、いろいろな問題が噴出しています。業務に支障をきたす仕事の進め方を何とかしなければいけません。これを解決すべく、ここにご提案いたします。

【狙い】
本提案の狙いは、マンネリ化した発注業務を変えることです。仕事に変化と緊張感を持ってよりよい制作物を作り、お客様に喜んでもらいたいと思います。そのため、「制作管理部」を新設します。また、「外注評価シート」を導入します。この2つを行うことで業務進行がよくなっていくと思います。

【概要】
制作物の外部への発注は、すべて「制作管理部」が行います。これまで行っていた「担当者」から「外注先」の発注の流れは、
「担当者」
↓
「制作管理部」
↓
「外注先」
という流れに変更になります。仕事が終われば、「外注先評価シート」を作って、その外注先の業務評価を行います。お客様から「よかったのか悪かったのか」を聞き、発注料金との検証を行います。

【効果】
煩わしかった担当者の発注業務（伝票や業務シートへの記入）が楽になります。また、制作物の品質が上がっていくでしょう。この発注業務の改善は、必ずや会社のためになることと思います。

只有文字是很難傳遞訊息的

改成圖解，讓內容更具體

如果文章不夠具體，不妨試著改成圖解。圖解可化解只有文字的煩燥感，也能更直覺地傳遞大量資訊。越簡潔越能留下好印象。

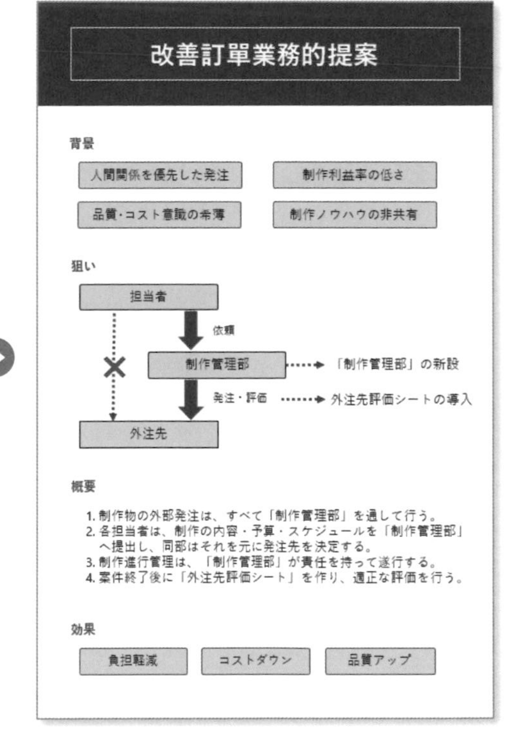

改成圖解後，資訊就變得更具體。

75 Key word ▶ 圖形　對應軟體 ▶ P W X

希望再多花
一點心思說明

有時候只要多花一點心思，就能讓完成的圖解留下更深刻的印象。圖解雖然能確實説明主張，但還是得思考是否有沒說清楚的觀點。

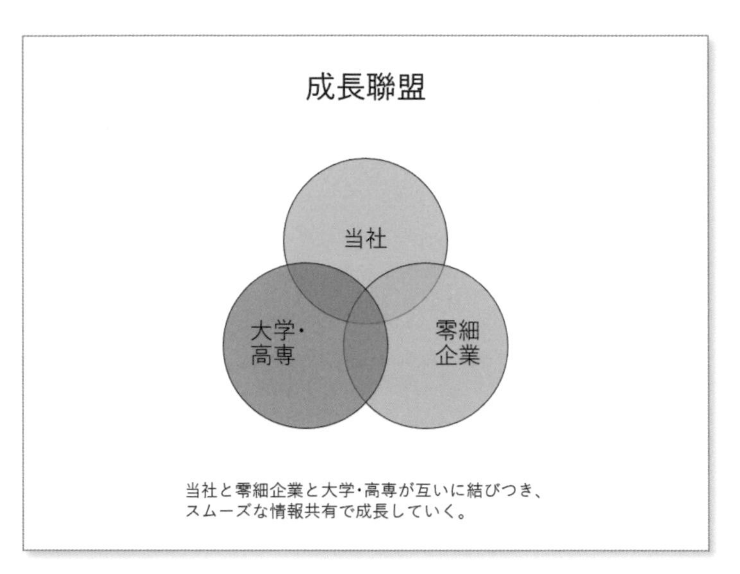

常見的圓餅圖也不算太差……

追加
更具體的圖形

將原本交疊的圓餅圖拉開，再追加雙向的箭頭，讓三個元素之間的相關性更強烈，以及利用箭頭旁邊的關鍵字説明相關性。

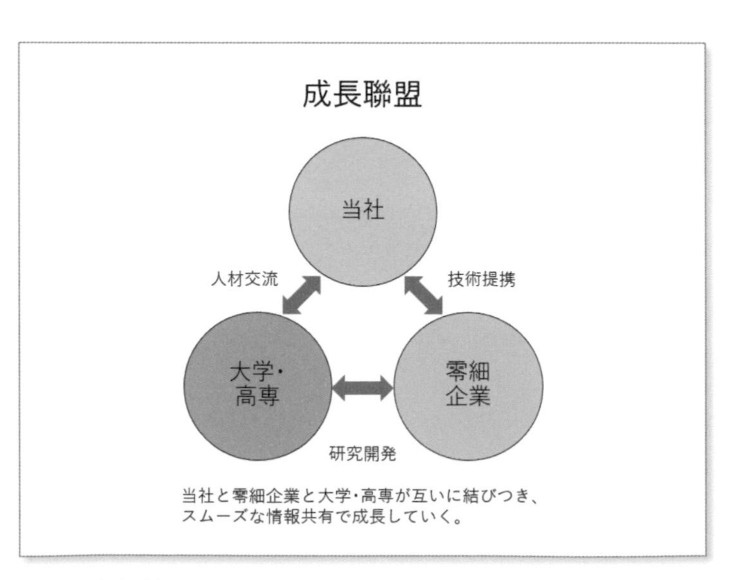

追加圖形之後，就變得更簡單易懂。

76 Key word ▸ 圖形

對應軟體 ▸ P W X

覺得圖形與主旨不吻合…

右邊的範例只列舉了兩個元素扮演的角色，希望透過圖解表達兩個元素相乘之後的效果。也就是希望讓兩個元素融合的意思。

移居外縣市的優點

地方自治体	地域企業
①支援金の交付	①人材雇用の確保
②税金の軽減	②人材の育成支援
③居住の支援	③魅力的な企業づくり
④子育ての支援	④事業税の優遇

覺得看不出所以然來

After

利用最適當的圖形呈現！

右邊的範例使用兩個正圓畫成曼陀羅風格的圖解。從「地方自治體」與「地域企業」這兩個元素融合的樣子可得知各自扮演的角色。

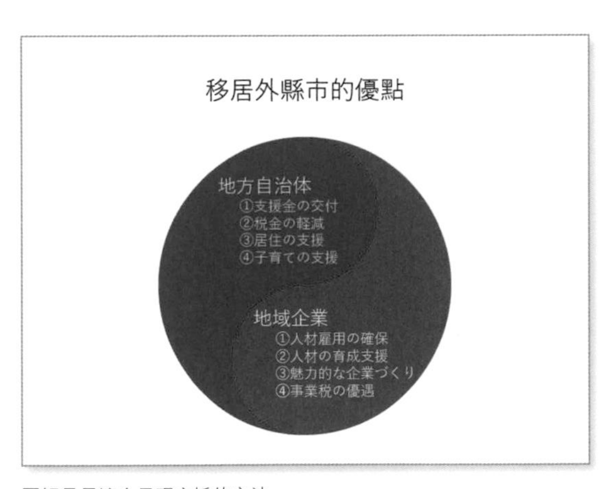

移居外縣市的優點
地方自治体
①支援金の交付
②税金の軽減
③居住の支援
④子育ての支援
地域企業
①人材雇用の確保
②人材の育成支援
③魅力的な企業づくり
④事業税の優遇

圖解是最適合呈現主旨的方法

對應軟體 ▸ P W X

根據內容選擇圖形

大部分的圖解都是利用基本圖形製作。此時的重點在於利用適當的圖形呈現元素的關係或相對位置。如果要呈現的是組織或階層，以三角形組成的金字塔圖是最適合的圖解。如果要呈現的是步驟或順序，可排列箭頭或有角度的圖形，說明步驟的流程或階層架構。

金字塔圖解

解決問題的步驟

1 2 3 4

一階階往上升的圖解

77 Key word ▸ 填色

對應軟體 ▸ P W X

就算套用了粗體樣式，也看不出差異…

這個範例排列了多個形狀相同的圖形，也讓「千代田區」的文字變粗，但還是看不出差異。如果要突顯某個元素，不妨大膽一點，才能創造差異。

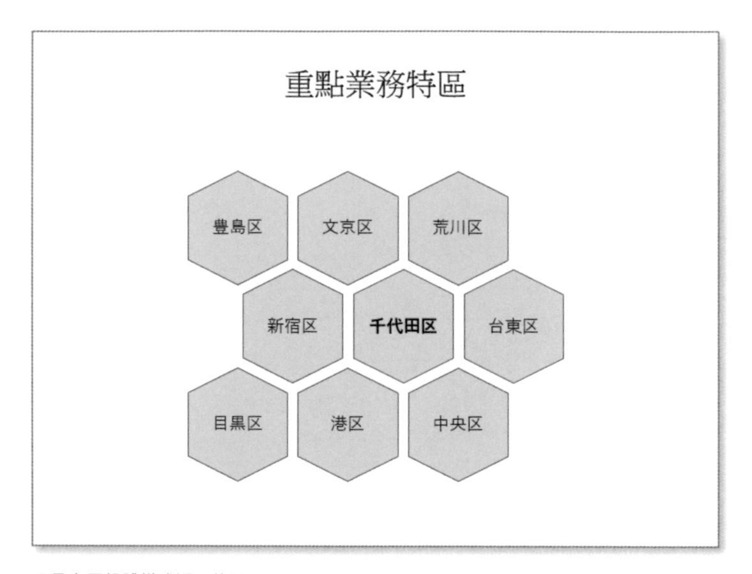

只是套用粗體樣式還不夠顯眼

讓部分的圖形變色！

右側的範例將「千代田區」的圖形轉換成深色背景與白色文字。如此一來，肯定會變得很吸睛。當需要強調特定元素或是區分不同意義的元素時，這絕對是很實用的技巧。

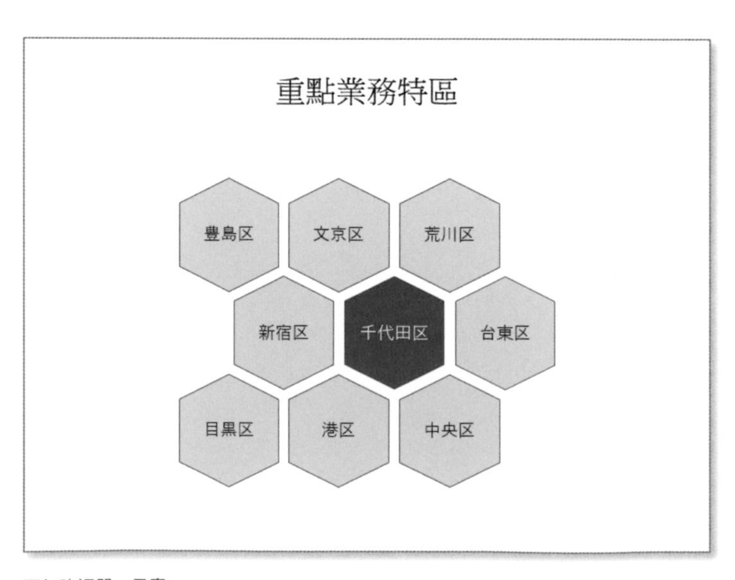

更加強調單一元素

78 Key word ▸ 圖表

對應軟體 ▸ P W X

雖然整理成條列式，
卻沒辦法一眼就看懂…

這個範例雖然將資料整理成簡單易懂的條列式，卻有種印象過於單薄的感覺，若想引起讀者興趣，創造更強烈的印象，最好改用簡潔有力的流程表。

資訊安全性策略

- 人的対策
  - 管理体制の明確化
  - セキュリティ意識の強化
  - 基本方針の策定
- 物理的対策
  - 建物や設備の管理体制
  - 資産利用のルール化
  - 業務遂行のルール化
- 技術的対策
  - IDとパスワードの設定
  - ウィルス対策ソフトの導入
  - 運用方法の手順化

條列式不一定會是最佳答案

做成圖表，
就能確實傳遞資訊！

要具體說明模糊不清的概念或機制，圖表可說是最直覺、最有效的工具。選擇圖表代表製作者已先在腦海中想像了資料的格式。

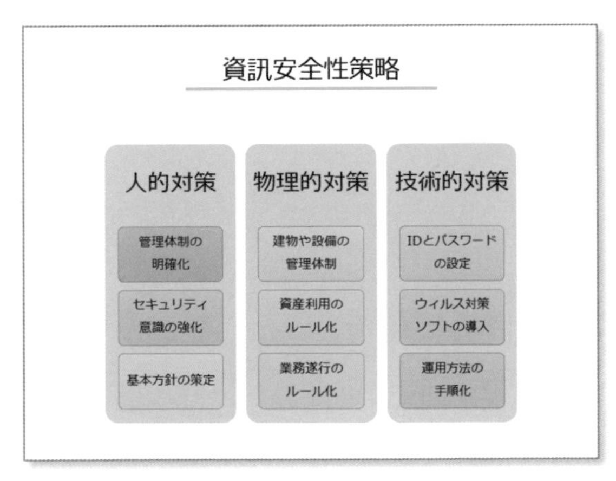

圖表就能清楚地呈現內容

即使內容相同，也能以不同的方式呈現

圖表是讓元素的相關性、相對位置與互動性更加具體的工具。即使內容相同，也會因為「要說明的訊息」不同，選用不同的圖表。舉例來說，要說明的是相關性，就會選用圓形圖，要說明循環性就會使用循環圖，若是說明相關性，則使用矩陣圖，建議大家根據內容選擇適當的圖表。

說明步驟或順序的圖表

說明步驟的圖表

79 Key word ▸ 圖表

對應軟體 ▸ P W X

Before

雖然做成圖表，但成效卻差強人意

這是將資訊整理成一套系統，再從中導出三個重點的邏輯樹。可惜的是，沒能直接了當地說明主旨，如果能以關鍵字摘要說明，肯定會更容易閱讀……。

提供罐頭菜單

保存食としての役割しかなかった缶詰は、付加価値を高めることで新しい食材、料理法として料理メニューに追加できます。

美味しさの追求、食べ方の工夫、商品としての演出を付加します。

食べ方の工夫を凝らすことで娯楽性や意外性を訴求します。

保存食、安価、携帯性、おつまみ等としての価値を見直します。

有點雜亂的感覺

After

從中找出關鍵字，再寫成小標！

右邊的範例找出足以代表各元素的關鍵字，再配置在每個區塊上。讀者只要讀了關鍵字就能掌握內容的概要，也能進一步挖掘內容。

提供罐頭菜單

3つのアプローチ

保存食としての役割しかなかった缶詰は、付加価値を高めることで新しい食材、料理法として料理メニューに追加できます。

サプライズ感

美味しさの追求、食べ方の工夫、商品としての演出を付加します。

斬新な調理法

食べ方の工夫を凝らすことで娯楽性や意外性を訴求します。

価値再発見

保存食、安価、携帯性、おつまみ等としての価値を見直します。

小標可幫助讀者了解內容

80 Key word ▸ 圖表

對應軟體 ▸ P W X

只有文字
難以描述相關性…

元素的相關性很難只憑文字描述，而且就算讀完一遍，也很難想像是怎麼一回事。若有幫助讀者瞬間掌握內容的圖解，讀者就能快速了解元素之間的相關性。

打造理想的網站

現在のWebサイトは、入口となる最初の1ページを見てWebサイトから離脱してしまう直帰率が高い。併せて、商品購入という最終成果に至るコンバージョン率は低い。これはアクセスしてくれたお客様を入り口で帰してしまっている証拠です。せっかく店内に入ってくれた人でも、商品と店構えが魅力的でないためにすぐ出てしまっているのが現状です。

基本的な対策としては、まず、検索率を上げるためのSEO対策が欠かせません。続いて、最終ページに生かせる魅力的なページにする改善策が必要です。ページデザインのほか、ユーザビリティに優れたつくりに変身させなければなりません。これらによって直帰率を下げ、コンバージョン率を上げて、サイトを理想的な状態に持っていくことができるでしょう。

只有文字很難了解元素之間的相關性

整理成矩陣圖
就能一眼看出相關性

最能整理元素相關位置的就是陣列圖或象限圖。這是建立直軸與橫軸，再將元素放在對應位置就完成的圖表。讀者可從中找出相關性與得到解決方案的靈感。

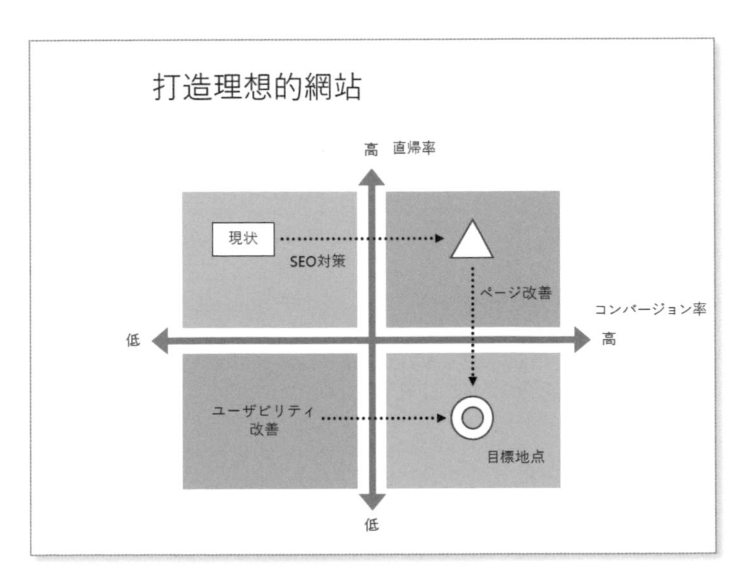

整理成矩陣圖，就能看出元素的定位。

81 Key word ▶ 框架

對應軟體 ▶ P W X

右圖是
不太熟悉的圖解⋯

創意必須具備原創性，但太過原創的圖解會讓讀者不知該從何讀起。建議使用常見的圖解說明。

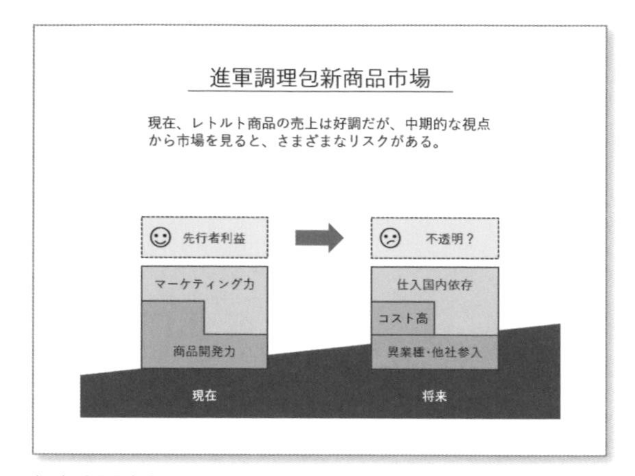

無法透過圖解說明內容

利用框架
讓讀者一看就懂

使用 PPM 或邏輯思考這類常於職場使用的框架。框架是大家都很熟悉的圖解，所以能簡潔地說明內容。

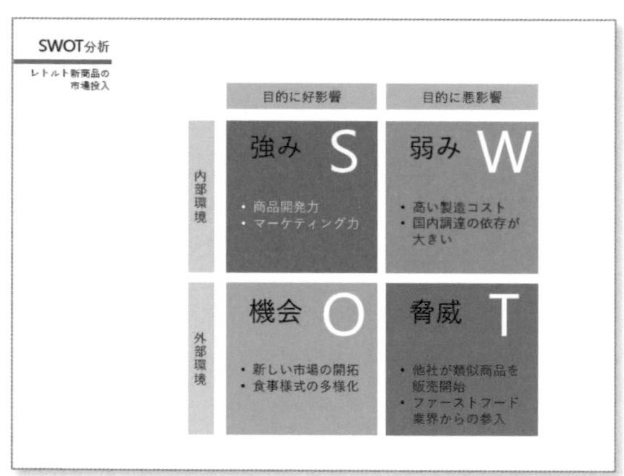

使用熟悉的框架比較安心

各種框架

對應軟體 ▶ P W X

框架是幫助我們分析資訊、發現問題、解決問題的思考工具，其中有許多整理說明邏輯的利器。可用來製作商業資料的框架主要有右側這幾種。

4C分析	從顧客、競爭對手、自家公司、通路找出成功因素，建立戰略的手法
4P分析	透過產品、價格、通路、行銷這類資訊建立市場營銷組合的手法
ABC分析	依照實際資料將商品或顧客分成ABC三級，再將A等級視為最重要商品的手法
PDCA	重複計畫、執行、評估、改善的流程，維持或提升品質的經營手法
PPM	定位市場與自家公司現狀（商品或事業），檢討培育市場、維持市場、從市場撤退的手法
SWOT	從內部環境的優勢與弱勢、外部環境的機會與威脅，來分析企業的手法
散布圖（相關圖）	根據圖表之內的資料點分布情況，判讀A與B的關係或傾向的手法
損益點分析	找出收支攀升的業績，管理業績目標、成本與採購的手法
甘特圖	以線條連接時間軸上的起點與終點，俯瞰整個計畫，確認與改善進度的手法

82　Key word ▸ Smart Art

對應軟體 ▸ P W X

Before

想使用部分的「Smart Art」……

「Smart Art」能幫助我們製作簡單的圖解。右側的範例雖然使用了 Smart Art，但看起來有些誇張，文字又太小。若只使用部分圖形，應該能讓訊息更容易閱讀。

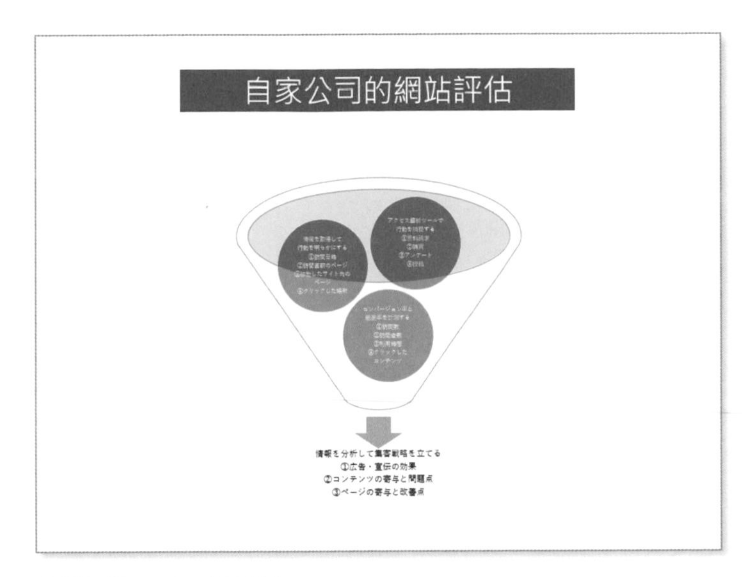

老實說，「Smart Art」不太精緻。

After

解除群組，取用部分圖形

「Smart Art」是由多個圖形組成的集合體，只需要解除群組就能取用需要的圖形。按下 Ctrl ＋ Shift ＋ G 就能解散群組。

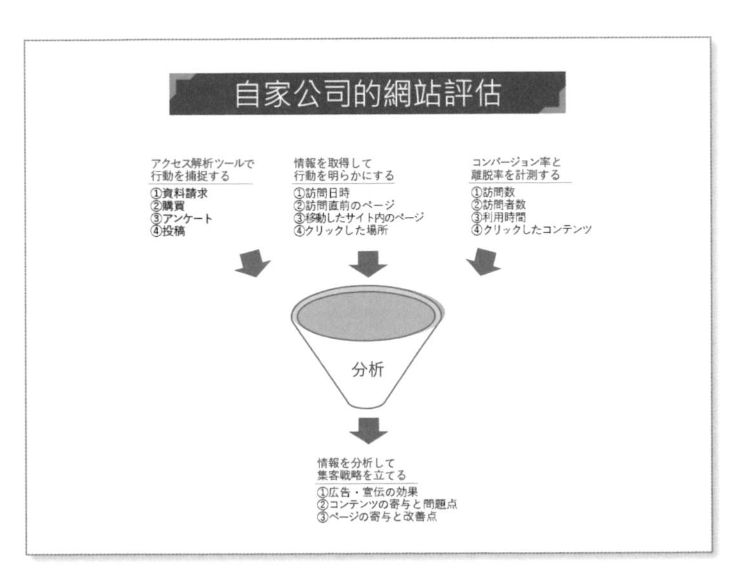

圖解的零件與訊息都變得更清楚了

83 Key word ▸ 規則

對應軟體 ▸ P W X

看不懂
圖形的意思……

圖形的數量一多，就很有可能為了區分而使用不同的圖形，但這樣反而會弄巧成拙。形狀不一致又散亂的圖形會讓讀者無法專心閱讀。

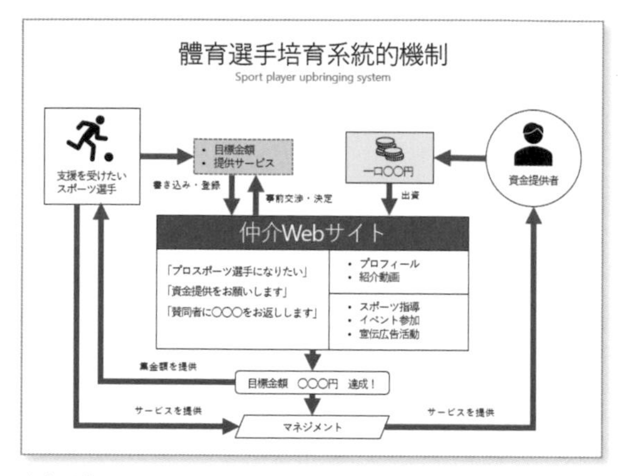

太多形狀，而且只有一種顏色的箭頭讓人看不出規律。

建立使用
圖形的規則

建議大家建立使用圖形的規則。只要根據人、物、行為、意見以及其他的內容，來決定圖形的種類或顏色，就能讓圖形更有整體性，也更容易說明內容。

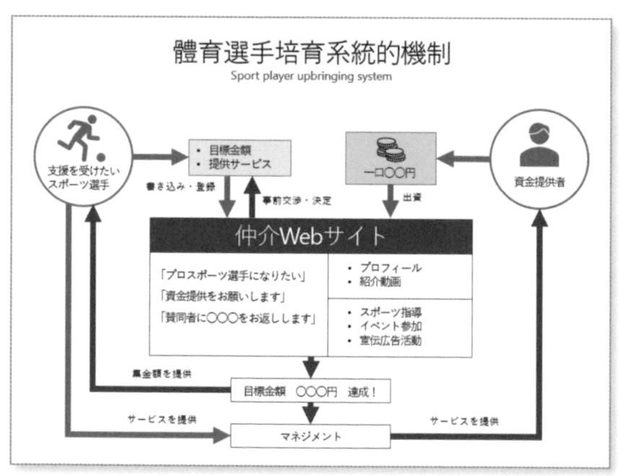

利用顏色說明三者扮演的角色

圖形的形狀所代表的意思

對應軟體 ▸ P W X

建立使用圖形的規則之後，就能讓整個版面更有整體性，也能確認傳遞圖形本身的資訊。一般來說，矩形或圓形可說明概念或事實，箭頭則可說明相關性或方向，塊狀箭頭則代表過程或變化。利用相同的圖形、顏色、線條說明相關的元素，讀者就能憑直覺掌握整體的概念。

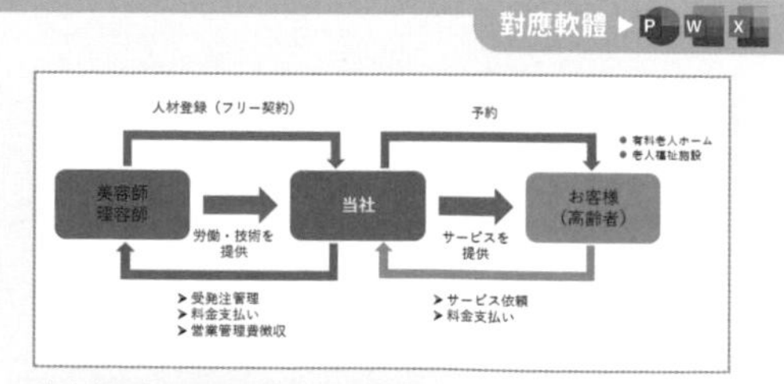

建立規則後，就能立刻解讀內容。

84 Key word ▸ 旋轉

對應軟體 ▸ P W X

只能直接使用插圖？

就下面的範例而言，最好能稍微改造插圖。如果沒辦法使用平面設計軟體，可試著加入一些圖形，否則就算使用了插圖，也無法留下深刻的印象，效果也會大打折扣。

訂閱文具企劃

自社で厳選した定番および最新の文房具をサブスクリプションで提供する新サービスの企画です。当社のWebサイトで販売している商品が対象です。当社の顔としてTVでも活躍する副代表の中尊寺エリカ氏がセレクトした文房具を、家庭や職場に毎月1回届けます。商品の内容と点数は、新商品、話題の商品、定番商品、昭和の商品といったテーマごとに変化します。

【内容】
価格：Nコース：3,000円/Sコース：6,000円（税込）
内容：月ごとに商品内容と商品数が変わる
送料：全国同一390円（税込）※注文者負担
届ける時期：月末までの申し込み分を翌月上旬に発送
URL：https://www.kirakira-bunbougu.jp/

未活用精美的插圖

加入圖形或是讓插圖傾斜，增加動感！

下列的範例放大插圖，在插圖加上便條紙圖形，以及在筆記本追加了鋼筆字。整個頁面變得更有動感，整體也變得明亮許多。

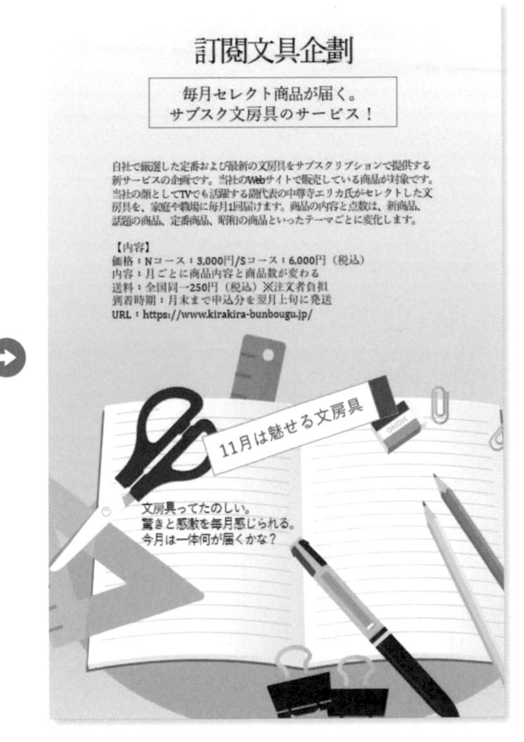

便條紙是以矩形組合而成的圖形，而且還調整了角度。

85 Key word ▸ 編號

對應軟體 ▸ P W X

Before

不知道
該從何讀起……

一般來說，會由左至右，由上至下閱讀內容，但彙整元素的圖解有時會讓人不知道該從何讀起，尤其是說明步驟或流程的圖解更是如此。

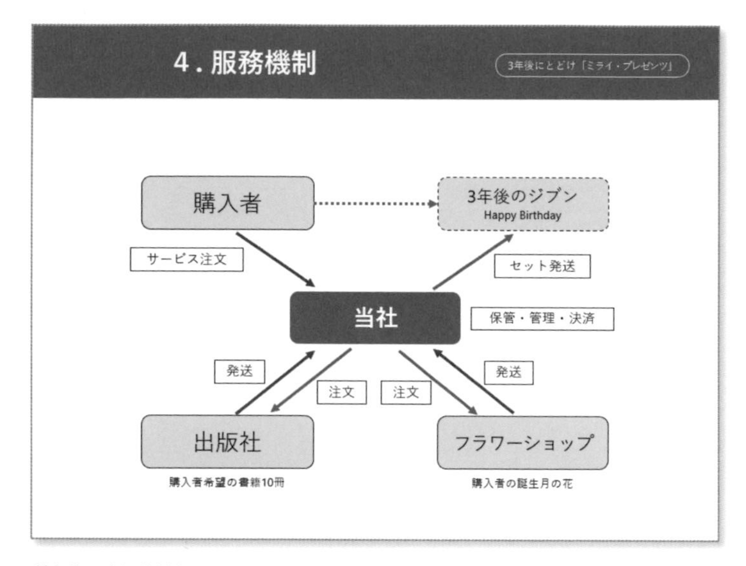

所有的元素都位於相同階層，所以很難閱讀。

After

加上編號，
說明閱讀順利！

最簡單明瞭的策略就是加上編號。在圖形加上編號，讀者就不會有「接下來該讀哪邊」的疑惑，也能專心閱讀內容。

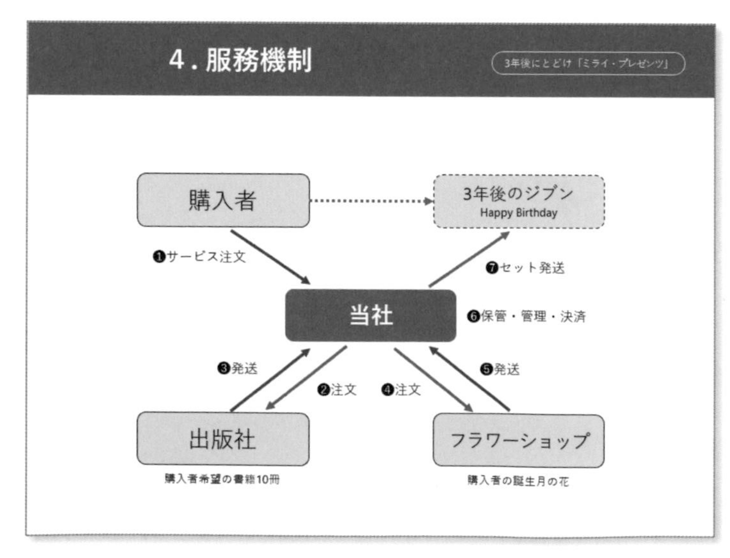

只需要加上編號就能解決問題

86 Key word ▸ 索引

對應軟體 ▸ P

不知道現在是第幾頁

讀者很容易在頁面資料之中迷路，不知道現在讀到哪個部分。尤其是頁數越多，越有可能出現這種問題。若能建立索引，整體的架構就會變得清楚。

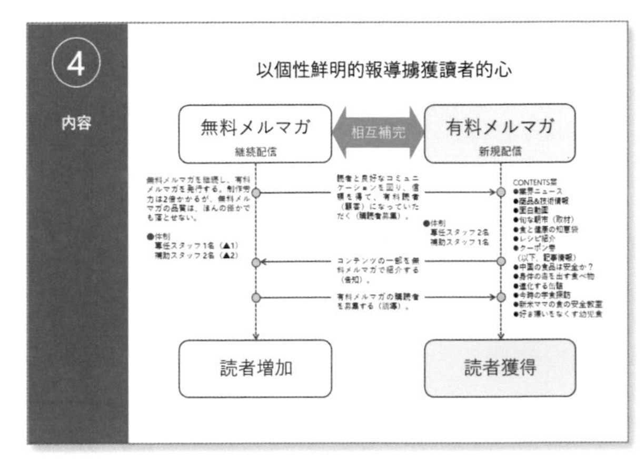

頁數一多，讀者就會「迷路」。

加上索引，就能看出整體的架構

索引通常會位於頁面邊緣，建議大家將整章的標題製作成索引，並且讓目前章節標題的索引變成深色，再讓其他索引的顏色變淡，就能做出美觀的設計。

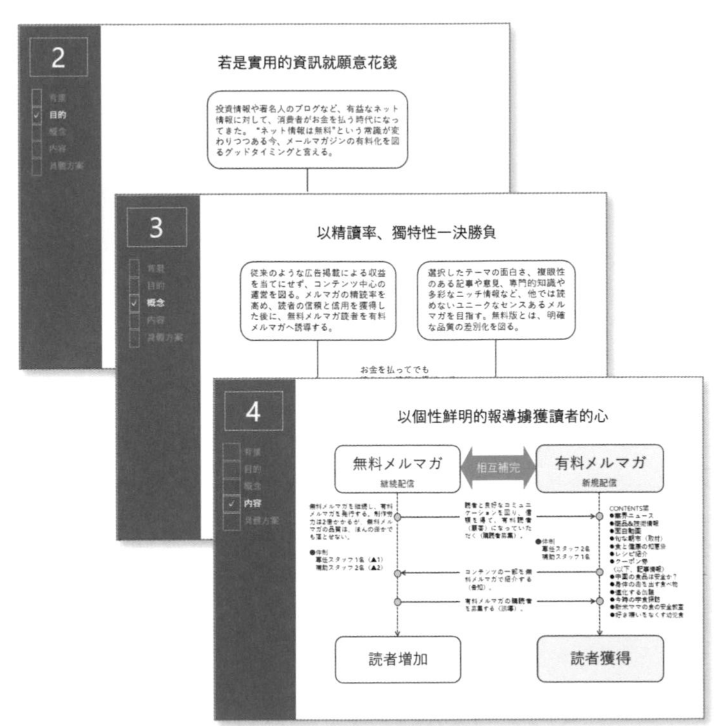

只要點開頁面就能知道整體的架構

87 Key word ▶ 圖示

對應軟體 ▶ P W X

想做成圖解，但不知道該怎麼做

不擅長使用圖解，沒畫過插圖，但還是想透過圖形的視覺效果説明內容。如果你也是這樣的人，建議使用圖示。只需要從選單中選擇圖示再插入圖示即可。

讓業務「具體化」讓組織的活動更有效率

① 電話やメール、会社が運営するECサイトやSNSからお客様の声を聞く。

② コールセンターやソーシャルオペレーターなどがお客様に対応する。

③ 各チャネルから集まった履歴データをCRM/SFAシステムに順次渡す。

④ 用意されたツールを使って、蓄積したデータを分析する。

⑤ データベースおよび基幹システムと連動しながら顧客情報を可視化する。

⑥ 顧客のことを正確に理解し、最適な営業戦略を立案・実行する。

內容實在很冗長，圖解也差強人意。

After

利用圖示營造印象深刻的視覺設計

Office 365 提供的圖示非常豐富，單一的圖示可當成文案使用，多個圖示可用來説明架構或步驟。這些都能讓讀者快速了解內容的方法。

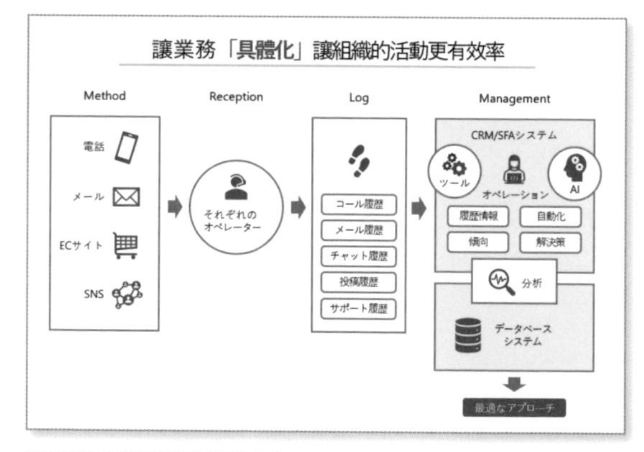

利用圖示就能簡潔地説明內容

有許多插畫風格的圖示

對應軟體 ▶ P W X

Microsoft 365內建了許多實用的插圖與圖示。由於這些圖示都是SVG向量格式的檔案，所以畫質不會因為縮放變差，旋轉與上色也能維持美觀。這些圖示都是免費的，不需支付使用費與著作權費用。

放大至500%
也一樣美觀

88 Key word ▶ 圖表種類

對應軟體 ▶

Before

插入的圖表有點文不對題

只列出一堆與元素對應的長條也無法看出主張。為了讓讀者了解意思，一定要慎選圖表的種類，不同的圖表可用來說明不同的內容。

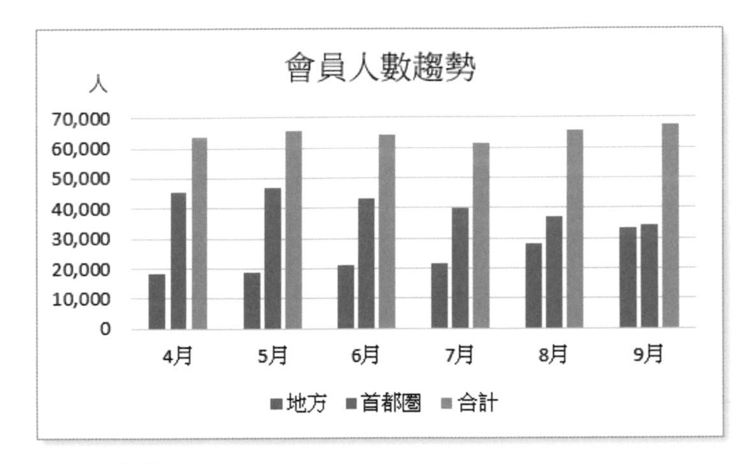

只看到一堆長條而已…

選擇適當的圖表

換成堆疊長條圖之後，就能看出各元素的大小與變化。如果一來就能看出「地方」與「首都圈」的動向是相反的。請根據主張選擇適當的圖表。

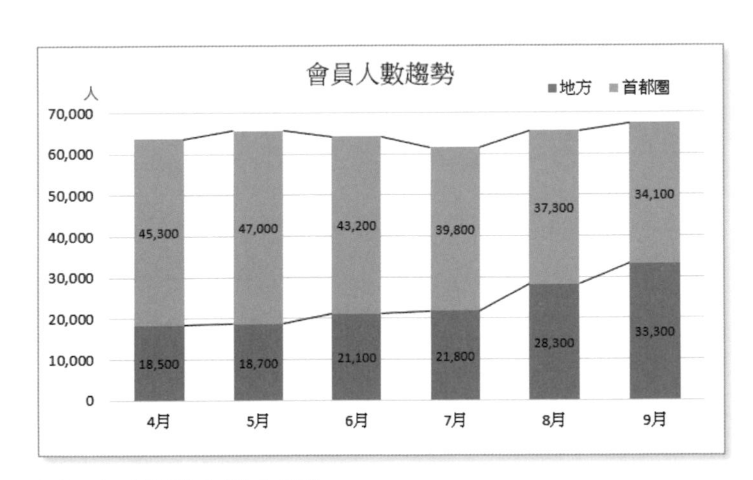

如此一來，就能了解資料的些微變化。

89 Key word ▸ 圖表種類

對應軟體 ▸ P W X

Before

項目名稱太長，
整個圖表失去了平衡

項目的字數過多，就會變成斜的，也就很難閱讀，圖表區塊也會變成縱長的形狀。讀者通常不喜歡這種不太美觀的圖表。

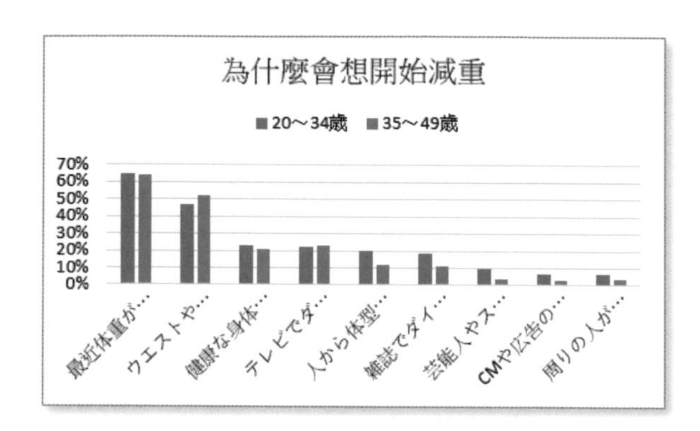

項目名稱無法完整顯示

換成橫條圖
就容易閱讀！

如果無法減少項目的字數，不如將圖表換成橫條圖，如此一來，就算字數較多，也不會無法閱讀。縮小座標軸的文字，還能讓整張圖表變得更均衡。

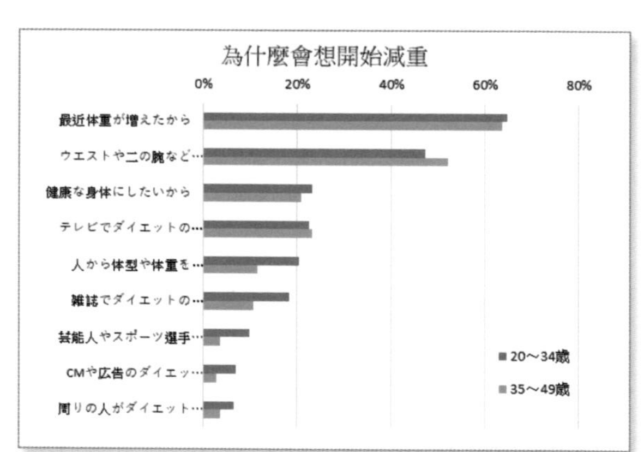

超長的項目名稱也放得下了

對應軟體 ▸ P W X

儲存格內換行

如果覺得字數太長的項目名稱很不美觀，不妨拆成兩行。要在儲存格內換行，只需在適當位置按下 Alt ＋ Enter 鍵，即可讓圖表的項目名稱拆成兩行。之後再調整圖表區或繪圖區的大小，讓整個版面變得更美觀。

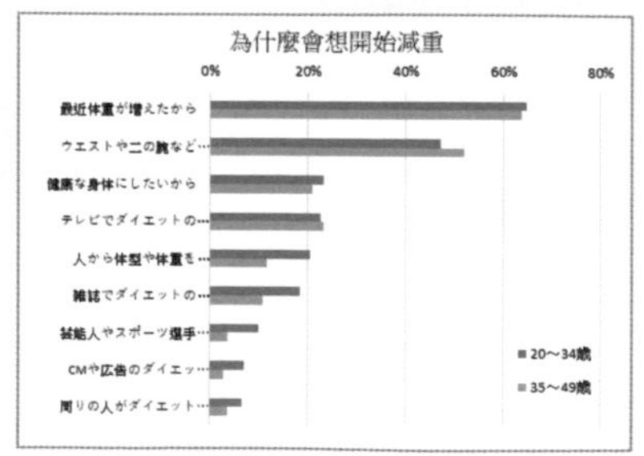

也可以縮小文字，
讓整體變得更平衡。

90　Key word ▸ 圖表種類

對應軟體 ▸ P W X

Before

沒想到元素
很難放在一起比較…

立體體表雖然美觀，卻很難比較各元素的比率，有時還會因為角度產生大小上的錯覺。請大家務必記住，使用立體圖表有時會無法正確傳遞訊息。

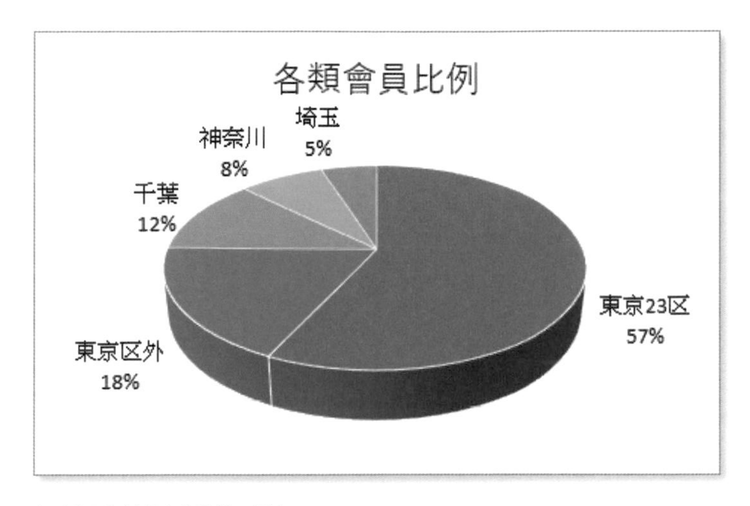

有時會因為外觀上的錯覺而誤讀

不要使用
立體圖表！

一般的圓形圖比較能正確說明比率，也比較方便比較相鄰的元素。乍看之下，立體圖表好像比較吸睛，但還是建議不要隨便使用。

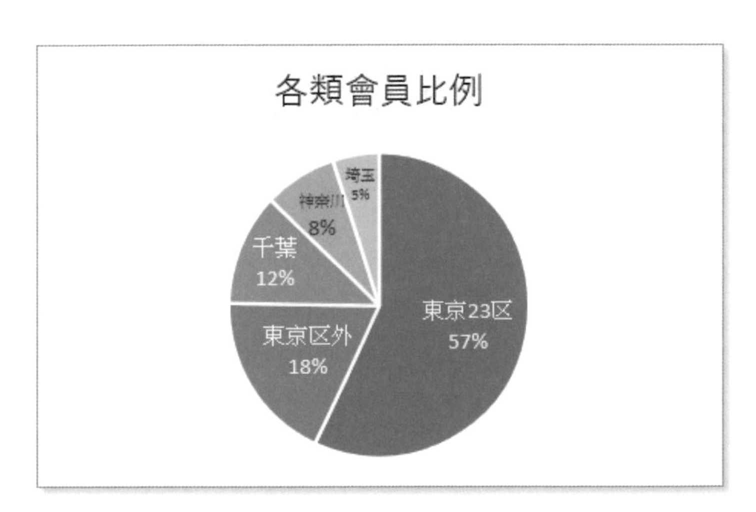

簡單俐落的設計才能正確說明訊息

91　Key word ▸ 圖表種類

對應軟體 ▸ P W X

Before

難以比較箇中明細……

要於多個數列比較元素的佔比時，若畫成甜甜圈，各元素的起點就會錯開，也就難以比較。就算將兩個圓形圖排在一起，起點還是會錯開，視線也得不斷移動。

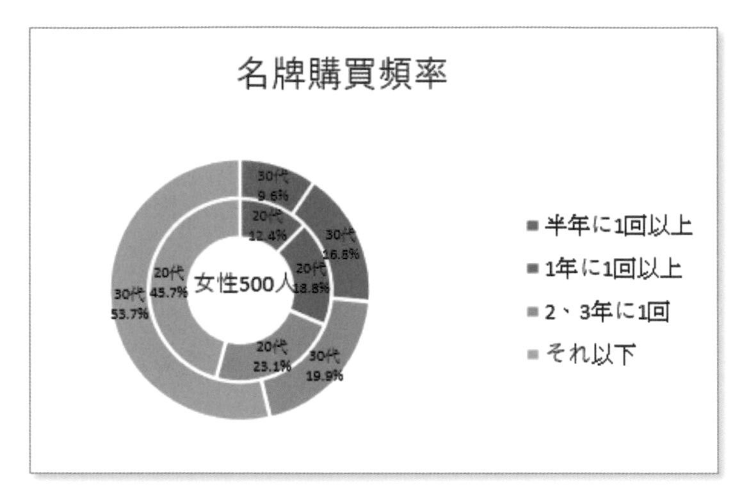

以12點方向為起點的元素的位置錯開了，所以很難比較。

After

換成堆疊長（橫）條圖再比較！

如果有很多個數列，可利用堆疊長（橫）條圖比較。讓要比較的項目排成上下（左右）之後，視線就能快速移動，此時若是加上分隔線，就能看出基線的位置，元素的差異也更明顯了。

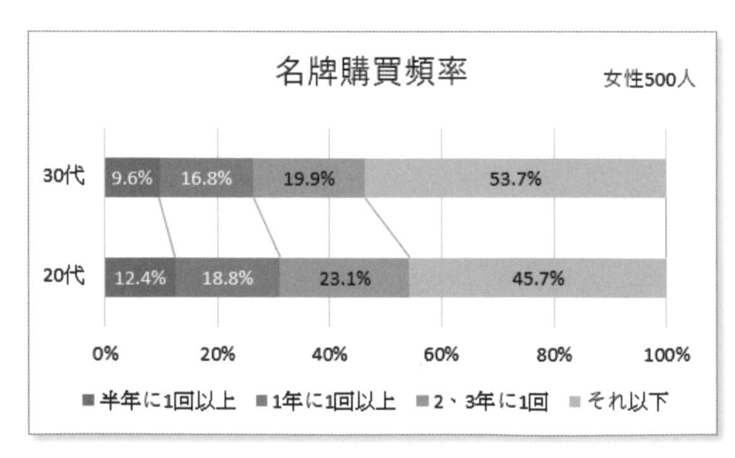

分隔線讓元素的比較變得更容易

92　Key word ▸ 區域圖

對應軟體 ▸ P W X

Before

希望讓數值的變化
更有分量…

折線圖很適合用來觀察隨著時間變動的資料，或是項目的推移與傾向，但就視覺效果而言，只有線條的折線圖似乎分量有點不足。

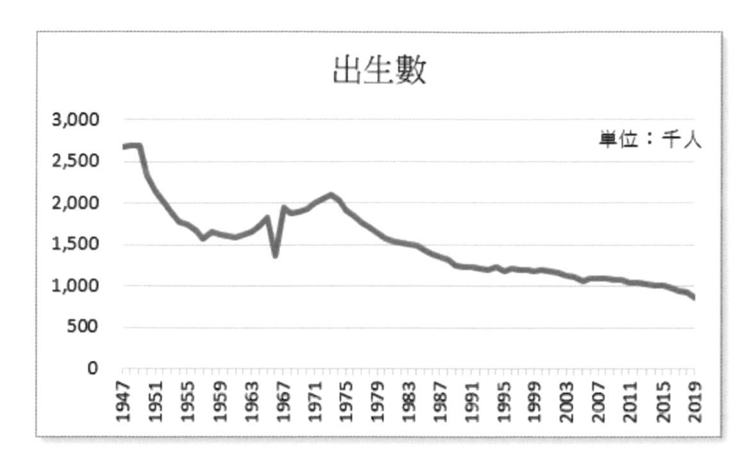

折線圖無法突顯分量

將折線圖
換成區域圖！

右側的範例是將折線圖的區塊填滿顏色之後的區域圖。區域圖可讓讀者注意到區域的高度，所以很適合強調隨著時間變化的分量或傾向。

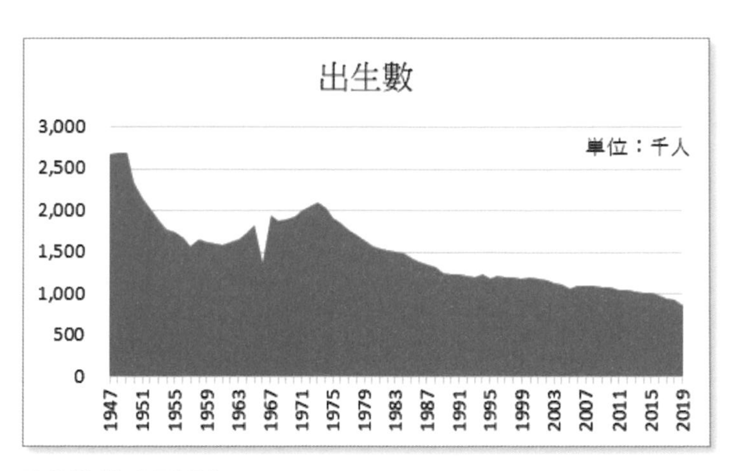

區域圖能強調分量的變化

93 Key word ▸ 金字塔圖

對應軟體 ▸ P W X

各項目的比較看不清楚

雖然長條圖也能比較男性與女性的項目，卻很難看出整體的差異。如果想連其他項目一併比較，最好能掌握其他項目的比例。

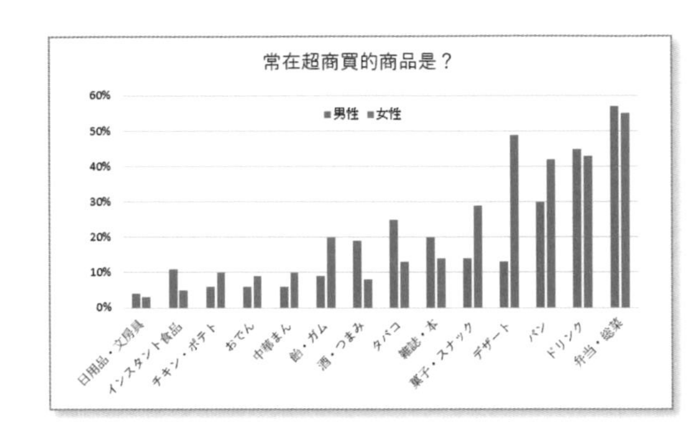

雖然看得出項目的大小差距…

改成左右對稱的金字塔圖

能觀察各項目比例的圖表就是金字塔圖。這種圖表能將單一項目的資料放在左右（上下）兩側，所以能直覺地比較資料。金字塔圖是從橫條圖改造的圖表。

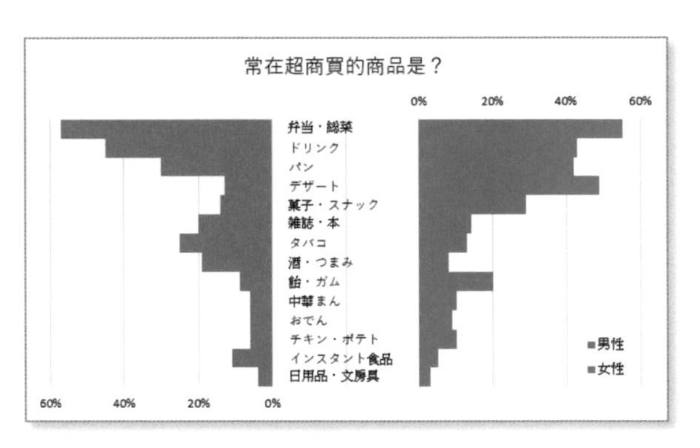

左右對稱的架構能讓讀者看到資料的全貌

金字塔圖的製作方法

金字塔圖能看出每個階段在分量上的差異，尤其各年齡層的人口分布，更是很常使用這種圖表。金字塔圖表可將群組橫條圖的主要座標放在左側，再將副座標軸放在右側製作。製作的重點有三個：1. 將左右橫軸的刻度的最小值設定為「最大值＋α」的負值，再設定不顯示負值。2. 讓左側的座標軸反轉。3. 微調標籤的間距，讓項目軸「直軸」配置在正中央。

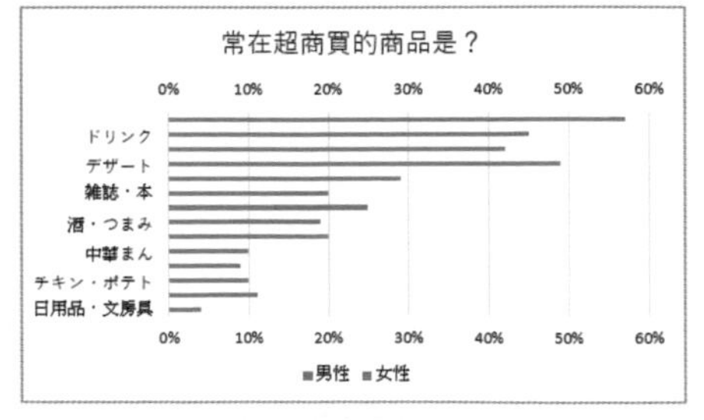

將「女性」的數列設定為副座標軸，再完成其他設定。

94 Key word ▶ 甘特圖

對應軟體 ▶ P W X

畫不出方便瀏覽的工程表

若是將作業工程表畫成橫條圖，就會變成各作業的圖表，而無法一眼看出作業、天數與進度。希望能換成可縱覽全貌的圖表。

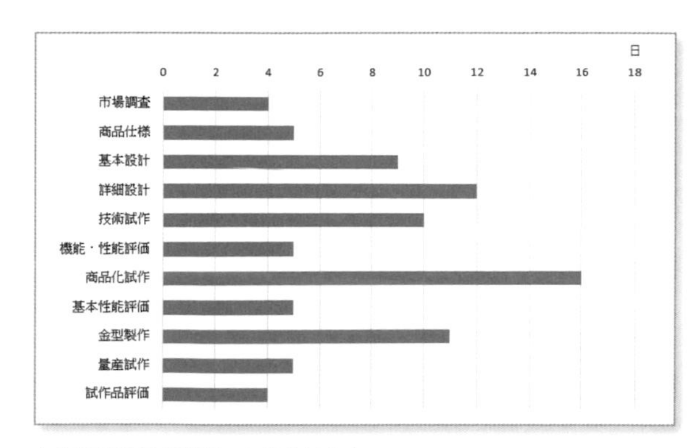

怎麼看都只是長條圖，只能比較大小。

繪製甘特圖

以線條連接時間軸上的起點與終點的圖表就是甘特圖。這種圖表很長用來觀察整個計畫的進度。甘特圖是從橫條圖改造而來。

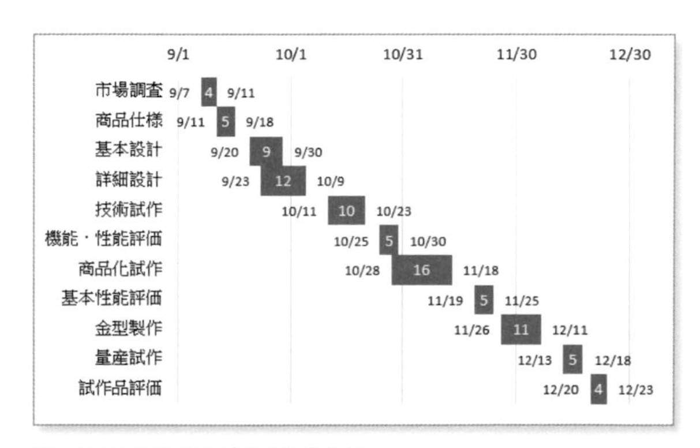

能一眼就看出每項作業的天數與進度

對應軟體 ▶ P W X

不利用圖表功能繪製甘特圖

甘特圖也能利用區塊箭頭排列繪製，或是以填滿儲存格的方式繪製，但如果日期一改，一切都得重新繪製。若使用條件式格式就能只輸入作業開始日期與結束日期，替儲存格填色與繪製甘特圖。由於行距很密，所以一眼就能看出有無日期重疊的作業。

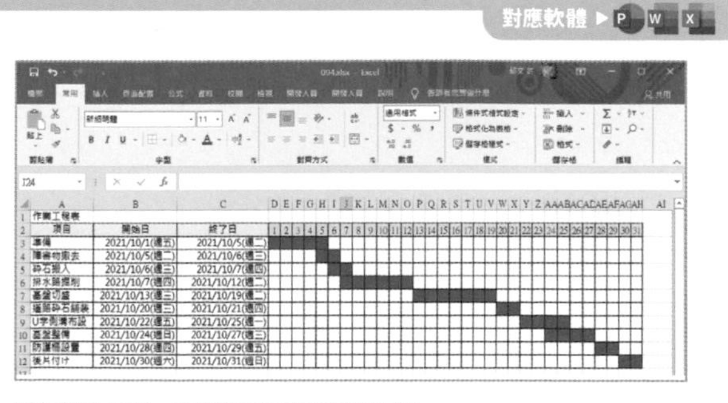

重新輸入日期，長條的長度也會跟著改變。

95 Key word ▶ 地圖

對應軟體 ▶ P W X

想更了解
各地區的資料……

各地區的數值雖然可利用圓形圖或長條圖說明，但如果附上更直覺的地理資訊，應該會更容易閱讀。若能利用地圖說明世界的某個角落或是日本的數據，想必一定更簡單易懂。

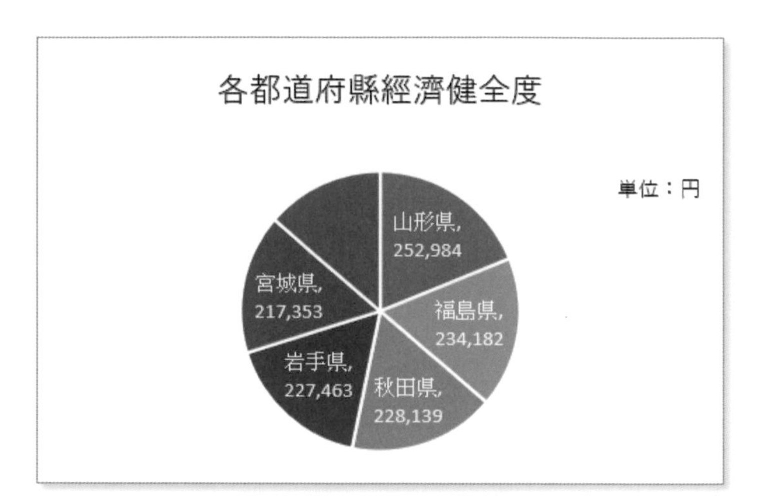

圓形圖的説明有其極限

利用填色地圖
繪製地圖圖表！

填色地圖這項功能可利用國家、地區、市町村、郵遞區號這類行政資料繪製地圖圖表。這種圖表比 Excel 2016 的立體地圖更直覺，也更容易閱讀。

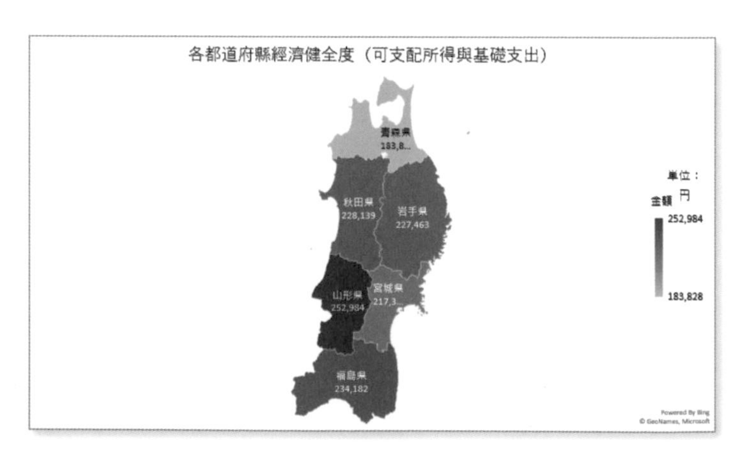

只有Microsoft 365或Office 2019才能使用這項功能

96 Key word ▶ 直軸

對應軟體 ▶ P W X

資訊太多，
很難閱讀…

每個人都會想要多放一點好不容易製作完成的資料，但是當整張圖表充滿元素、刻度、輔助線與圖例，就會變得很擁擠。這張圖表應該更精簡一點才對。

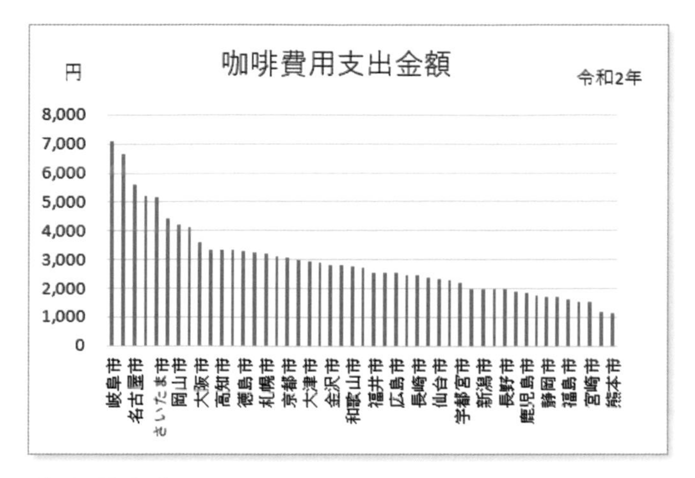

資訊多到難以閱讀

拿掉直軸，
也不要放刻度線！

頁面之中的圖表應該更俐落。試著讓元素的數量降至最低，再拿掉直軸與刻度線。如果只是要呈現前十名的資料，只要能看出長條的長度與數值即可。

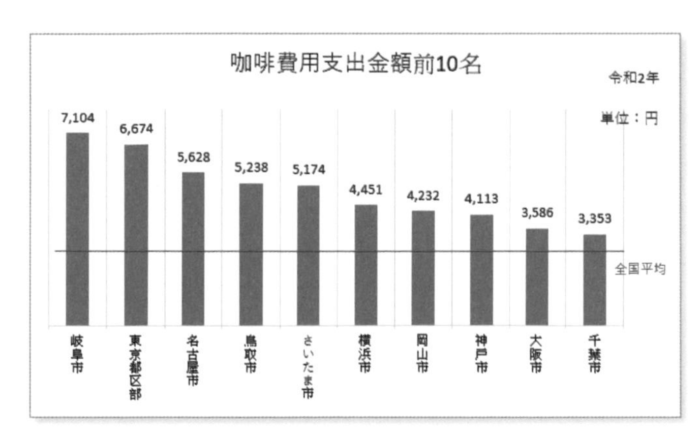

精簡資訊，讓訊息變得鮮明。

97 Key word ▸ 副座標軸

對應軟體 ▸ P W X

副座標軸的元素
都疊在一起了……

將數值差異明顯的元素畫成圖表時，最好另外新增副座標軸。但是，若不是使用複合圖表，元素就會疊在一起，圖表也變得很難閱讀，所以需要花心思調整。

元素疊在一起後，很難閱讀。

利用空白資料
加工！

由於橫軸的項目寬度有限，所以元素一多，就會疊在一起。因此要加入空白資料，建立四個元素長條，之後再刪除兩個元素的長條，保留主要座標軸與副座標軸的長條圖。

兩軸的長條圖就很容易閱讀

對應軟體 ▸ P W X

將長條圖從4個元素變為2個元素

建立空白數列資料「假資料1」、「假資料2」，繪製含有4個元素的長條圖。但假資料的部分是空白的，所以不會顯示任何長條。之後將「業績」與「假資料」設定為主座標軸，再將「假資料2」與「銷售個數」設定為副座標軸，完成重疊的長條圖之後，再調整設定，讓數列與元素能並列。最後利用 Delete 鍵刪除圖例之中的「假資料1」與「假資料2」即可。

	A	B	C	D	E	F
1	營業額與銷售數量					
2		売上	假資料1	假資料2	銷售個數	
3	2016年	12,119,679			2,392	
4	2017年	13,521,003			2,472	
5	2018年	14,470,196			2,596	
6	2019年	14,755,226			2,573	
7	2020年	12,047,491			1,911	
8	2021年	13,359,351			2,235	
9						

插入兩欄空白資料

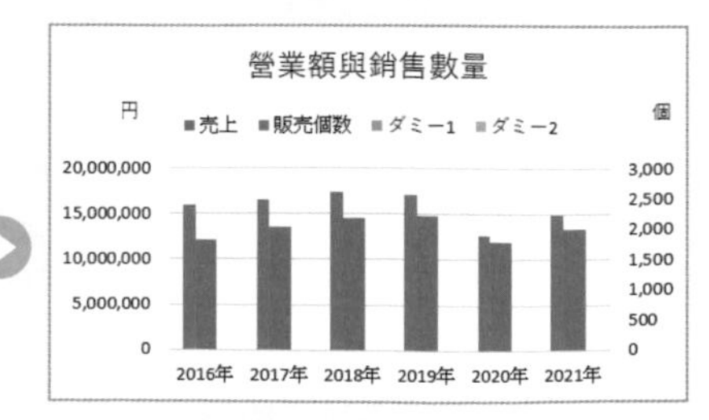

空白資料會成為各項目的間距

98 Key word ▸ 要素

對應軟體 ▸ P W X

圓形圖的元素一多，就很難閱讀

元素的數量一多，整張圖表就會變得密密麻麻，難以閱讀。就算在外圍配置標籤，情況也不會改善。話說回來，真的有必要列出所有元素嗎？

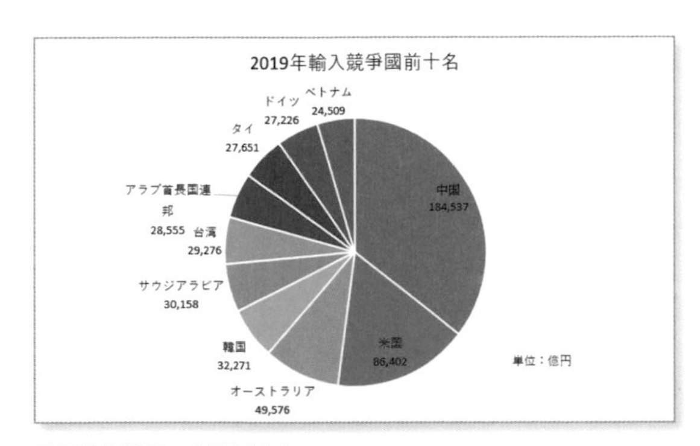

元素過於雜亂，也難以比較。

讓元素精簡至五個左右，剩下的元素全歸類為其他！

將元素精簡至五個，其餘元素全歸類為其他，藉此調整整體的協調性與提升易讀性。「其他」的內容可放在其他的圖表或是說明明細的圖表。

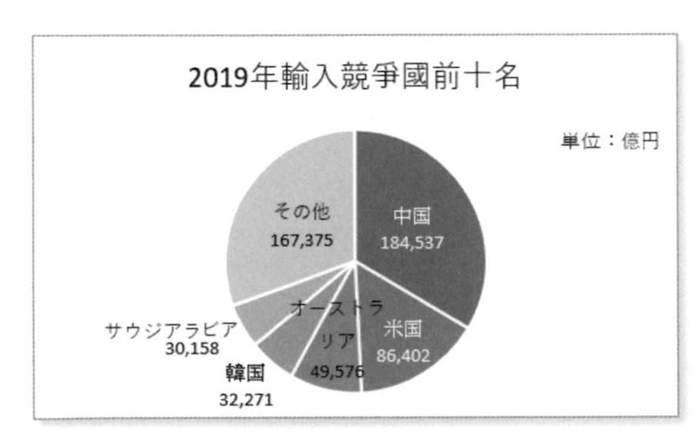

將其餘的元素放在「其他」之中，圖表就變得清爽了。

對應軟體 ▸ P W X

明細可使用輔助圓形圖說明

能自動將元素整理成「其他」的圖表就是輔助圓形圖。將圖表種類設定為「子母圓形圖」就能快速完成這類圖表。繪製的重點有兩個，一個是利用「第二區域中的值」設定輔助圓形圖的元素數量，另一個則是利用「類別間距」與「第二區域的大小」調整輔助圓形圖與主要圓形圖的距離，以及輔助圓形圖的大小。

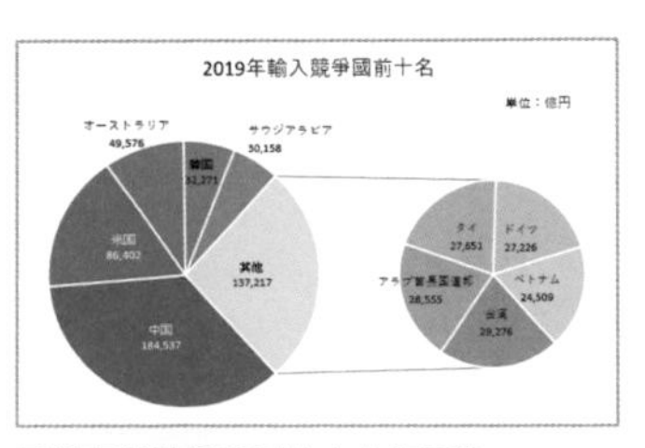

可設定輔助圓形圖的大小與距離

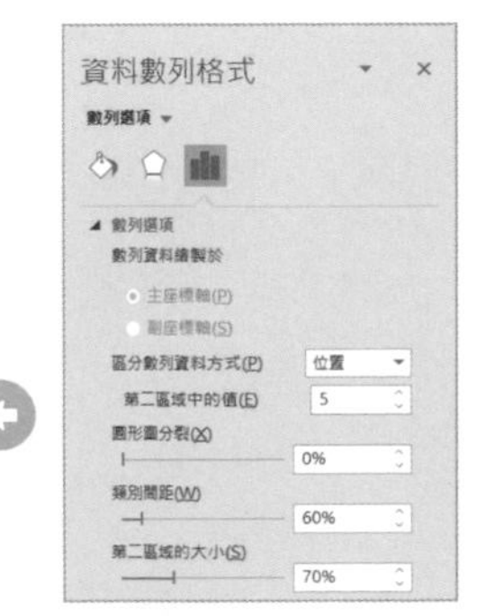

這個範例將最後五名的資料整理成「其他」

99　Key word ▸ 強調　對應軟體 ▸ P W X

要傳遞的訊息到底在哪裡？

為了增加訊息的可信度而添加了客觀的資料，沒想到反而害圖表變得只是圖表。無法傳遞訊息的圖表可說是毫無意義可言。

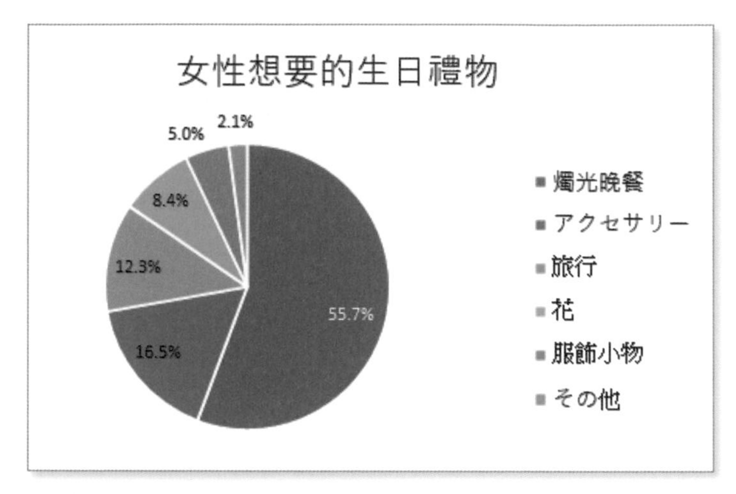

圖表就是圖表，讓訊息昇華吧。

澈底強調，澈底精簡

要傳遞的訊息就是「燭光晚餐 55.7%」這個結果。只要強調這個部分，再以一句話説明要傳遞的訊息即可。澈底排除無用的資訊，就能讓主要的資料更加明顯。

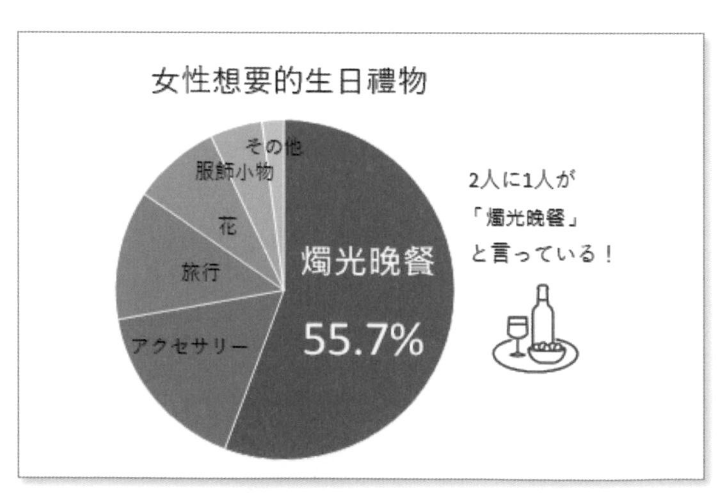

大膽強調要傳遞的訊息，其餘的訊息可以低調一點。

100 Key word ▸ 圖例 對應軟體 ▸ P W X

圖表縮小後，變得很擁擠

圖表會自動插入標題與圖例。這兩個部分是繪圖區變小的主因。若是企劃書與提案，則不一定需要這兩個部分。

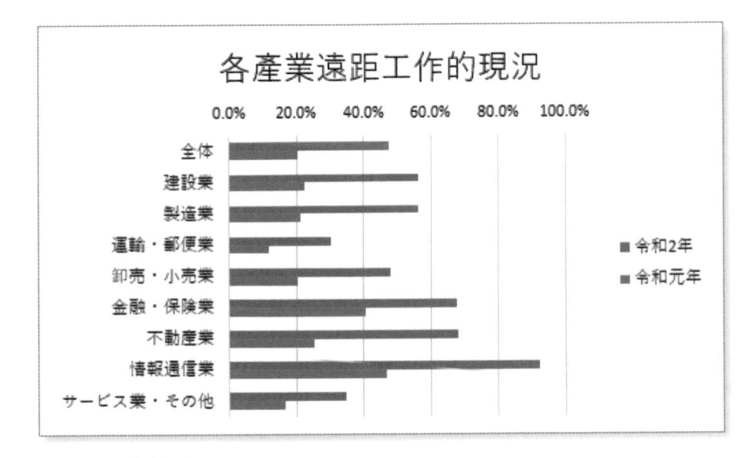

橫條太短，難以比較。

讓圖例與圖表重疊

如果繪圖區變大，圖表就會變得容易閱讀。請試著縮小圖例的文字，讓圖例與圖表重疊，再拿掉標題，讓繪圖區變寬。

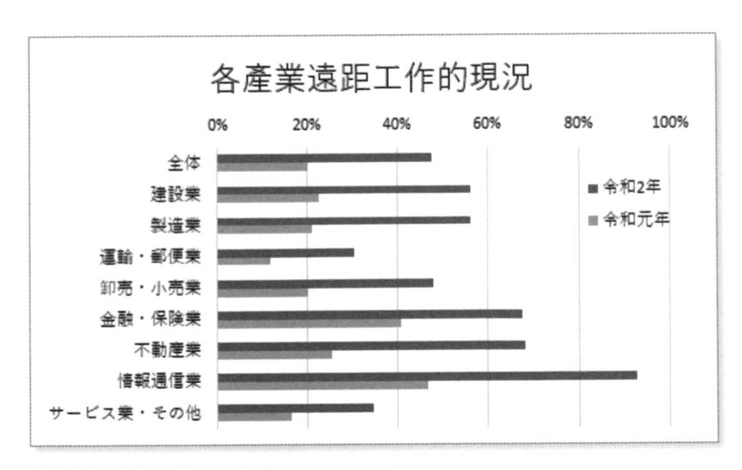

讓圖例與圖表重疊，再拿掉小數點以下的刻度。

101 Key word ▸ 資料標籤

對應軟體 ▸ P W X

Before

視線必須不斷移動才能閱讀圖表

一旦元素變多，視線就得在圖表與圖例之間往返，無法看出元素與圖例之間的關係。尤其是折線圖與堆疊長條圖常有這類現象。

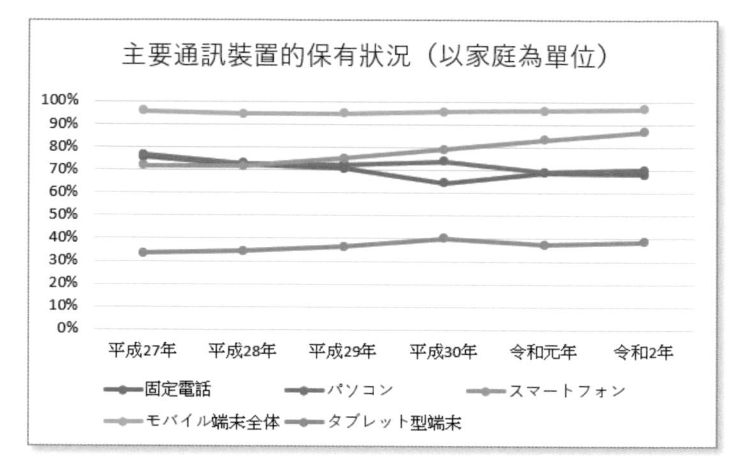

視線不斷在折線與圖例之間往返

After

拿掉圖例，使用資料標籤

拿掉圖例，在資料點旁邊加上資料標籤，視線就不需要一直在元素與圖例之間往返。在最後一筆資料加上「數列名稱」，然後刪除其他的資料標籤。

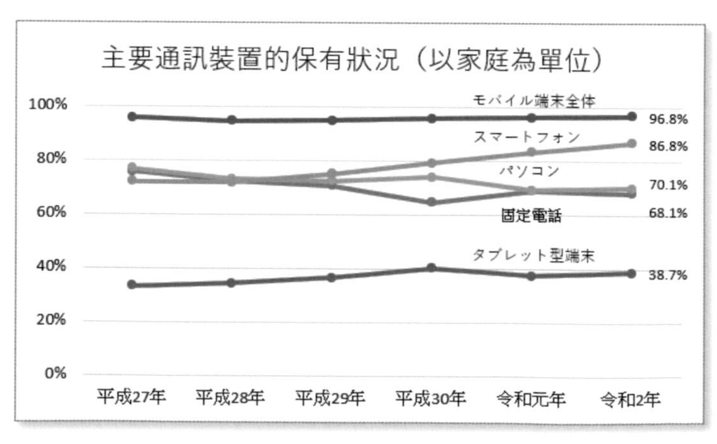

令和元素為數列名稱，令和2年顯示了值。

102 Key word ▸ 順序

對應軟體 ▸ P W X

Before

元素的排列方式很不一致

如果讀者無法從元素的排列方式讀出製作者的想法，就會很難了解內容，也會不相信圖表，所以要替元素的排列方式建立規則。

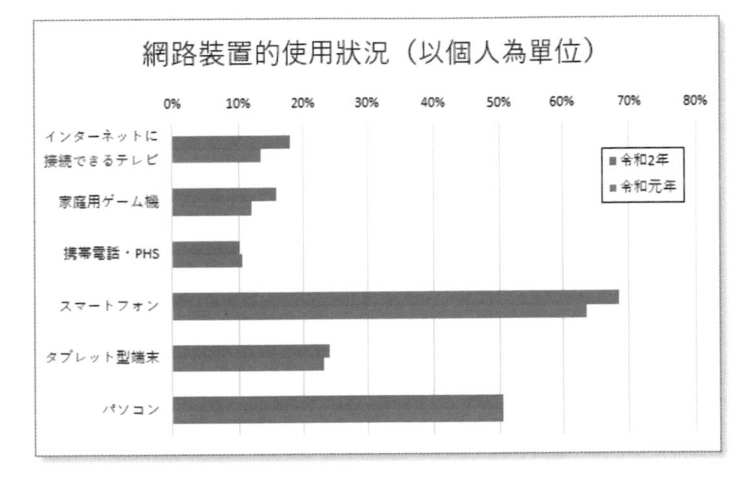

以五十音的順序排列沒有任何意義可言

After

由大至小排列的順序才有意義！

基本上，圖表的數值都是由大至小排列，不然就是由小至大的順序，或是依照年齡、地區排列。此外，改變某個元素的顏色可讓主旨變得更加明確。

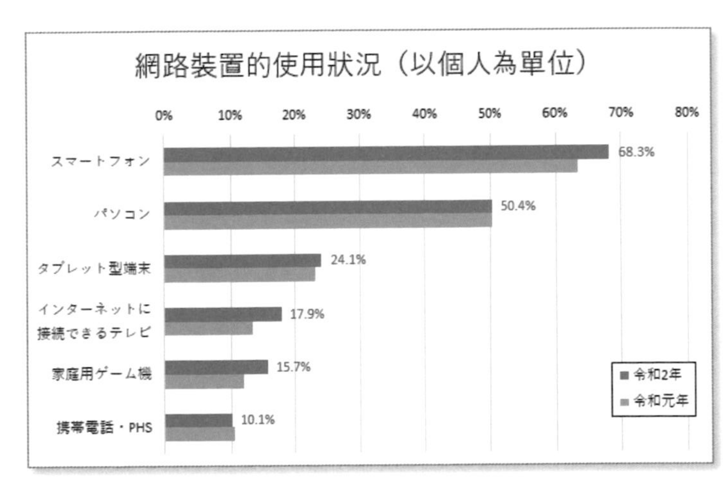

替某個元素設定顏色，就能讓讀者知道「電腦已不會再增加」、「非智慧型手機的手機將被市場淘汰」。

103 Key word ▶ 圖樣　軟體 ▶ P W X

單色列印會看不出元素的差異…

彩色的圖表若以單色列印的方式輸出，色調會變得一致，看不出元素之間的差異。由於公司內部的資料多是單色列印，所以要先學會正確列印的方法。

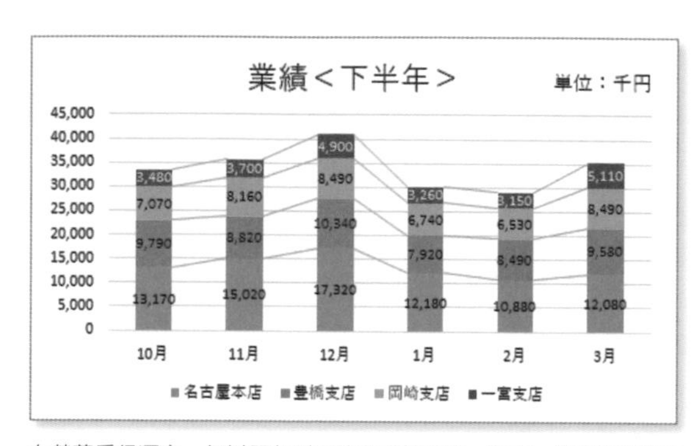

在螢幕看很漂亮，但以單色列印的方式輸出時，卻有一些事情要注意。

After

以不同的圖樣填滿元素！

若要印出漂亮的黑白資料，可使用斜線或點狀的「圖樣」填滿每個元素，或是自動轉換成灰階的「單色列印」功能。

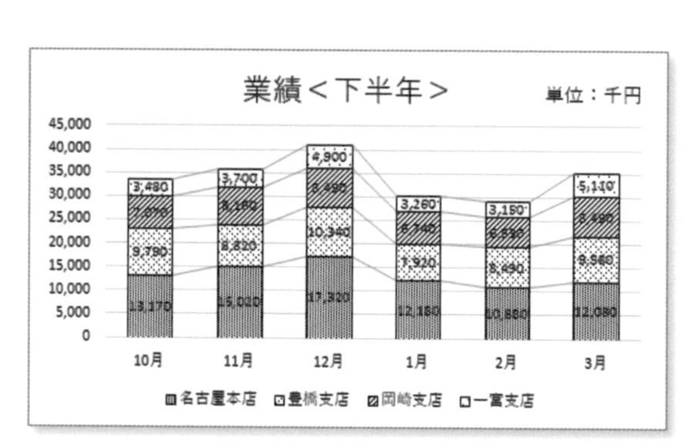

每個數列都是不同的點狀圖樣。盡可能不要選擇圖案深濃又密集的圖樣！

該以圖樣填滿還是使用單色列印功能

對應軟體 ▶ P W X

如果想採用自己的設計，可在「圖樣」選擇圓點花紋，再將「前景」設定為黑色以及將「背景」設定為白色，讓圖樣填滿元素。若將框線設定為黑色，差異就會更加明顯。另一方面，單色列印功能可讓圖表的顏色轉換成適合單色列印的顏色或花紋，可跳過設定，直接將圖表列印成黑白的顏色。

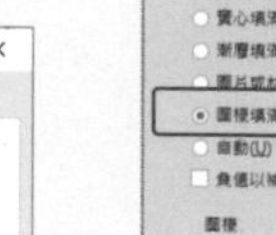

勾選「圖樣填滿」選項

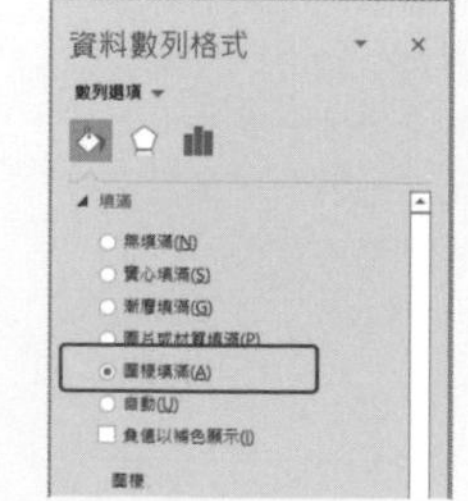

在「版面設定」對話框的「圖表」索引標籤設定

104 Key word ▸ 刻度間距

對應軟體 ▸ P W X

項目太多，
橫軸的標籤就會擠在一起

橫軸的項目太多時，硬要全部顯示就會擠在一起。此時就算縮小文字，也會讓版面失去平衡。有沒有能排得漂亮一點的方法呢？

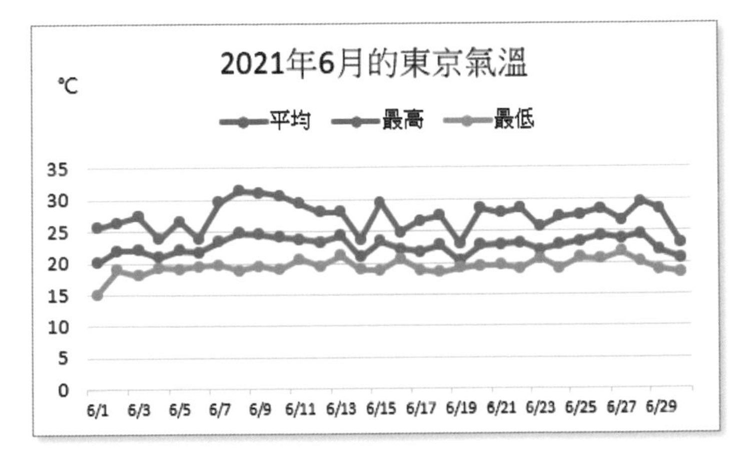

橫軸的日期太小，很難閱讀。

拉開刻度的間隔，
讓版面變得俐落！

沒有一定要讓橫軸的項目名稱全部顯示的理由。可試著抽掉一些項目名稱，讓圖表變得清爽。範例以七天為間隔，顯示一整個月的資料。

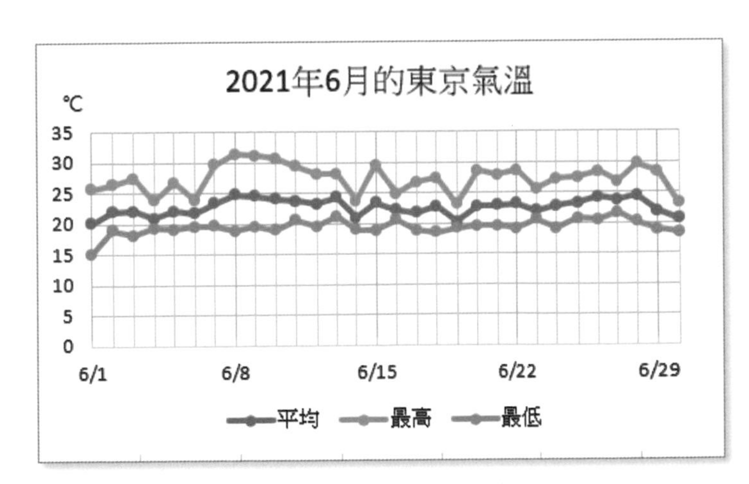

將橫軸的單位設定為七天，再插入主要類型與次要類型的刻度。

105 Key word ▶ 自訂

對應軟體 ▶ P W X

Before

圖表的零很礙眼⋯

表格資料包含零比較好，但圖表的零卻很礙眼，通常不會想讓零出現，可是刪掉每個零的資料又很麻煩。

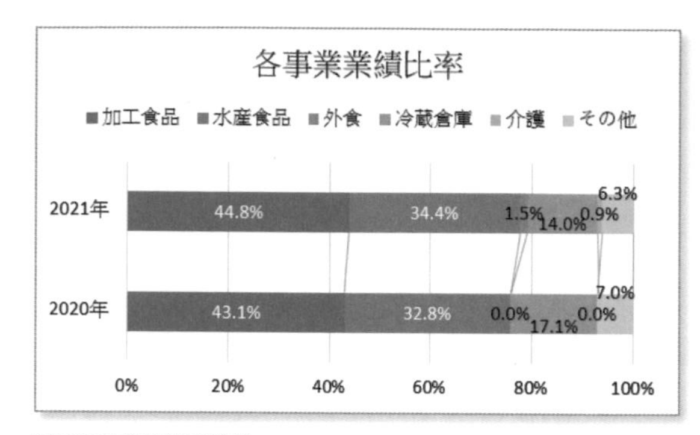

顯示零的資料很不美觀

After

設定成
不顯示數值為零的圖表！

使用者可自訂不顯示零的資料標籤。假設原始資料為整數，可設定為「0;;;」，如果是百分比可設定為「0.0%;;;」，如果是小數點可設定為「0.0;;;」或「#;」這種格式。

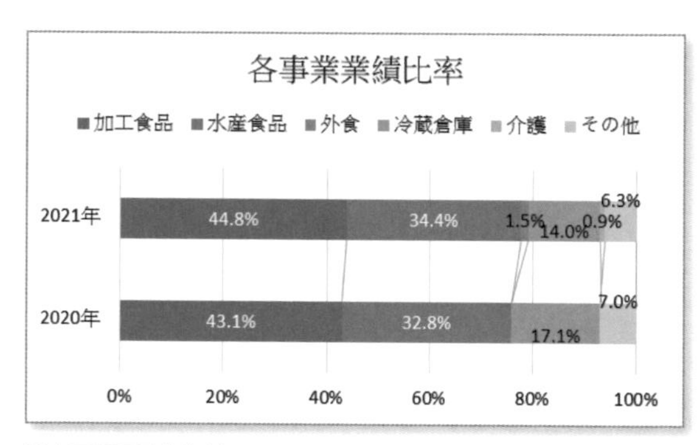

設定不顯示零的資料

對應軟體 ▶ P W X

依照儲存格的值調整儲存格格式

自訂不僅能於儲存格使用，也能如同本範例一般，設定圖表的資料標籤。設定的格式為**「正數格式;負數格式;零的格式;字串的格式」**。舉例來說，要隱藏小於 10% 的資料，可將格式設定為**「[<0.01]#;[>=0.01]0.0%;;」**。

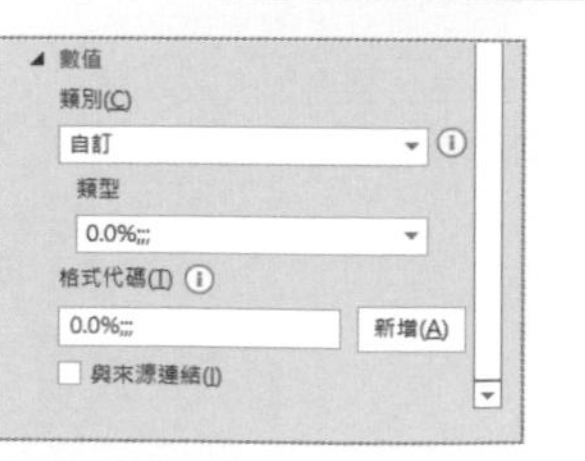

在自訂的「格式代碼」輸入格式

106 Key word ▶ 空白儲存格

對應軟體 ▶ P W X

折線圖
不連續怎麼辦？

一旦缺漏了一些資料，說明資料變化的折線就會中斷。簡報資料也很重視外觀，所以最好讓這些折線連起來。

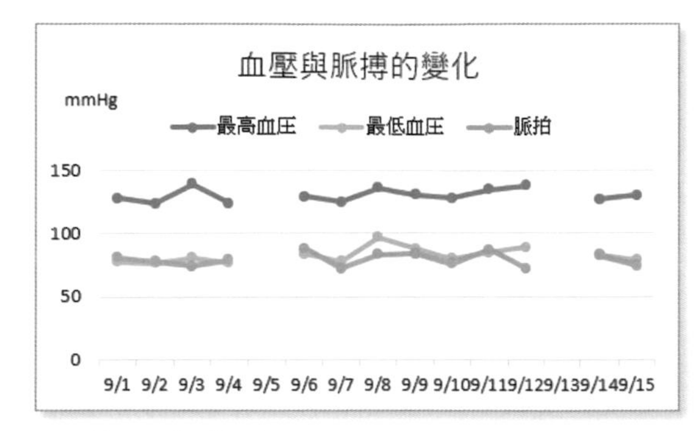

不能放任空白儲存格不管

強制讓前後的資料點
連起來！

折線圖有忽略闕漏值（空白儲存格），自動以折線連接前後資料點的功能。這不是個別數列的設定，而是整個圖表的設定。

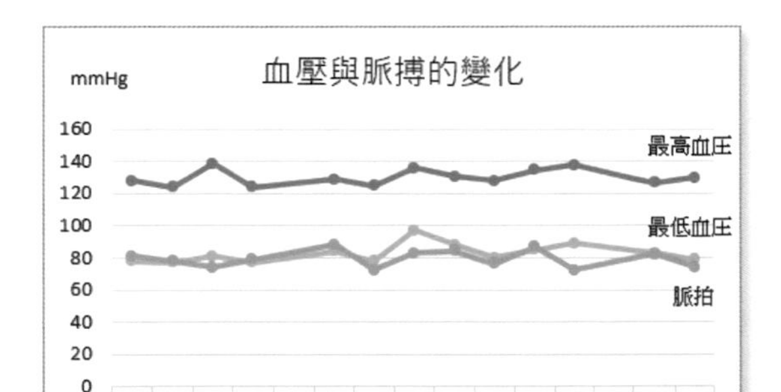

用線串連後，就是很自然的折線。

對應軟體 ▶ P W X

利用線條串連位於空白儲存格前後的資料點

可透過下列步驟讓位於空白儲存格前後的資料點串連起來。

1. 從「圖表設計」索引標籤的「資料」點選「選取資料」
2. 在「選取資料來源」對話框點選「隱藏和空白儲存格」選項
3. 勾選「以線段連接資料點」選項

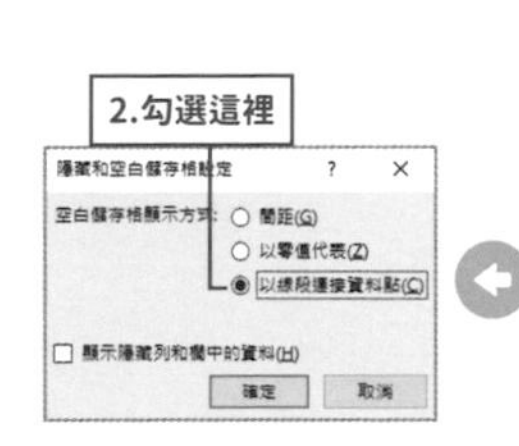

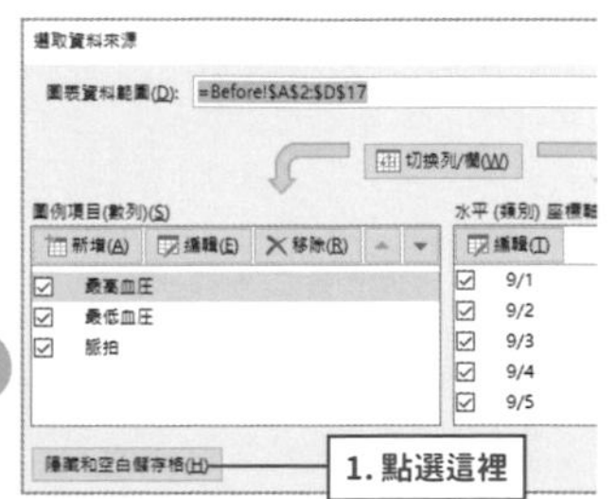

此外，也可以在空白儲存格輸入「**=NA()**」傳回錯誤值「NA#」，藉此連接折線。如果已輸入的公式，可修正為「**=IF(……,NA(),……)**」（立體折線圖無法使用上述任何一種方法）。

107 Key word ▸ 圖形

對應軟體 ▸ P W X

Before

想繪製簡單
又有視覺效果的圖表⋯⋯

想讓圖表更具說服力，往往會過於執著格式，會想放入單位、設定顏色、添加標籤，結果反而讓圖表變得很雜亂，看不出要傳遞什麼樣的訊息。

是否實施了地球暖化對策？

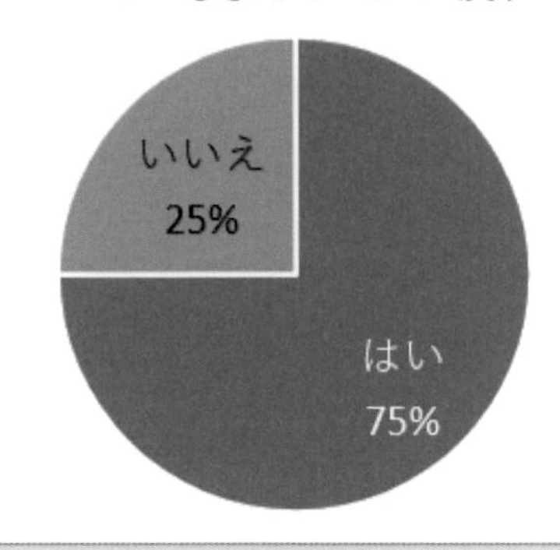

企業が省エネとCO2排出量の削減の具体的な行動策定をしているかの調査では、「全社

要傳遞的訊息不是圖表的外觀

After

只利用圖形
繪製圖表

簡報的圖表不一定非得很精密，聚焦在訴求的重點，再利用圖形繪製圖表也是不錯的方式。本範例只利用基本圖形的「局部圓」繪製而已。

是否實施了節省能源・降低CO2

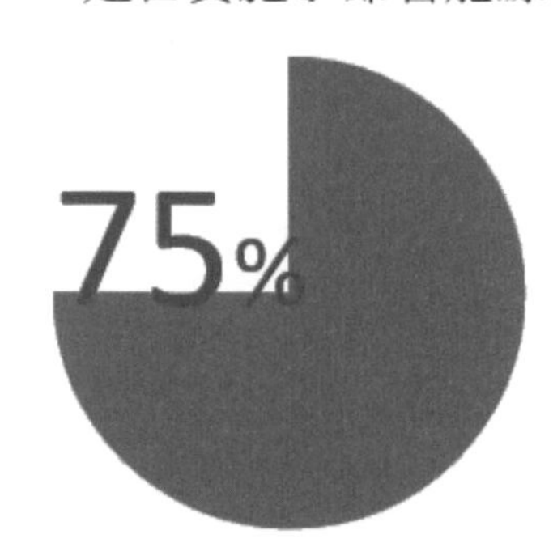

企業が省エネとCO2排出量の削減の具体的な行動策定をしているかの調査では、「全社で実施」している企業は約75%に上っている。

「75%」的數字跳到前面來了

108 Key word ▸ 圖形

對應軟體 ▸ P W X

無法強調數值的變化……

只是依照時間軸排列資料，讀者恐怕只會「喔？」沒有任何反應。到底該注意哪個部分？差異在哪裡？必須適度地加工重點。

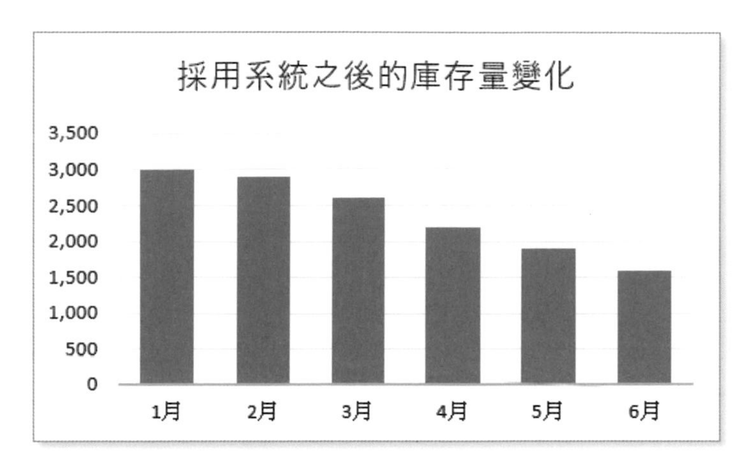

只列出變化，無法讓讀者有所感。

After

加入圖形，強調訊息！

要注意的重點就是讓重點更加簡單明瞭，以及讓數值的差異更加顯眼。拿掉沒有也沒關係的資料，再利用圖形強調訊息。

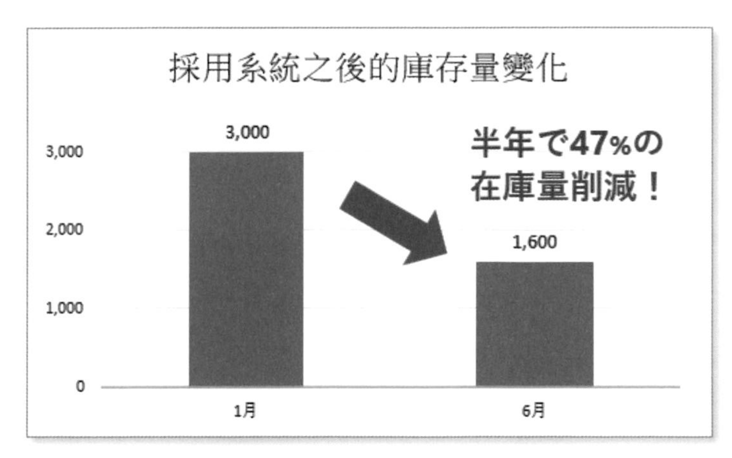

利用兩個元素與圖形具體強調數值的差異

109 Keyword ▸ 背景

對應軟體 ▸ P W X

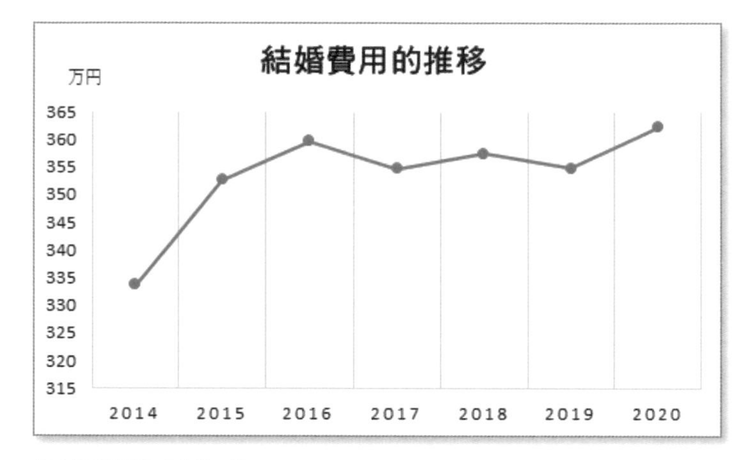

Before

想讓讀者的注意力放在簡單的圖表上

圖表雖然可具體說明數值，但如果無法引起讀者的興趣，讀者就不會閱讀。要讓讀者感興趣，可利用照片引導讀者的視線。

有時候需要讓圖表有趣一點

After

利用背景的照片炒熱氣氛

在圖表的背景置入符合訊息的照片，就能炒熱氣氛。準備與題目一致的照片，再以照片填滿圖表區或繪圖區。也可讓照片變得透明再填滿。

與視覺設計融為一體後，圖表會變得更有趣。

110 Key word ▸ 框線

對應軟體 ▸ P W X

Before

一堆線看了很煩

一説到表格，許多人都會不假思索地設定垂直與水平的框線，但是被這些線條切割的數值看起來很煩，讓人一點也不想閱讀。建議大家讓框線淡一點。

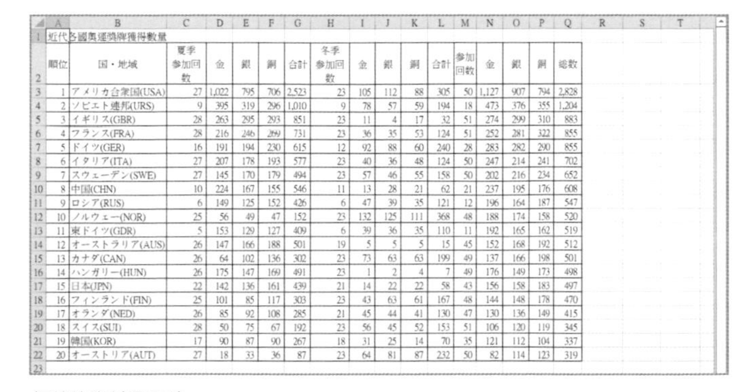

近代各國奧運獎牌獲得數量

順位	国・地域	夏季参加回数	金	銀	銅	合計	冬季参加回数	金	銀	銅	合計	参加回数	金	銀	銅	総数
1	アメリカ合衆国(USA)	27	1,022	795	706	2,523	23	105	112	88	305	50	1,127	907	794	2,828
2	ソビエト連邦(URS)	9	395	319	296	1,010	9	78	57	59	194	18	473	376	355	1,204
3	イギリス(GBR)	28	263	295	293	851	23	11	4	17	32	51	274	299	310	883
4	フランス(FRA)	28	216	246	269	731	23	36	35	53	124	51	252	281	322	855
5	ドイツ(GER)	16	191	194	230	615	12	92	88	60	240	28	283	282	290	855
6	イタリア(ITA)	27	207	178	193	577	23	40	36	48	124	50	247	214	241	702
7	スウェーデン(SWE)	27	145	170	179	494	23	57	46	55	158	50	202	216	234	652
8	中国(CHN)	10	224	167	155	546	11	13	28	21	62	21	237	195	176	608
9	ロシア(RUS)	6	149	125	152	426	6	47	39	35	121	12	196	164	187	547
10	ノルウェー(NOR)	25	56	49	47	152	23	132	125	111	368	48	188	174	158	520
11	東ドイツ(GDR)	5	153	129	127	409	6	39	36	35	110	11	192	165	162	519
12	オーストラリア(AUS)	26	147	166	188	501	19	5	5	5	15	45	152	168	192	512
13	カナダ(CAN)	26	64	102	136	302	23	73	63	63	199	49	137	166	198	501
14	ハンガリー(HUN)	26	175	147	169	491	23	1	2	4	7	49	176	149	173	498
15	日本(JPN)	22	142	136	161	439	21	14	22	22	58	43	156	158	183	497
16	フィンランド(FIN)	25	101	85	117	303	23	43	63	61	167	48	144	148	178	470
17	オランダ(NED)	26	85	92	108	285	21	45	44	41	130	47	130	136	149	415
18	スイス(SUI)	28	50	75	67	192	23	56	45	52	153	51	106	120	119	345
19	韓国(KOR)	17	90	87	90	267	18	31	25	14	70	35	121	112	104	337
20	オーストリア(AUT)	27	18	33	36	87	23	64	81	87	232	50	82	114	123	319

框線比資料還吸睛

After

不要使用垂直框線

請不要使用垂直框線。沒有垂直的框線，整張表格就會變得清爽許多。如果想要更簡單一點，可拿掉欄標題與最終列之外的水平框線。

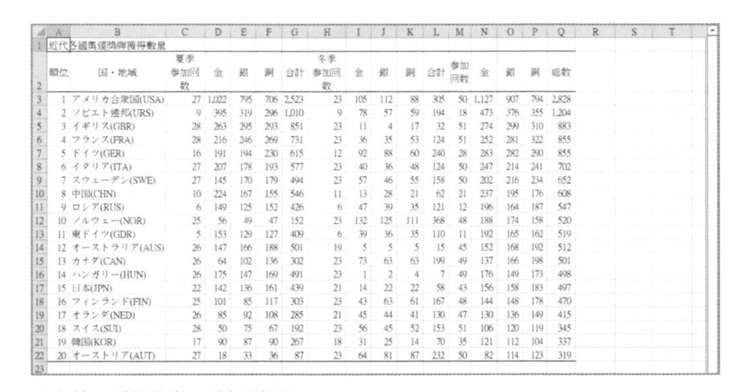

近代各國奧運獎牌獲得數量

順位	国・地域	夏季参加回数	金	銀	銅	合計	冬季参加回数	金	銀	銅	合計	参加回数	金	銀	銅	総数
1	アメリカ合衆国(USA)	27	1,022	795	706	2,523	23	105	112	88	305	50	1,127	907	794	2,828
2	ソビエト連邦(URS)	9	395	319	296	1,010	9	78	57	59	194	18	473	376	355	1,204
3	イギリス(GBR)	28	263	295	293	851	23	11	4	17	32	51	274	299	310	883
4	フランス(FRA)	28	216	246	269	731	23	36	35	53	124	51	252	281	322	855
5	ドイツ(GER)	16	191	194	230	615	12	92	88	60	240	28	283	282	290	855
6	イタリア(ITA)	27	207	178	193	577	23	40	36	48	124	50	247	214	241	702
7	スウェーデン(SWE)	27	145	170	179	494	23	57	46	55	158	50	202	216	234	652
8	中国(CHN)	10	224	167	155	546	11	13	28	21	62	21	237	195	176	608
9	ロシア(RUS)	6	149	125	152	426	6	47	39	35	121	12	196	164	187	547
10	ノルウェー(NOR)	25	56	49	47	152	23	132	125	111	368	48	188	174	158	520
11	東ドイツ(GDR)	5	153	129	127	409	6	39	36	35	110	11	192	165	162	519
12	オーストラリア(AUS)	26	147	166	188	501	19	5	5	5	15	45	152	168	192	512
13	カナダ(CAN)	26	64	102	136	302	23	73	63	63	199	49	137	166	198	501
14	ハンガリー(HUN)	26	175	147	169	491	23	1	2	4	7	49	176	149	173	498
15	日本(JPN)	22	142	136	161	439	21	14	22	22	58	43	156	158	183	497
16	フィンランド(FIN)	25	101	85	117	303	23	43	63	61	167	48	144	148	178	470
17	オランダ(NED)	26	85	92	108	285	21	45	44	41	130	47	130	136	149	415
18	スイス(SUI)	28	50	75	67	192	23	56	45	52	153	51	106	120	119	345
19	韓国(KOR)	17	90	87	90	267	18	31	25	14	70	35	121	112	104	337
20	オーストリア(AUT)	27	18	33	36	87	23	64	81	87	232	50	82	114	123	319

只有第一列與最後一列套用框線

對應軟體 ▸ P W X

就是想設定垂直框線的話？

有時候就是會想要設定垂直框線，此時建議將顏色設定為淡灰色，如此一來，表格的垂直框線就不會那麼搶眼，而且還可以依照表格的大小與項目數量，調整框線的種類與粗細。設定了顏色的框線會讓讀者分心，所以最好不要使用。

順位	国・地域	夏季参加回数	金	銀	銅	合計	冬季参加回数
1	アメリカ合衆国(USA)	27	1,022	795	706	2,523	23
2	ソビエト連邦(URS)	9	395	319	296	1,010	9
3	イギリス(GBR)	28	263	295	293	851	23
4	フランス(FRA)	28	216	246	269	731	23

淡淡的水平框線不會太引人注目

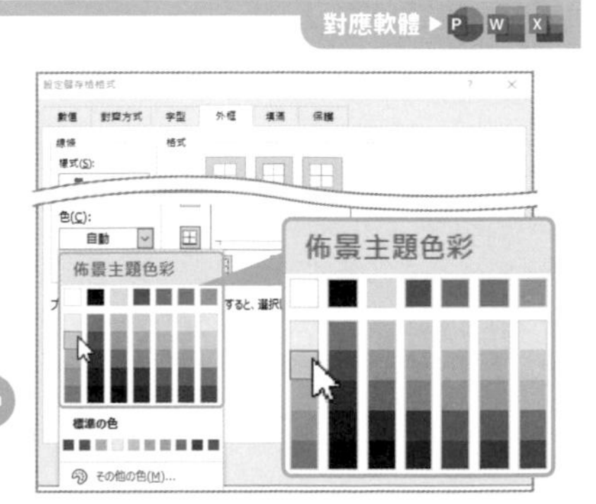

可從各種灰色之中選擇

111 Key word ▸ 框線

對應軟體 ▸ P W X

設定了顏色的表格讓人看不清楚……

設定了顏色的表格雖然很繽紛，有時卻讓人看不清楚項目的差異。明明已設定了框線，也利用不同濃度的顏色區分項目，但整張表格還是變得很沉重。

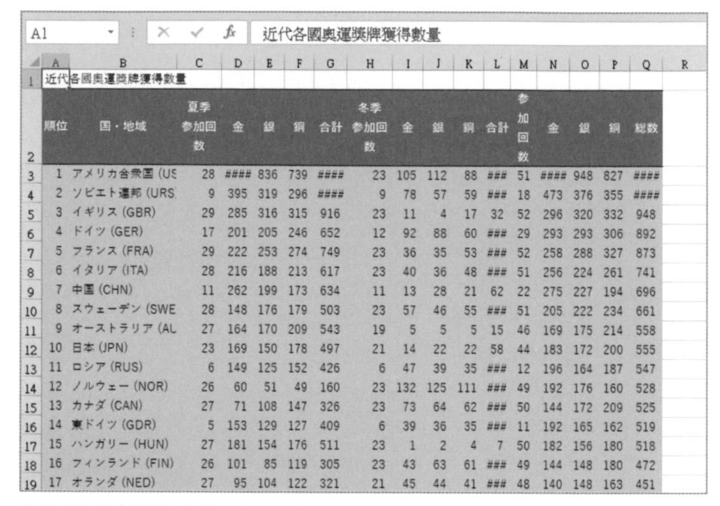

近代各國奧運獎牌獲得數量

順位	国・地域	夏季參加回数	金	銀	銅	合計	冬季參加回数	金	銀	銅	合計	参加回数	金	銀	銅	総数
1	アメリカ合衆国 (US	28	####	836	739	####	23	105	112	88	###	51	####	948	827	####
2	ソビエト連邦 (URS	9	395	319	296	####	9	78	57	59	###	18	473	376	355	####
3	イギリス (GBR)	29	285	316	315	916	23	11	4	17	32	52	296	320	332	948
4	ドイツ (GER)	17	201	205	246	652	12	92	88	60	###	29	293	293	306	892
5	フランス (FRA)	29	222	253	274	749	23	36	35	53	###	52	258	288	327	873
6	イタリア (ITA)	28	216	188	213	617	23	40	36	48	###	51	256	224	261	741
7	中国 (CHN)	11	262	199	173	634	11	13	28	21	62	22	275	227	194	696
8	スウェーデン (SWE	28	148	176	179	503	23	57	46	55	###	51	205	222	234	661
9	オーストラリア (AL	27	164	170	209	543	19	5	5	5	15	46	169	175	214	558
10	日本 (JPN)	23	169	150	178	497	21	14	22	22	58	44	183	172	200	555
11	ロシア (RUS)	6	149	125	152	426	6	47	39	35	###	12	196	164	187	547
12	ノルウェー (NOR)	26	60	51	49	160	23	132	125	111	###	49	192	176	160	528
13	カナダ (CAN)	27	71	108	147	326	23	73	64	62	###	50	144	172	209	525
14	東ドイツ (GDR)	5	153	129	127	409	6	39	36	35	###	11	192	165	162	519
15	ハンガリー (HUN)	27	181	154	176	511	23	1	2	4	7	50	182	156	180	518
16	フィンランド (FIN)	26	101	85	119	305	23	43	63	61	###	49	144	148	180	472
17	オランダ (NED)	27	95	104	122	321	21	45	44	41	###	48	140	148	163	451

整張表格設定了顏色之後，變得又暗又沉重。

設定白色框線！

如果整張表格設定了顏色，不如置入白色框線。如此一來，白色的文字會變得顯眼，表格裡的白色框線又能區分項目，營造出更內斂的質感。

近代各國奧運獎牌獲得數量

順位	国・地域	夏季參加回数	金	銀	銅	合計	冬季參加回数	金	銀	銅	合計	参加回数	金	銀	銅	総数
1	アメリカ合衆国 (US	28	####	836	739	####	23	105	112	88	###	51	####	948	827	####
2	ソビエト連邦 (URS	9	395	319	296	####	9	78	57	59	###	18	473	376	355	####
3	イギリス (GBR)	29	285	316	315	916	23	11	4	17	32	52	296	320	332	948
4	ドイツ (GER)	17	201	205	246	652	12	92	88	60	###	29	293	293	306	892
5	フランス (FRA)	29	222	253	274	749	23	36	35	53	###	52	258	288	327	873
6	イタリア (ITA)	28	216	188	213	617	23	40	36	48	###	51	256	224	261	741
7	中国 (CHN)	11	262	199	173	634	11	13	28	21	62	22	275	227	194	696
8	スウェーデン (SWE	28	148	176	179	503	23	57	46	55	###	51	205	222	234	661
9	オーストラリア (AL	27	164	170	209	543	19	5	5	5	15	46	169	175	214	558
10	日本 (JPN)	23	169	150	178	497	21	14	22	22	58	44	183	172	200	555
11	ロシア (RUS)	6	149	125	152	426	6	47	39	35	###	12	196	164	187	547
12	ノルウェー (NOR)	26	60	51	49	160	23	132	125	111	###	49	192	176	160	528
13	カナダ (CAN)	27	71	108	147	326	23	73	64	62	###	50	144	172	209	525
14	東ドイツ (GDR)	5	153	129	127	409	6	39	36	35	###	11	192	165	162	519
15	ハンガリー (HUN)	27	181	154	176	511	23	1	2	4	7	50	182	156	180	518
16	フィンランド (FIN)	26	101	85	119	305	23	43	63	61	###	49	144	148	180	472
17	オランダ (NED)	27	95	104	122	321	21	45	44	41	###	48	140	148	163	451

在每列之間置入白色粗框線

112 Key word ▸ 列高

對應軟體 ▸ X

預設的列高感覺很擠的話……

假設使用的是游 Gothic 字型，Excel 的預設列高為 18.75 點（25 像素）。若使用字面較大的 meiryo 字型，上下的框線就會更靠近文字，看起來就很窘迫。

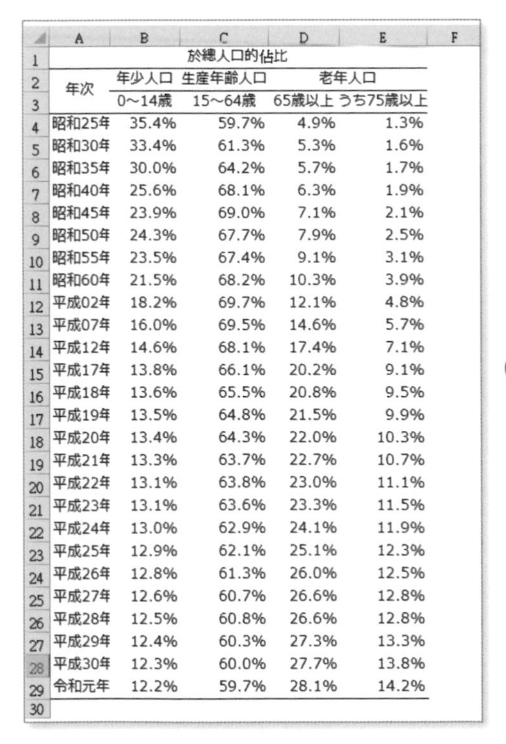

年次	年少人口	生產年齡人口	老年人口	
	0~14歲	15~64歲	65歲以上	うち75歲以上
昭和25年	35.4%	59.7%	4.9%	1.3%
昭和30年	33.4%	61.3%	5.3%	1.6%
昭和35年	30.0%	64.2%	5.7%	1.7%
昭和40年	25.6%	68.1%	6.3%	1.9%
昭和45年	23.9%	69.0%	7.1%	2.1%
昭和50年	24.3%	67.7%	7.9%	2.5%
昭和55年	23.5%	67.4%	9.1%	3.1%
昭和60年	21.5%	68.2%	10.3%	3.9%
平成02年	18.2%	69.7%	12.1%	4.8%
平成07年	16.0%	69.5%	14.6%	5.7%
平成12年	14.6%	68.1%	17.4%	7.1%
平成17年	13.8%	66.1%	20.2%	9.1%
平成18年	13.6%	65.5%	20.8%	9.5%
平成19年	13.5%	64.8%	21.5%	9.9%
平成20年	13.4%	64.3%	22.0%	10.3%
平成21年	13.3%	63.7%	22.7%	10.7%
平成22年	13.1%	63.8%	23.0%	11.1%
平成23年	13.1%	63.6%	23.3%	11.5%
平成24年	13.0%	62.9%	24.1%	11.9%
平成25年	12.9%	62.1%	25.1%	12.3%
平成26年	12.8%	61.3%	26.0%	12.5%
平成27年	12.6%	60.7%	26.6%	12.8%
平成28年	12.5%	60.8%	26.6%	12.8%
平成29年	12.4%	60.3%	27.3%	13.3%
平成30年	12.3%	60.0%	27.7%	13.8%
令和元年	12.2%	59.7%	28.1%	14.2%

（表題：於總人口的佔比）

11點的meiryo幾乎快跟框線貼在一起了

將列高調整為 21 ！

將列高調整為 21 點（28 像素），就不會這麼窘迫。雖然只是一點點的差異，但是當表格的列數多達 30、40 列，在螢幕的差異就會很明顯，列印時，也會產生一定的差距。

年次	年少人口	產年齡人	老年人口	
	0~14歲	15~64歲	65歲以上	ち75歲以上
昭和25年	35.4%	59.7%	4.9%	1.3%
昭和30年	33.4%	61.3%	5.3%	1.6%
昭和35年	30.0%	64.2%	5.7%	1.7%
昭和40年	25.6%	68.1%	6.3%	1.9%
昭和45年	23.9%	69.0%	7.1%	2.1%
昭和50年	24.3%	67.7%	7.9%	2.5%
昭和55年	23.5%	67.4%	9.1%	3.1%
昭和60年	21.5%	68.2%	10.3%	3.9%
平成02年	18.2%	69.7%	12.1%	4.8%
平成07年	16.0%	69.5%	14.6%	5.7%
平成12年	14.6%	68.1%	17.4%	7.1%
平成17年	13.8%	66.1%	20.2%	9.1%
平成18年	13.6%	65.5%	20.8%	9.5%
平成19年	13.5%	64.8%	21.5%	9.9%
平成20年	13.4%	64.3%	22.0%	10.3%
平成21年	13.3%	63.7%	22.7%	10.7%
平成22年	13.1%	63.8%	23.0%	11.1%
平成23年	13.1%	63.6%	23.3%	11.5%
平成24年	13.0%	62.9%	24.1%	11.9%
平成25年	12.9%	62.1%	25.1%	12.3%
平成26年	12.8%	61.3%	26.0%	12.5%
平成27年	12.6%	60.7%	26.6%	12.8%
平成28年	12.5%	60.8%	26.6%	12.8%
平成29年	12.4%	60.3%	27.3%	13.3%
平成30年	12.3%	60.0%	27.7%	13.8%
令和元年	12.2%	59.7%	28.1%	14.2%

（表題：於總人口的佔比）

較長的表格應該寬鬆一點，看起來才舒服。請利用文字的大小與字型，判斷列高的設定是否適當。

113 Key word ▸ 填滿

對應軟體 ▸ X

表格太大張，
就會讀得很辛苦……

列數越多、越複雜的表格，讀起來越辛苦。最討厭的就是得由左至右、由上至下閱讀每一列，而且還看不出目前的所在位置。

	A	B	C	D	E	F
1	於總人口的佔比					
2	年次	年少人口	產年齡人口	老年人口		
3		0～14歲	15～64歲	65歲以上	うち75歲以上	
4	昭和25年	35.4%	59.7%	4.9%	1.3%	
5	昭和30年	33.4%	61.3%	5.3%	1.6%	
6	昭和35年	30.0%	64.2%	5.7%	1.7%	
7	昭和40年	25.6%	68.1%	6.3%	1.9%	
8	昭和45年	23.9%	69.0%	7.1%	2.1%	
9	昭和50年	24.3%	67.7%	7.9%	2.5%	
10	昭和55年	23.5%	67.4%	9.1%	3.1%	
11	昭和60年	21.5%	68.2%	10.3%	3.9%	
12	平成02年	18.2%	69.7%	12.1%	4.8%	
13	平成07年	16.0%	69.5%	14.6%	5.7%	
14	平成12年	14.6%	68.1%	17.4%	7.1%	
15	平成17年	13.8%	66.1%	20.2%	9.1%	
16	平成18年	13.6%	65.5%	20.8%	9.5%	
17	平成19年	13.5%	64.8%	21.5%	9.9%	
18	平成20年	13.4%	64.3%	22.0%	10.3%	
19	平成21年	13.3%	63.7%	22.7%	10.7%	
20	平成22年	13.1%	63.8%	23.0%	11.1%	

越多列與欄，就越得用力看才看得懂。

讓奇數列與偶數列的顏色不一樣

最簡單的解決方案就是在奇數列或偶數列設定顏色，如此一來，就能閱讀同一列的資料。建議設定為較淡的顏色，以免顏色過深，難以閱讀文字。

	A	B	C	D	E	F
1	於總人口的佔比					
2	年次	年少人口	產年齡人口	老年人口		
3		0～14歲	15～64歲	65歲以上	うち75歲以上	
4	昭和25年	35.4%	59.7%	4.9%	1.3%	
5	昭和30年	33.4%	61.3%	5.3%	1.6%	
6	昭和35年	30.0%	64.2%	5.7%	1.7%	
7	昭和40年	25.6%	68.1%	6.3%	1.9%	
8	昭和45年	23.9%	69.0%	7.1%	2.1%	
9	昭和50年	24.3%	67.7%	7.9%	2.5%	
10	昭和55年	23.5%	67.4%	9.1%	3.1%	
11	昭和60年	21.5%	68.2%	10.3%	3.9%	
12	平成02年	18.2%	69.7%	12.1%	4.8%	
13	平成07年	16.0%	69.5%	14.6%	5.7%	
14	平成12年	14.6%	68.1%	17.4%	7.1%	
15	平成17年	13.8%	66.1%	20.2%	9.1%	
16	平成18年	13.6%	65.5%	20.8%	9.5%	
17	平成19年	13.5%	64.8%	21.5%	9.9%	
18	平成20年	13.4%	64.3%	22.0%	10.3%	
19	平成21年	13.3%	63.7%	22.7%	10.7%	
20	平成22年	13.1%	63.8%	23.0%	11.1%	

能清楚看出每一列，所以很容易閱讀。

對應軟體 ▸ X

利用條件式格式填色

如果表格有幾十列的話，要一列一列設定顏色就很麻煩，而且中途若是追加或刪除列，恐怕就得重頭設定一次。此時可試著利用條件式格式替奇數列或偶數列設定顏色。使用求得餘數的MOD函數與取得儲存格列編號的ROW函數，輸入「=MOD(ROW(),2)=0」這個替指定範圍的偶數列設定顏色的公式即可。若要替奇數列設定顏色，可將最後的部分改成「=1」。

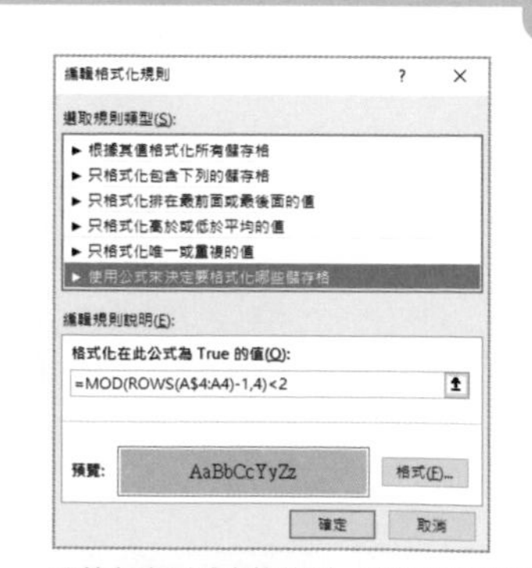

不管怎麼刪減表格的列，都能自動替偶數列設定顏色。

114 Key word ▸ 文字大小

對應軟體 ▸ P W X

文字與框線太接近，很難閱讀……

項目越多的表格，文字與框線就有可能太貼近。就算盡量不使用垂直或水平的框線，羅列一堆文字與數值的報表還是讓人覺得很擁擠。

損益比較表

（単位：百万円）

科　目	第15期 平成28年4月1日から 平成29年3月31日まで		第16期 平成29年4月1日から 平成30年3月31日まで			第17期 平成30年4月1日から 平成31年3月31日まで		
	金額	構成比	金額	構成比	伸び率	金額	構成比	伸び率
売上高	3,079	102.0%	3,252	101.9%	105.6%	3,467	101.5%	106.6%
売上値引返品	61	2.0%	60	1.9%	98.4%	52	1.5%	86.7%
総売上高	3,018	100.0%	3,192	100.0%	105.8%	3,415	100.0%	107.0%
期首製品棚卸高	205		224		109.3%	295		131.7%
当期製品製造原価	2,493		2,657		106.6%	2,707		101.9%
期末製品棚卸高	224		295		131.7%	252		85.4%
売上原価計	2,474	82.0%	2,586	81.0%	104.5%	2,750	80.5%	106.3%
売上総利益	544	18.0%	606	19.0%	111.4%	665	19.5%	109.7%
販売費管理費	436	14.4%	480	15.0%	110.1%	498	14.6%	103.8%
営業利益	108	3.6%	126	3.9%	116.7%	167	4.9%	132.5%
受取利息	12	0.4%	14	0.4%	116.7%	15	0.4%	107.1%
雑収入	10	0.3%	25	0.8%	250.0%	19	0.6%	76.0%
営業外利益計	22	0.7%	39	1.2%	177.3%	34	1.0%	87.2%
支払利息割引料	48	1.6%	55	1.7%	114.6%	65	1.9%	118.2%
雑損失	12	0.4%	10	0.3%	83.3%	14	0.4%	140.0%
営業外費用計	60	2.0%	65	2.0%	108.3%	79	2.3%	121.5%
経常利益	70	2.3%	100	3.1%	142.9%	122	3.6%	122.0%
特別利益	0	0.0%	10	0.3%		9	0.3%	90.0%
特別損失	12	0.4%	5	0.2%	41.7%	10	0.3%	200.0%
税引前当期利益	58	1.9%	105	3.3%	181.0%	121	3.5%	115.2%
法人税等	28	0.9%	51	1.6%	182.1%	57	1.7%	111.8%
当期利益	30	100.0%	54	1.7%	180.0%	64	1.9%	118.5%

最好替讀者著想，提升易讀性。

After

調降文字大小與使用灰色框線

要讓表格看起來不那麼擁擠，①可調降文字大小、②將數值設定為英文字型、③將框線從黑色改成灰色，這麼一來，易讀性應該可以大為提升。

比較損益計算書

（単位：百万円）

科　目	第15期 平成28年4月1日から 平成29年3月31日まで		第16期 平成29年4月1日から 平成30年3月31日まで			第17期 平成30年4月1日から 平成31年3月31日まで		
	金額	構成比	金額	構成比	伸び率	金額	構成比	伸び率
売上高	3,079	102.0%	3,252	101.9%	105.6%	3,467	101.5%	106.6%
売上値引返品	61	2.0%	60	1.9%	98.4%	52	1.5%	86.7%
総売上高	3,018	100.0%	3,192	100.0%	105.8%	3,415	100.0%	107.0%
期首製品棚卸高	205		224		109.3%	295		131.7%
当期製品製造原価	2,493		2,657		106.6%	2,707		101.9%
期末製品棚卸高	224		295		131.7%	252		85.4%
売上原価計	2,474	82.0%	2,586	81.0%	104.5%	2,750	80.5%	106.3%
売上総利益	544	18.0%	606	19.0%	111.4%	665	19.5%	109.7%
販売費管理費	436	14.4%	480	15.0%	110.1%	498	14.6%	103.8%
営業利益	108	3.6%	126	3.9%	116.7%	167	4.9%	132.5%
受取利息	12	0.4%	14	0.4%	116.7%	15	0.4%	107.1%
雑収入	10	0.3%	25	0.8%	250.0%	19	0.6%	76.0%
営業外利益計	22	0.7%	39	1.2%	177.3%	34	1.0%	87.2%
支払利息割引料	48	1.6%	55	1.7%	114.6%	65	1.9%	118.2%
雑損失	12	0.4%	10	0.3%	83.3%	14	0.4%	140.0%
営業外費用計	60	2.0%	65	2.0%	108.3%	79	2.3%	121.5%
経常利益	70	2.3%	100	3.1%	142.9%	122	3.6%	122.0%
特別利益	0	0.0%	10	0.3%		9	0.3%	90.0%
特別損失	12	0.4%	5	0.2%	41.7%	10	0.3%	200.0%
税引前当期利益	58	1.9%	105	3.3%	181.0%	121	3.5%	115.2%
法人税等	28	0.9%	51	1.6%	182.1%	57	1.7%	111.8%
当期利益	30	100.0%	54	1.7%	180.0%	64	1.9%	118.5%

將文字大小調降1點，再使用兩種灰色重新設定框線。

115 Key word ▸ 強調

對應軟體 ▸ P W X

Before

希望讀者注意特定項目……

若想在各國列表中強調「歐洲國家」，的確可以放大這些國家的文字，但其實這樣還是不夠明顯，而且還讓整個版面變得很不一致，也不容易閱讀。

各國CO_2排放量

順位	国名	2020年	順位	国名	2019年	順位	国名	2018年	順位	国名	2017年
1	中国	9,894	1	中国	9,806	1	中国	9,649	1	中国	9,463
2	米国	4,432	2	米国	4,994	2	米国	5,137	2	米国	4,984
3	インド	2,298	3	インド	2,468	3	インド	2,446	3	インド	2,321
4	**ロシア**	1,432	4	**ロシア**	1,548	4	**ロシア**	1,563	4	**ロシア**	1,506
5	日本	1,027	5	日本	1,118	5	日本	1,158	5	日本	1,181
6	イラン	650	6	**ドイツ**	681	6	**ドイツ**	734	6	**ドイツ**	761
7	**ドイツ**	605	7	イラン	645	7	韓国	646	7	韓国	631
8	韓国	578	8	韓国	623	8	イラン	617	8	サウジアラビア	594
9	サウジアラビア	565	9	インドネシア	620	9	サウジアラビア	575	9	イラン	579
10	インドネシア	541	10	カナダ	576	10	カナダ	573	10	カナダ	563
11	カナダ	515	11	サウジアラビア	574	11	インドネシア	571	11	インドネシア	522
12	南アフリカ	434	12	南アフリカ	462	12	メキシコ	468	12	メキシコ	477
13	ブラジル	415	13	メキシコ	449	13	南アフリカ	451	13	南アフリカ	470
14	オーストラリア	370	14	ブラジル	442	14	ブラジル	443	14	ブラジル	458
15	トルコ	369	15	オーストラリア	398	15	**イギリス**	395	15	**イギリス**	401
16	メキシコ	360	16	トルコ	385	16	オーストラリア	395	16	オーストラリア	399
17	**イギリス**	317	17	**イギリス**	378	17	トルコ	391	17	トルコ	397
18	**イタリア**	287	18	**イタリア**	330	18	**イタリア**	336	18	**イタリア**	335
19	ベトナム	283	19	**ポーランド**	301	19	**ポーランド**	320	19	**フランス**	318
20	**ポーランド**	279	20	**フランス**	299	20	**フランス**	307	20	**ポーランド**	315
21	タイ	276	21	タイ	294	21	タイ	299	21	**スペイン**	298

將偶數列設定成不同的顏色，以及將要強調的部分設定為14點的粗體字之後，反而不容易閱讀。

After

利用更高雅的方式突顯差異！

要強調資料的時候，重點在於營造張力。替文字設定顏色並稍微放大文字，就能讓文字變得更搶眼。讓我們利用相對的性質呈現差異，讓整個版面變得更高雅。

各國CO_2排放量

順位	国名	2020年	順位	国名	2019年	順位	国名	2018年	順位	国名	2017年
1	中国	9,894	1	中国	9,806	1	中国	9,649	1	中国	9,463
2	米国	4,432	2	米国	4,994	2	米国	5,137	2	米国	4,984
3	インド	2,298	3	インド	2,468	3	インド	2,446	3	インド	2,321
4	ロシア	1,432	4	ロシア	1,548	4	ロシア	1,563	4	ロシア	1,506
5	日本	1,027	5	日本	1,118	5	日本	1,158	5	日本	1,181
6	イラン	650	6	ドイツ	681	6	ドイツ	734	6	ドイツ	761
7	ドイツ	605	7	イラン	645	7	韓国	646	7	韓国	631
8	韓国	578	8	韓国	623	8	イラン	617	8	サウジアラビア	594
9	サウジアラビア	565	9	インドネシア	620	9	サウジアラビア	575	9	イラン	579
10	インドネシア	541	10	カナダ	576	10	カナダ	573	10	カナダ	563
11	カナダ	515	11	サウジアラビア	574	11	インドネシア	571	11	インドネシア	522
12	南アフリカ	434	12	南アフリカ	462	12	メキシコ	468	12	メキシコ	477
13	ブラジル	415	13	メキシコ	449	13	南アフリカ	451	13	南アフリカ	470
14	オーストラリア	370	14	ブラジル	442	14	ブラジル	443	14	ブラジル	458
15	トルコ	369	15	オーストラリア	398	15	イギリス	395	15	イギリス	401
16	メキシコ	360	16	トルコ	385	16	オーストラリア	395	16	オーストラリア	399
17	イギリス	317	17	イギリス	378	17	トルコ	391	17	トルコ	397
18	イタリア	287	18	イタリア	330	18	イタリア	336	18	イタリア	335
19	ベトナム	283	19	ポーランド	301	19	ポーランド	320	19	フランス	318
20	ポーランド	279	20	フランス	299	20	フランス	307	20	ポーランド	315
21	タイ	276	21	タイ	294	21	タイ	299	21	スペイン	298
22	台湾	276	22	ベトナム	291	22	スペイン	291	22	タイ	296
23	フランス	251	23	台湾	285	23	台湾	290	23	台湾	292
24	マレーシア	251	24	スペイン	271	24	アラブ首長国連邦	273	24	アラブ首長国連邦	278

只是設定了顏色與粗體樣式而已。由於拿掉了偶數列的填色，所以套用了設定的文字也變得很搶眼。

116 Key word ▸ 順序

對應軟體 ▸ P W X

Before

不知道資料為什麼如此排列……

依照由大至小的順序排列數值，數值的意思就不會被誤解，但是，想讓「達成率」比業績更受注目時，就必須試著強調**達成率**。

A1 各分店業績統計

	A	B	C	D	E	F	G
1	各分店業績統計				(単位：万円)		
2	支店	目標	実績	達成率	前年実績	前年対比	
3	東京中央本店	1,000	1,100	**110%**	900	122%	
4	東京第一支店	800	930	**116%**	700	133%	
5	東京第二支店	600	590	98%	520	113%	
6	東京第三支店	500	510	102%	470	109%	
7	湾岸支店	600	490	82%	500	98%	
8	東エリア支店	500	440	88%	450	98%	
9	北エリア支店	400	430	**108%**	390	110%	
10	南エリア支店	400	370	93%	380	97%	
11	合計	4,800	4,860	101%	4,310	113%	
12							
13							

看不出數值的順序

After

強調排列基準的欄

有時候會因為格式的關係，得透過降冪或升冪的方式排列右側的項目，這時候可在要強調的欄位加上較淡的顏色，或是放大文字，藉此強調欄位。

A1 各分店業績統計

	A	B	C	D	E	F	G
1	各分店業績統計				(単位：万円)		
2	支店	目標	実績	達成率	前年実績	前年対比	
3	東京第一支店	800	930	**116%**	700	133%	
4	東京中央本店	1,000	1,100	**110%**	900	122%	
5	北エリア支店	400	430	**108%**	390	110%	
6	東京第三支店	500	510	102%	470	109%	
7	東京第二支店	600	590	98%	520	113%	
8	南エリア支店	400	370	93%	380	97%	
9	東エリア支店	500	440	88%	450	98%	
10	湾岸支店	600	490	82%	500	98%	
11	合計	4,800	4,860	101%	4,310	113%	
12							
13							

能一眼看出**達成率**前三名的分店

117 Key word ▸ 插入欄

對應軟體 ▸ P W X

Before

單位不同，所以很難閱讀……

如果出現了位數較多的數值、單位各異的數值或是多次出現的單位或名詞時，記得整理成容易閱讀的格式。數值的位數較少，肯定比較容易閱讀。

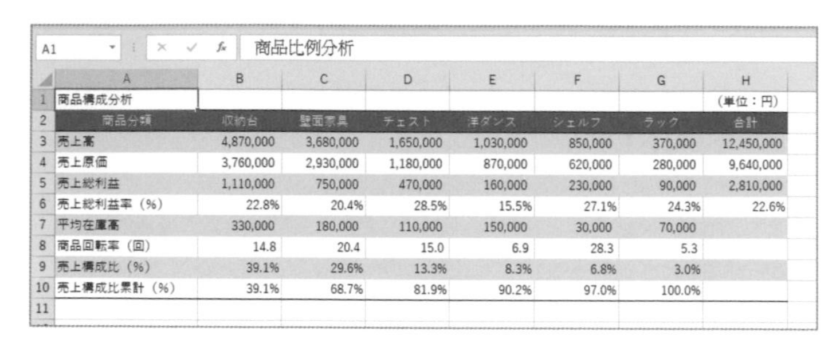

A1 商品比例分析

	A	B	C	D	E	F	G	H
1	商品構成分析							(單位：円)
2	商品分類	収納台	壁面家具	チェスト	洋ダンス	シェルフ	ラック	合計
3	売上高	4,870,000	3,680,000	1,650,000	1,030,000	850,000	370,000	12,450,000
4	売上原価	3,760,000	2,930,000	1,180,000	870,000	620,000	280,000	9,640,000
5	売上総利益	1,110,000	750,000	470,000	160,000	230,000	90,000	2,810,000
6	売上総利益率（%）	22.8%	20.4%	28.5%	15.5%	27.1%	24.3%	22.6%
7	平均在庫高	330,000	180,000	110,000	150,000	30,000	70,000	
8	商品回転率（回）	14.8	20.4	15.0	6.9	28.3	5.3	
9	売上構成比（%）	39.1%	29.6%	13.3%	8.3%	6.8%	3.0%	
10	売上構成比累計（%）	39.1%	68.7%	81.9%	90.2%	97.0%	100.0%	
11								

出現了各種單位

After

為單位建立專屬的欄位

新增一欄，配置「千円」、「%」、「回」這類數值的單位。光是新增一欄，就能讓整個版面變得容易閱讀。一般來說，較大的數值通常會是千元或百萬元這類單位。

A1 商品比例分析

	A	B	C	D	E	F	G	H	I	J	K
1	商品比例分析										
2	商品分類		収納台	壁面家具	チェスト	洋ダンス	シェルフ	ラック	合計		
3	売上高	千円	4,870	3,680	1,650	1,030	850	370	12,450		
4	売上原価	千円	3,760	2,930	1,180	870	620	280	9,640		
5	売上総利益	千円	1,110	750	470	160	230	90	2,810		
6	売上総利益率	%	22.8%	20.4%	28.5%	15.5%	27.1%	24.3%	22.6%		
7	平均在庫高	千円	330	180	110	150	30	70			
8	商品回転率	回	14.8	20.4	15.0	6.9	28.3	5.3			
9	売上構成比	%	39.1%	29.6%	13.3%	8.3%	6.8%	3.0%			
10	売上構成比累計	%	39.1%	68.7%	81.9%	90.2%	97.0%	100.0%			
11											

為單位建立專屬欄位，整個表格就變得整齊許多。

數值與單位一併顯示

對應軟體 ▸ P

Excel能夠讓數值與「個」、「本」這類單位或文字一併顯示。由於只需要改變儲存格格式，所以不會影響儲存格的數值。這種做法很適合在估價單或傳票這類文件使用。由於值為「零」的時候，會顯示為「0個」，所以可利用「##,##0"個";;」這種設定，讓零以下的數值保持空白。

在自訂新增儲存格格式

118 Key word ▸ 插入欄／插入列

對應軟體 ▸ P W X

Before

欄項目一多，就很難看出各項目的差異⋯⋯

欄數一多，讀到一半就會看不出左右的差異，如果項目還是階層架構就更是如此。如果設定了垂直的框線，就會整個螢幕都是格子，這也是絕對不該出現的設計。

	A	B	C	D	E	F	G	H	I	J
1			網路裝置使用比例（以家庭為單位）							
2	都道府県	比重調整後集計世帯数（n）	パソコン	モバイル端末			タブレット型端末	テレビ	家庭用ゲーム機	その他
3				総数	携帯電話（PHS含む）	スマートフォン				
4	北海道	665	76.5%	94.2%	18.6%	88.7%	38.6%	21.9%	23.7%	2.5%
5	青森県	133	68.4%	92.3%	18.7%	88.8%	35.5%	21.3%	22.9%	1.7%
6	岩手県	133	68.0%	90.4%	21.5%	83.9%	36.9%	22.8%	24.3%	3.4%
7	宮城県	261	73.0%	90.8%	16.1%	86.5%	30.9%	21.5%	24.6%	3.6%
8	秋田県	93	72.2%	93.9%	16.1%	87.4%	27.0%	23.0%	21.4%	1.9%
9	山形県	103	74.5%	94.1%	19.6%	88.6%	37.8%	24.4%	25.4%	4.1%
10	福島県	187	68.3%	91.8%	20.9%	86.5%	32.3%	22.3%	22.3%	2.4%
11	茨城県	313	74.6%	92.9%	24.4%	86.8%	40.3%	24.5%	26.1%	1.7%
12	栃木県	209	72.8%	93.6%	19.9%	90.6%	43.0%	25.8%	28.4%	3.8%
13	群馬県	225	65.7%	95.6%	12.0%	93.7%	47.2%	22.4%	29.5%	1.7%
14	埼玉県	884	74.5%	95.3%	18.6%	90.2%	40.5%	27.4%	32.4%	5.0%
15	千葉県	723	80.4%	95.3%	14.1%	91.3%	41.9%	25.9%	32.6%	6.6%
16	東京都	2024	84.1%	95.6%	18.4%	92.3%	44.9%	27.1%	26.1%	4.3%
17	神奈川県	1141	81.3%	95.4%	16.2%	90.8%	50.0%	27.5%	29.1%	1.3%
18	新潟県	224	66.3%	95.9%	20.3%	90.1%	36.2%	19.2%	22.5%	1.2%
19	富山県	119	83.0%	95.1%	17.3%	90.9%	45.9%	34.2%	29.4%	3.1%
20	石川県	131	81.7%	92.6%	15.7%	90.0%	38.3%	21.5%	27.2%	4.2%
21	福井県	77	76.6%	90.8%	15.0%	88.0%	38.0%	25.2%	25.3%	2.0%
22	山梨県	95	84.5%	96.4%	28.7%	91.4%	53.1%	23.6%	25.8%	3.3%
23	長野県	224	76.3%	92.2%	19.3%	85.6%	39.4%	23.7%	24.6%	0.6%
24	岐阜県	218	73.8%	93.7%	17.5%	88.7%	39.1%	19.2%	26.5%	2.0%
25	静岡県	426	75.9%	85.7%	14.5%	81.9%	40.3%	22.0%	25.2%	2.3%
26	愛知県	897	79.8%	96.2%	16.9%	92.1%	46.0%	30.3%	29.3%	3.6%
27	三重県	202	74.7%	93.1%	14.9%	88.7%	40.4%	25.3%	29.1%	2.3%
28	滋賀県	156	77.2%	93.5%	20.5%	86.2%	36.1%	31.8%	29.5%	2.6%
29	京都府	327	81.8%	91.6%	15.5%	88.3%	44.6%	26.5%	27.3%	4.0%
30	大阪府	1112	76.8%	93.9%	18.0%	89.3%	33.8%	25.9%	30.3%	2.4%

設定了顏色之後，更是難以閱讀。

After

插入新欄位就比較容易區分

在儲存格之間另外插入欄或列，鄰接的項目就會彼此劃分開來。縮小欄寬或列高，再利用白線間隔欄與列。如此一來，整張表格就變得清晰俐落。

	E	G	I	K	M	O	Q	S
1	網路裝置使用比例（以家庭為單位）							
3	パソコン	モバイル端末			タブレット型端末	テレビ	家庭用ゲーム機	その他
5		総数	携帯電話（PHS含む）	スマートフォン				
6	76.5%	94.2%	18.6%	88.7%	38.6%	21.9%	23.7%	2.5%
7	68.4%	92.3%	18.7%	88.8%	35.5%	21.3%	22.9%	1.7%
8	68.0%	90.4%	21.5%	83.9%	36.9%	22.8%	24.3%	3.4%
9	73.0%	90.8%	16.1%	86.5%	30.9%	21.5%	24.6%	3.6%
10	72.2%	93.9%	16.1%	87.4%	27.0%	23.0%	21.4%	1.9%
11	74.5%	94.1%	19.6%	88.6%	37.8%	24.4%	25.4%	4.1%
12	68.3%	91.8%	20.9%	86.5%	32.3%	22.3%	22.3%	2.4%
13	74.6%	92.9%	24.4%	86.8%	40.3%	24.5%	26.1%	1.7%
14	72.8%	93.6%	19.9%	90.6%	43.0%	25.8%	28.4%	3.8%
15	65.7%	95.6%	12.0%	93.7%	47.2%	22.4%	29.5%	1.7%
16	74.5%	95.3%	18.6%	90.2%	40.5%	27.4%	32.4%	5.0%
17	80.4%	95.3%	14.1%	91.3%	41.9%	25.9%	32.6%	6.6%
18	84.1%	95.6%	18.4%	92.3%	44.9%	27.1%	26.1%	4.3%
19	81.3%	95.4%	16.2%	90.8%	50.0%	27.5%	29.1%	1.3%
20	66.3%	95.9%	20.3%	90.1%	36.2%	19.2%	22.5%	1.2%
21	83.0%	95.1%	17.3%	90.9%	45.9%	34.2%	29.4%	3.1%
22	81.7%	92.6%	15.7%	90.0%	38.3%	21.5%	27.2%	4.2%
23	76.6%	90.8%	15.0%	88.0%	38.0%	25.2%	25.3%	2.0%
24	84.5%	96.4%	28.7%	91.4%	53.1%	23.6%	25.8%	3.3%
25	76.3%	92.2%	19.3%	85.6%	39.4%	23.7%	24.6%	0.6%

利用沒有顏色的列或欄間隔項目，再於明細列設定白色框線。

119 Key word ▸ 邊界

對應軟體 ▸ P W

Before

儲存格的文字看起來很擠……

將 Excel 的表格貼入 PowerPoint 的投影片或 Word 文件的時候，儲存格的邊界通常會變小。從這個範例也可以發現資料與框線都壓在一起了。

A. 物販系分野	2018年	2019年
食品、飲料、酒類	1兆6,919億円	1兆8,233億円
生活家電、AV機器、PC・周辺機器等	1兆6,467億円	1兆8,239億円
書籍、映像・音楽ソフト	1兆2,070億円	1兆3,015億円
化粧品、医薬品	6,136億円	6,611億円
生活雑貨、家具、インテリア	1兆6,083億円	1兆7,428億円
衣類・服装雑貨等	1兆7,728億円	1兆9,100億円
自動車、自動二輪車、パーツ等	2,348億円	2,396億円
事務用品、文房具	2,203億円	2,264億円
その他	3,038億円	3,228億円
合計	9兆2,992億円	10兆515億円
B. サービス系分野	2018年	2019年
旅行サービス	3兆7,186億円	3兆8,971億円
飲食サービス	6,375億円	7,290億円
チケット販売	4,887億円	5,583億円
金融サービス	6,025億円	5,911億円
理美容サービス	[illegible]	[illegible]
その他（医療、保険、住居関連、教育等）		

儲存格文字版面配置 ? ×
文字版面配置
垂直對齊(V) 中間置中
文字方向(D): 水平
內邊界
向左(L) 0 公分　上(T) 0.03 公分
向右(R) 0.03 公分　下(B) 0 公分
預覽(P)　確定　取消

貼入儲存格之後，上下左右的邊界會是0～0.03cm（只為了讓框線更明顯而變更了樣式）。

After

指定邊界，讓文字不要那麼擠！

調整儲存格的邊界，確保表格之內的資料很容易閱讀。Excel 無法指定內邊界，所以只好調整文字大小、欄寬與列高這些部分。

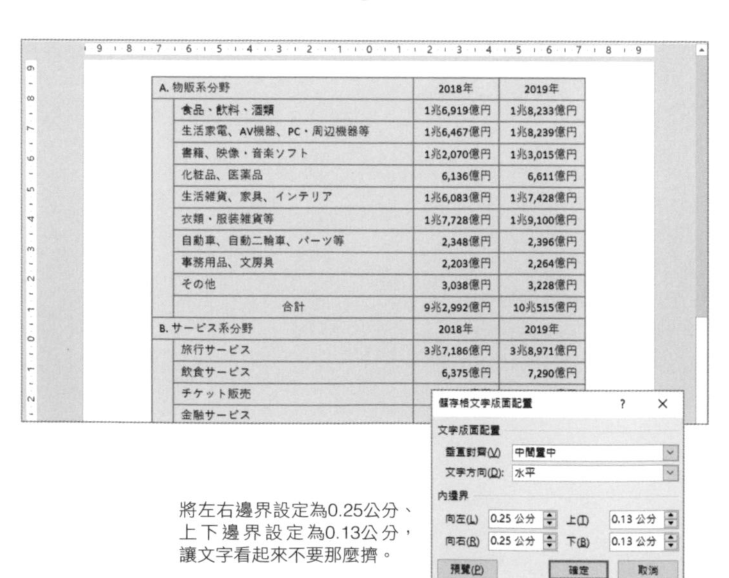

A. 物販系分野	2018年	2019年
食品、飲料、酒類	1兆6,919億円	1兆8,233億円
生活家電、AV機器、PC・周辺機器等	1兆6,467億円	1兆8,239億円
書籍、映像・音楽ソフト	1兆2,070億円	1兆3,015億円
化粧品、医薬品	6,136億円	6,611億円
生活雑貨、家具、インテリア	1兆6,083億円	1兆7,428億円
衣類・服装雑貨等	1兆7,728億円	1兆9,100億円
自動車、自動二輪車、パーツ等	2,348億円	2,396億円
事務用品、文房具	2,203億円	2,264億円
その他	3,038億円	3,228億円
合計	9兆2,992億円	10兆515億円
B. サービス系分野	2018年	2019年
旅行サービス	3兆7,186億円	3兆8,971億円
飲食サービス	6,375億円	7,290億円
チケット販売		
金融サービス		

將左右邊界設定為0.25公分、上下邊界設定為0.13公分，讓文字看起來不要那麼擠。

120 Key word ▸ 縮排

對應軟體 ▸ X

項目的大小與明細不夠清楚……

基本上，一個項目的資料就要全收在一欄之中，但如果項目有大有小，又全部都是齊頭對齊，就會看不出階層。在每個項目的開頭插入空白鍵又顯得很麻煩。

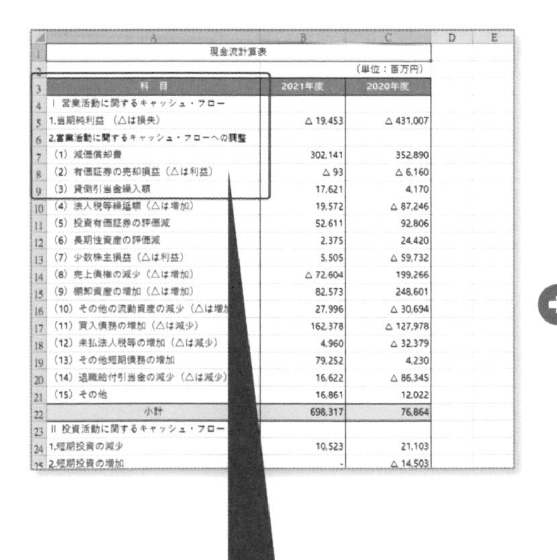

現金流計算表

（単位：百万円）

科　目	2021年度	2020年度
Ⅰ 営業活動に関するキャッシュ・フロー		
1.当期純利益　（△は損失）	△ 19,453	△ 431,007
2.営業活動に関するキャッシュ・フローへの調整		
（1）減価償却費	302,141	352,890
（2）有価証券の売却損益（△は利益）	△ 93	△ 6,160
（3）貸倒引当金繰入額	17,621	4,170
（4）法人税等繰延額（△は増加）	19,572	△ 87,246
（5）投資有価証券の評価減	52,611	92,806
（6）長期性資産の評価減	2,375	24,420
（7）少数株主損益（△は利益）	5,505	△ 59,732
（8）売上債権の減少（△は増加）	△ 72,604	199,266
（9）棚卸資産の増加（△は増加）	82,573	248,601
（10）その他の流動資産の減少（△は増加	27,996	△ 30,694
（11）買入債務の増加（△は減少）	162,378	△ 127,978
（12）未払法人税等の増加（△は減少）	4,960	△ 32,379
（13）その他短期債務の増加	79,252	4,230
（14）退職給付引当金の減少（△は減少）	16,622	△ 86,345
（15）その他	16,861	12,022
小計	698,317	76,864
Ⅱ 投資活動に関するキャッシュ・フロー		
1.短期投資の減少	10,523	21,103
2.短期投資の増加	-	△ 14,503

科　目
Ⅰ 営業活動に関するキャッシュ・フロー
1.当期純利益　（△は損失）
2.営業活動に関するキャッシュ・フローへの調整
（1）減価償却費
（2）有価証券の売却損益（△は利益）
（3）貸倒引当金繰入額

所有項目都齊頭對齊，很難閱讀。

利用縮排建立階層

能在開頭插入一個空白字元的功能就是縮排。這個功能很適合將項目排列成階層架構。在「常用」索引標籤的「對齊方式」點選「增加縮排」即可在開頭插入空白字元。

現金流計算表

（単位：百万円）

科　目	2021年度	2020年度
Ⅰ 営業活動に関するキャッシュ・フロー		
1.当期純利益　（△は損失）	△ 19,453	△ 431,007
2.営業活動に関するキャッシュ・フローへの調整		
（1）減価償却費	302,141	352,890
（2）有価証券の売却損益（△は利益）	△ 93	△ 6,160
（3）貸倒引当金繰入額	17,621	4,170
（4）法人税等繰延額（△は増加）	19,572	△ 87,246
（5）投資有価証券の評価減	52,611	92,806
（6）長期性資産の評価減	2,375	24,420
（7）少数株主損益（△は利益）	5,505	△ 59,732
（8）売上債権の減少（△は増加）	△ 72,604	199,266
（9）棚卸資産の増加（△は増加）	82,573	248,601
（10）その他の流動資産の減少（△は増加）	27,996	△ 30,694
（11）買入債務の増加（△は減少）	162,378	△ 127,978
（12）未払法人税等の増加（△は減少	4,960	△ 32,379
（13）その他短期債務の増加	79,252	4,230
（14）退職給付引当金の減少（△は減	16,622	△ 86,345
（15）その他	16,861	12,022
小計	698,317	76,864
Ⅱ 投資活動に関するキャッシュ・フロー		
1.短期投資の減少	10,523	21,103
2.短期投資の増加	-	△ 14,503

科　目
Ⅰ 営業活動に関するキャッシュ・フロー
1.当期純利益　（△は損失）
2.営業活動に関するキャッシュ・フローへの調整
（1）減価償却費
（2）有価証券の売却損益（△は利益）
（3）貸倒引当金繰入額

縮排一個字元之後，就很容易閱讀了。

121 Key word ▸ 對齊

對應軟體 ▸ P W X

覺得位置莫名地沒對齊……

這個範例的產品編號靠左對齊，產品名稱置中對齊。由上往下瀏覽產品名稱、容量、價格這些項目，就會發現資料的開頭莫名地沒對齊，讓人讀得很不舒服。

產品價格表

価格単位：円

分野	製品番号	製品名	カテゴリ	内容量	小売価格	会員価格	PV
スタートキット	351220	エッセンシャルフュージョン	K/V	7ml×6本	23,100	16,170	162
スタートキット	351261	エッセンシャルファミリー	K/V	7ml×10本	18,700	13,090	131
スタートキット	311132	イントロキット Bセット	K/S	7ml×3本	2,420	1,694	17
スタートキット	311114	イントロキット Sセット	K/S	7ml×3本	3,080	2,156	22
スタートキット	311197	イントロキット（3箱）	K/D	7ml×3本×3箱	13,200	9,240	92
スタートキット	311145	イントロキット（6箱）	K/D	7ml×3本×6箱	16,500	11,550	116
スタートキット	528133	オールデイズセット	N/S	7ml×5本+122ml	14,300	10,010	100
スタートキット	527874	スリープセット	N/S	7ml×3本×122ml	12,650	8,855	89
スタートキット	528112	オフデイセット	N/S	7ml×2本×122ml	8,800	6,160	62
スタートキット	511156	TEARSコレクション Bセット	N/S	7ml×6本	8,800	6,160	62
スタートキット	511188	TEARSコレクション Sセット	N/S	7ml×10本	11,000	7,700	77
スタートキット	630320	スキンケアコレクション	H/C	1セット	15,950	11,165	112
スタートキット	630341	ヨガコレクション	H/C	7ml×3本	9,680	6,776	68
スタートキット	630397	キッズコレクション	H/C	10ml×7本	13,200	9,240	92
スタートキット	240928	T'Sマガジン 2021 Autumn	M/S	1部	330	231	2
スタートキット	240938	T'Sマガジン 2021 Autumn（10部）	M/S	10部	3,300	2,310	23
スタートキット	220568	リーダーシップカタログ	M/C	1部	550	385	4
スタートキット	220530	リーダーシップカタログ（10部）	M/C	10部	5,500	3,850	39

看起來好像有對齊，但很難閱讀。

以最經典的基準對齊文字！

右側的範例讓文字靠左對齊，並讓數值靠右對齊了。產品編號、分類這些表格標題項目的字數是固定的，所以設定為置中對齊。根據這些規則整理之後，整張表格就變得容易閱讀。

產品價格表

価格単位：円

分野	製品番号	製品名	カテゴリ	内容量	小売価格	会員価格	PV
スタートキット	351220	エッセンシャルフュージョン	K/V	7ml×6本	23,100	16,170	162
スタートキット	351261	エッセンシャルファミリー	K/V	7ml×10本	18,700	13,090	131
スタートキット	311132	イントロキット Bセット	K/S	7ml×3本	2,420	1,694	17
スタートキット	311114	イントロキット Sセット	K/S	7ml×3本	3,080	2,156	22
スタートキット	311197	イントロキット（3箱）	K/D	7ml×3本×3箱	13,200	9,240	92
スタートキット	311145	イントロキット（6箱）	K/D	7ml×3本×6箱	16,500	11,550	116
スタートキット	528133	オールデイズセット	N/S	7ml×5本+122ml	14,300	10,010	100
スタートキット	527874	スリープセット	N/S	7ml×3本×122ml	12,650	8,855	89
スタートキット	528112	オフデイセット	N/S	7ml×2本×122ml	8,800	6,160	62
スタートキット	511156	TEARSコレクション Bセット	N/S	7ml×6本	8,800	6,160	62
スタートキット	511188	TEARSコレクション Sセット	N/S	7ml×10本	11,000	7,700	77
スタートキット	630320	スキンケアコレクション	H/C	1セット	15,950	11,165	112
スタートキット	630341	ヨガコレクション	H/C	7ml×3本	9,680	6,776	68
スタートキット	630397	キッズコレクション	H/C	10ml×7本	13,200	9,240	92
スタートキット	240928	T'Sマガジン 2021 Autumn	M/S	1部	330	231	2
スタートキット	240938	T'Sマガジン 2021 Autumn（10部）	M/S	10部	3,300	2,310	23
スタートキット	220568	リーダーシップカタログ	M/C	1部	550	385	4
スタートキット	220530	リーダーシップカタログ（10部）	M/C	10部	5,500	3,850	39

基本上，文字要靠左對齊，數值要靠右對齊，讓個位數對齊。

122 Key word ▸ 對齊

對應軟體 ▸ X

Before

儲存格一合併
就很難繼續編輯……

能讓多個儲存格看起來像一格的功能，就是合併儲存格。合併儲存格是跨列或跨欄合併儲存格，所以若沒先計畫好就合併儲存格，就很難改變表格的結構。

	A	B	C	D	E	F
1	第四季各商品銷售成績				單位：円	
2		商品名	數量	單価	金額	
3	1	青汁	2,689	1,430	3,844,984	
4	2	黑酢	287	2,420	695,024	
5	3	セルマトリック	未集計			
6	4	禁煙草	115	880	101,376	
7	5	にがりダイエッ	442	2,200	973,280	
8	6	豆乳ローション	1,011	2,310	2,335,872	
9	7	ウコン	2,213	1,078	2,385,398	
10	8	コエンザイムQ1	891	2,640	2,352,768	
11	9	AHCCプロテイ	205	2,420	495,616	
12	10	コラーゲンゼリ	1,066	1,430	1,524,952	
13	11	クミスクチン茶	未集計			
14	12	なたまめ茶	150	1,540	230,384	
15	13	ニンニク卵黄	171	1,848	316,008	
16	14	ニンニク生姜	90	1,210	108,900	
17	15	ローヤルゼリー	121	2,178	263,538	
18	16	蜂の子酵素	53	3,520	186,560	
19	17	善玉菌元気ヨー	35	2,475	86,625	
20	18	亜鉛デラックス	70	1,276	89,320	
21	19	セサミンMAX	55	1,078	59,290	
22	20	DHA/EPAプラス	202	4,070	822,140	
23						

合併的列就無法使用排序與篩選這類功能

After

仔細思考之後，
還是不要合併儲存格！

從「儲存格格式」對話框的「對齊方式」將「文字對齊方式」的「水平」設定為「跨欄置中」，就能「模擬合併」之後的結果。

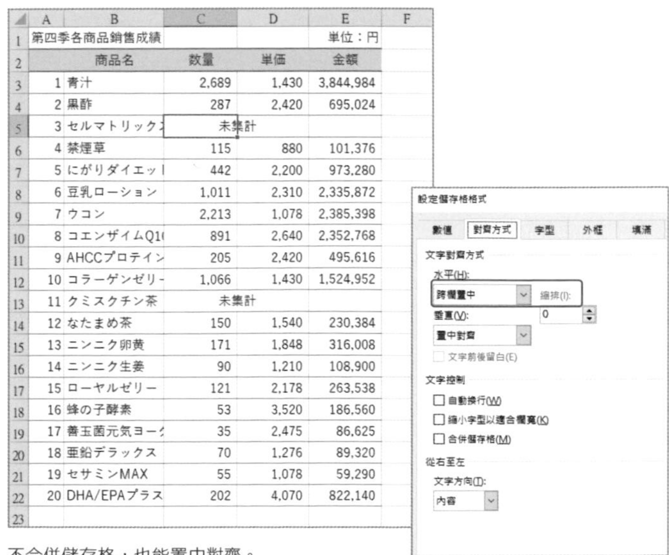

	A	B	C	D	E	F
1	第四季各商品銷售成績				單位：円	
2		商品名	數量	單価	金額	
3	1	青汁	2,689	1,430	3,844,984	
4	2	黑酢	287	2,420	695,024	
5	3	セルマトリック	未集計			
6	4	禁煙草	115	880	101,376	
7	5	にがりダイエッ	442	2,200	973,280	
8	6	豆乳ローション	1,011	2,310	2,335,872	
9	7	ウコン	2,213	1,078	2,385,398	
10	8	コエンザイムQ1	891	2,640	2,352,768	
11	9	AHCCプロテイ	205	2,420	495,616	
12	10	コラーゲンゼリ	1,066	1,430	1,524,952	
13	11	クミスクチン茶	未集計			
14	12	なたまめ茶	150	1,540	230,384	
15	13	ニンニク卵黄	171	1,848	316,008	
16	14	ニンニク生姜	90	1,210	108,900	
17	15	ローヤルゼリー	121	2,178	263,538	
18	16	蜂の子酵素	53	3,520	186,560	
19	17	善玉菌元気ヨー	35	2,475	86,625	
20	18	亜鉛デラックス	70	1,276	89,320	
21	19	セサミンMAX	55	1,078	59,290	
22	20	DHA/EPAプラス	202	4,070	822,140	
23						

不合併儲存格，也能置中對齊。

123 Key word ▶ 對齊

對應軟體 ▶ X

Before

有一些沒輸入資料的儲存格會有問題嗎？

如果井然有序的數值之中挾雜著空白儲存格，讀者有可能會覺得「這樣沒問題嗎？」、「忘記輸入嗎？」。就算是有憑有據的資料，也有可能因為一點小事而導致可信度受損。

	A	B	C	D	E	F	G	H
1	各區域旅行契約業績總和						単位：千円	
2	月度	エリア	アジア	グアム	ハワイ	アメリカ	ヨーロッパ	
3	4月	近畿	9,700	6,250	2,210	2,410	6,230	
4		中部	6,550	3,670	4,250	4,250	5,540	
5		四国	2,100	1,800				
6	5月	近畿	35,600	27,400	14,410	4,450	9,870	
7		中部	15,450	9,940	10,800	6,840	12,350	
8		四国	7,990	6,060	3,550			
9	6月	近畿	23,900	10,100	8,300	2,970	4,580	
10		中部	11,870	10,300	6,860	3,500	7,530	
11		四国	5,400	4,230	1,200	550		
12	第1四半期合計		118,560	79,750	51,580	24,970	46,100	
13								
14								

挾雜著空白儲存格會徒增疑慮

After

消除空白的儲存格

如果有空白的欄位，讀者有可能會覺得「是不小心刪掉的嗎？」為了避免這樣的情況發生，請在空白的欄位輸入「0」。

	A	B	C	D	E	F	G	H
1	各區域旅行契約業績總和						単位：千円	
2	月度	エリア	アジア	グアム	ハワイ	アメリカ	ヨーロッパ	
3	4月	近畿	9,700	6,250	2,210	2,410	6,230	
4		中部	6,550	3,670	4,250	4,250	5,540	
5		四国	2,100	1,800	0	0	0	
6	5月	近畿	35,600	27,400	14,410	4,450	9,870	
7		中部	15,450	9,940	10,800	6,840	12,350	
8		四国	7,990	6,060	3,550	0	0	
9	6月	近畿	23,900	10,100	8,300	2,970	4,580	
10		中部	11,870	10,300	6,860	3,500	7,530	
11		四国	5,400	4,230	1,200	550	0	
12	第1四半期合計		118,560	79,750	51,580	24,970	46,100	
13								
14								

在空白的儲存格輸入「0」是非常重要的事情

對應軟體 ▶ X

無法顯示零的時候該怎麼辦？

如果發現無法顯示數值的「0」，可從「檔案」索引標籤的「選項」開啟「Excel選項」對話框，再從「進階」確認「在具有零值的儲存格顯示零」選項是否已經勾選。

124 Key word ▸ 儲存格格式

對應軟體 ▸ X

Before

位數過多的數值很難閱讀⋯⋯

看到一堆位數很多的數值，大概會讓人連單位都不想讀，而且儲存格若是縮小，還無法完整閱讀數值。請務必整理成誰都能輕鬆閱讀的格式，減輕讀者的負擔。

	A	B	C	D	E	F	G
1	業績與利潤的趨勢					(単位：万円)	
2	年度	売上高	営業利益	営業利益率	税引前利益	当期純利益	
3	2013	459058000	51133000	11.1%	59478000	36445000	
4	2014	550207000	59860000	10.9%	60019000	35539000	
5	2015	634897000	70337000	11.1%	57172000	36629000	
6	2016	533515000	48023000	9.0%	42736000	25234000	
7	2017	514397000	72147000	14.0%	67614000	46245000	
8	2018	608389000	84511000	13.9%	72950000	46576000	
9	2019	614088000	66494000	10.8%	63062000	36251000	
10	2020	638343000	16014000	2.5%	11924000	7108000	
11	2021	787598000	77412000	9.8%	75351000	50200000	
12							
13							

位數過多，連閱讀數字都變得很辛苦

After

使用千分位樣式，再讓數字靠右對齊！

替數值設定正確的格式，資料的可信度就會大幅提升，所以請記得使用「千分位樣式」以及套用「靠右對齊」的樣式。簡報的數值最好以千元或百萬元為單位，才能讓版面變得美觀。

	A	B	C	D	E	F	G
1	業績與利潤的趨勢					(単位：万円)	
2	年度	売上高	営業利益	営業利益率	税引前利益	当期純利益	
3	2013	45,906	5,113	11.1%	5,948	3,645	
4	2014	55,021	5,986	10.9%	6,002	3,554	
5	2015	63,490	7,034	11.1%	5,717	3,663	
6	2016	53,352	4,802	9.0%	4,274	2,523	
7	2017	51,440	7,215	14.0%	6,761	4,625	
8	2018	60,839	8,451	13.9%	7,295	4,658	
9	2019	61,409	6,649	10.8%	6,306	3,625	
10	2020	63,834	1,601	2.5%	1,192	711	
11	2021	78,760	7,741	9.8%	7,535	5,020	
12							
13							

減少位數以及加入逗號，就會變得容易閱讀。

對應軟體 ▸ X

負值以括號顯示

在「常用」索引標籤的「數值」點選「千分位樣式」就能在數值加上逗號，但此時數值會被當成「貨幣」，所以個位數會貼著儲存格的右側。
如果能像右圖在「儲存格格式」對話框設定，就能在個位數的右側補上空白，看起來也比較美觀。
此外，如果以黑白列印為主，負值數無法以紅色顯示，所以改成以括號標記，才能夠正確地辨識負數。

125 Key word ▶ 備忘／註解

對應軟體 ▶ X

不知道
重點在哪裡……

一堆數值的圖表常讓人不知道該從哪邊看起。讀者只能閱讀內容，再思考這張表格的意義與重點。

	A	B	C	D	E	F	G	H	I
1	十等分分析						(単位：千円)		
2	順位	人数	購入金額	構成比	構成比累計	利益額	利益率	一人当たりの購入額	
3	デシル1	500	22,543	33.8%	33.8%	4,750	21.1%	45	
4	デシル2	500	17,280	25.9%	59.8%	3,802	22.0%	35	
5	デシル3	500	9,409	14.1%	73.9%	2,832	30.1%	19	
6	デシル4	500	5,725	8.6%	82.5%	1,230	21.5%	11	
7	デシル5	500	3,126	4.7%	87.2%	662	21.2%	6	
8	デシル6	500	2,735	4.1%	91.3%	567	20.7%	5	
9	デシル7	500	2,249	3.4%	94.7%	508	22.6%	4	
10	デシル8	500	1,788	2.7%	97.3%	342	19.1%	4	

希望點出重要的部分在哪裡

After

在重點加上
備忘或註解！

想在表格的某個部分顯示訊息時，可使用註解功能。如此一來，當滑鼠游標移動儲存格，就會自動顯示註解。

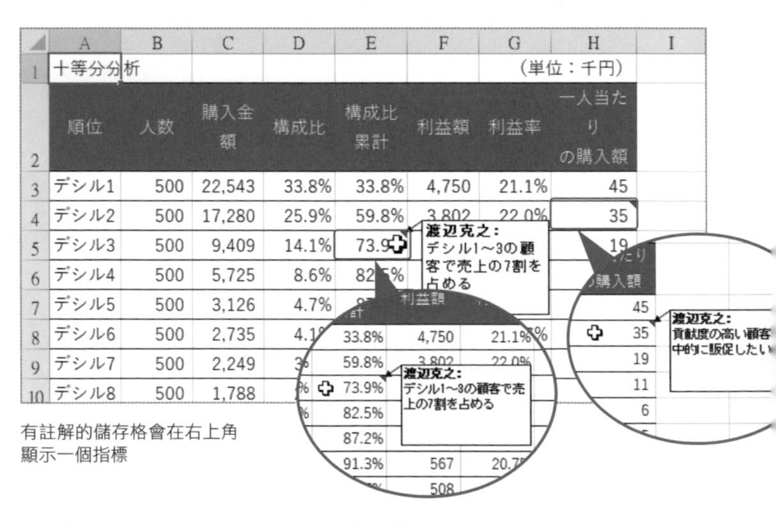

	A	B	C	D	E	F	G	H	I
1	十等分分析						(単位：千円)		
2	順位	人数	購入金額	構成比	構成比累計	利益額	利益率	一人当たりの購入額	
3	デシル1	500	22,543	33.8%	33.8%	4,750	21.1%	45	
4	デシル2	500	17,280	25.9%	59.8%	3,802	22.0%	35	
5	デシル3	500	9,409	14.1%	73.9%			19	
6	デシル4	500	5,725	8.6%	82.5%				
7	デシル5	500	3,126	4.7%					
8	デシル6	500	2,735						
9	デシル7	500	2,249						
10	デシル8	500	1,788						

有註解的儲存格會在右上角顯示一個指標

對應軟體 ▶ P W X

利用對話框加入註解

Microsoft 365的Excel可利用加上意見串的註解功能以及本範例的註解功能加入註解。如果使用的是PowerPoint或Word，也可以像右圖般，利用對話框加入註解。要注意的是，其他的資料會被對話框擋住，所以要特別注意對話框的位置。

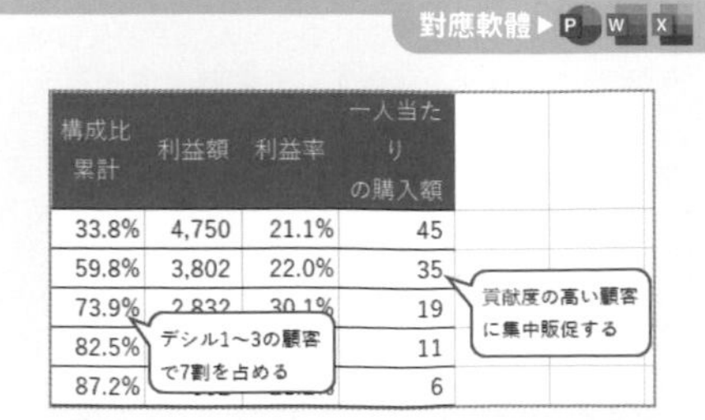

構成比累計	利益額	利益率	一人当たりの購入額
33.8%	4,750	21.1%	45
59.8%	3,802	22.0%	35
73.9%	2,832	30.1%	19
82.5%			11
87.2%			6

126 Key word ▸ 解析度

對應軟體 ▸ 

照片一放大，邊緣的鋸齒就很明顯

照片其實是由一堆點組成，所以放大照片就是放大到比實際的解析度更大的值。由於無法顯示不存在的圖片資訊，所以每個點就會變粗，也就變成鋸齒狀。

開拓銷售管道企劃

在交流道休息區設置古早味零食專區。

●背景
少子高齢化と消費停滞が続く現在、V字回復によって大きく売上を伸ばす特効薬はありません。現状に汲々するよりも、新しい販売チャネルを開拓する必要があります。当社が販売している駄菓子は、子供から大人まで幅広い年代に愛され続けて来ました。この実績を踏まえ、新たなお客様の目に触れる機会を増やすことで、売上増加につなげることが大事になります。

●狙い
新しい販売チャネルに提案したいのがパーキングエリア（PA）です。人が集まる。ほっと一息できる。財布のひもが緩む。PAには、多くの好都合な条件がそろっています。緊張と楽しさ、疲労と満足。帰省や旅行の途中で思いがけず出会った駄菓子は、楽しさを助長します。懐かしい駄菓子は一服の清涼剤であり、郷愁を呼び起こします。非日常のドライブの旅が一層楽しくなります。PAと観光地を意識した独自の商品を企画・開発し、話題性をもたらす新たな販売チャネルを構築して売上を伸ばしたいと思います。

粗糙的圖片不能放大

After

可以的話，不要將照片放大至超過原本的尺寸

一旦將照片放大至超過原尺寸（解析度）的大小，就會變成鋸齒狀的圖片。不要過度放大圖片，盡可能以小於原尺寸的尺寸使用圖片，也不要改變圖片的長寬比，這些都是使用圖片時的關鍵。

開拓銷售管道企劃

在交流道休息區設置古早味零食專區。

●背景
少子高齢化と消費停滞が続く現在、V字回復によって大きく売上を伸ばす特効薬はありません。現状に汲々するよりも、新しい販売チャネルを開拓する必要があります。当社が販売している駄菓子は、子供から大人まで幅広い年代に愛され続けて来ました。この実績を踏まえ、新たなお客様の目に触れる機会を増やすことで、売上増加につなげることが大事になります。

●狙い
新しい販売チャネルに提案したいのがパーキングエリア（PA）です。人が集まる。ほっと一息できる。財布のひもが緩む。PAには、多くの好都合な条件がそろっています。緊張と楽しさ、疲労と満足。帰省や旅行の途中で思いがけず出会った駄菓子は、楽しさを助長します。懐かしい駄菓子は一服の清涼剤であり、郷愁を呼び起こします。非日常のドライブの旅が一層楽しくなります。PAと観光地を意識した独自の商品を企画・開発し、話題性をもたらす新たな販売チャネルを構築して売上を伸ばしたいと思います。

以原尺寸的大小使用就不用在意解析度

127 Key word ▸ 對齊

對應軟體 ▸ P W X

照片與文章不搭……

文章與照片上下排列的版面非常常見，而這種版面也沒什麼問題，但要利用視覺設計強化文章的説服力，似乎還有一些努力的空間。

稼働率向上施策

Increase family stays

吸引更多家庭客群

ビジネスホテルは、男性が出張で利用するイメージがあります。駅の近くにあり、泊まるだけを目的とした、比較的料金が安くて実用的なのが特徴です。大手の格式高いホテルとは違い、簡便さが売りのビジネスホテルですが、短所も見受けられます。誰もが第一に挙げるのが、「部屋とバス・トイレが狭くて窮屈である」ということ。ただ、これも安さが売りのビジネスホテルなら許容範囲と言えます。

事の本質は、質素で泊まるだけの「無機質なイメージ」に理由があるのです。つまり、宿泊することに「楽しさ」がないのです。さりげない楽しさを加え、ファミリーでビジネスホテルを利用する人が増えるはずです。それは部屋の稼働率と宿泊人数を増やすことにつながります。新しいビジネスホテルの経営モデルを構築したいと考えます。

感受不到設計的趣味

After

讓照片與文章的面積相同！

讓照片與文章的面積佔據相同的版面，再排成左右對稱的樣子。如此一來，這兩個元素就能互相襯托，巧妙地利用對比產生差異。

稼働率向上施策

Increase family stays

吸引更多家庭客群

ビジネスホテルは、男性が出張で利用するイメージがあります。駅の近くにあり、泊まるだけを目的とした、比較的料金が安くて実用的なのが特徴です。大手の格式高いホテルとは違い、簡便さが売りのビジネスホテルですが、短所も見受けられます。誰もが第一に挙げるのが、「部屋とバス・トイレが狭くて窮屈である」ということ。ただ、これも安さが売りのビジネスホテルなら許容範囲と言えます。

事の本質は、質素で泊まるだけの「無機質なイメージ」に理由があるのです。つまり、宿泊することに「楽しさ」がないのです。さりげない楽しさを加え、ファミリーでビジネスホテルを利用する人が増えるはずです。それは部屋の稼働率と宿泊人数を増やすことにつながります。新しいビジネスホテルの経営モデルを構築したいと考えます。

文章與照片互相襯托

128 Key word ▸ 對齊

對應軟體 ▸ P W X

照片與文章沒有整體性……

下面是適當地對齊所有元素，一切井然有序的版面，但是兩張照片以及下方的圖説（圖版的説明）離得太遠，讓人覺得照片與文章是分開的。

企画の方針

在日式風情下享受義大利料理

カジュアルな和風店舗

既存のレストラン店は、一様に洋風スタイルであり、セルフスタイルも少なくありません。本企画が考える店舗は、いつでも気軽にふらっと立ち寄れる店であるとともに、"和"を感じさせる落ち着いた雰囲気の店内にすることです。

和風の雰囲気を出すことで、欧米スタイルとは一線を画したコンセプトを打ち出します。気取らない和風でカジュアルな店構えは、高齢者にも入りやすい雰囲気を醸し出し、お客様の年齢層を固定しません。これはファストフード店との大きな差別化です。

"和"を意識したサービス

本企画は、和風を意識して各種メニューを提供し、接客を行います。改装のベースにするのは、和食による軽食と和菓子メニューの提供、カジュアルな和服への従業員制服の新規衣替え、お茶の無料セルフサービスです。

一人でもパッと入れて、打合せでも利用できる。適度な雑音の中に和の風情を感じる。お客様の貴重な時間。そして自由な時間。本企画が考えるお店とは、どんなときでも心地よく食事ができ、和の風情が感じられる心地よい空間をご提供するお店です。

外観と店内の雰囲気は和風に統一し、来日客に日本情緒を感じてもらう。メイン料理はイタリアンフードとし、万人に好まれるつつも独創的な味を目指す。

是照片的説明嗎？乍看之下，還以為是內文的補充説明。

將照片與圖説放在一起！

將圖説放在照片旁邊就能營造整體性，也能了解製作者透過圖説賦予照片的意義。元素的距離越近，相關性就越強。

企画の方針

在日式風情下享受義大利料理

カジュアルな和風店舗

既存のレストラン店は、一様に洋風スタイルであり、セルフスタイルも少なくありません。本企画が考える店舗は、いつでも気軽にふらっと立ち寄れる店であるとともに、"和"を感じさせる落ち着いた雰囲気の店内にすることです。

和風の雰囲気を出すことで、欧米スタイルとは一線を画したコンセプトを打ち出します。気取らない和風でカジュアルな店構えは、高齢者にも入りやすい雰囲気を醸し出し、お客様の年齢層を固定しません。これはファストフード店との大きな差別化です。

外観と店内の雰囲気は和風に統一。来日客に日本情緒を感じてもらう。

"和"を意識したサービス

本企画は、和風を意識して各種メニューを提供し、接客を行います。改装のベースにするのは、和食による軽食と和菓子メニューの提供、カジュアルな和服への従業員制服の新規衣替え、お茶の無料セルフサービスです。

一人でもパッと入れて、打合せでも利用できる。適度な雑音の中に和の風情を感じる。お客様の貴重な時間。そして自由な時間。本企画が考えるお店とは、どんなときでも心地よく食事ができ、和の風情が感じられる心地よい空間をご提供するお店です。

メイン料理はイタリアンフード。万人に好まれるつつも独創的な味を目指す。

照片與圖説的意義非常具體

129 Key word ▸ 顏色

對應軟體 ▸ 

照片的顏色與亮度都不一致……

靜物照、生活場景照，這些自行拍攝的照片在顏色與亮度上，往往很難一致。若要強調訊息，就必須統一照片的氛圍

直接使用的話，給人一種亂七八糟的感覺。

統一照片的色調

要統一照片的色調或亮度，統一色調是最快的方法，所以一定要找出適合內容的顏色。這個範例將照片的色調統一為黑白照片或復古照片常見的「深褐色」。

色調一致，畫面就顯得協調。

對應軟體 ▸ P W X

調整照片的亮度

外行人拍攝的照片通常都很暗，不過，就算不使用影像處理工具，也能將照片調成明亮的色調。在「圖片格式」索引標籤的「調整」點選「校正」，再從「亮度／對比」清單點選喜歡的設定，即可調整照片的亮度。建議大家參考其他照片的色調再調整照片的亮度。

亮度：+40%
對比：+20%

130 Key word ▸ 重點

對應軟體 ▸ P W X

想讓讀者注意照片的某個部分……

相同模式的版面雖然穩定，卻有點僵化，也無法強調局部與引導讀者的視線，所以需要增加重點。

增加重點，強化差異！

增加重點是一種在元素的某部分加入差異，藉此強調元素的手法。舉例來說，可以調整顏色、改變形狀，增添變化與動態。這個範例就讓第二頁的正中央變色了。

想要強調卻只有說明

變色後，讀者就知道這部分是特殊的資訊。

重點是辛香料

設計重點與料理的辛香料非常類似，舉例來說，黑白照片的某個部位有顏色時，讀者一定會特別注意到這個部分。此外，替標題加入重點，也能賦予標題特定的意義。換句話說，適當的添加重點，就能發出強烈的訊息。

日本企業再生
Stand up again

131 Key word ▸ 動感

對應軟體 ▸ P W X

想營造開朗活潑的印象……

整齊劃一的照片雖然能讓讀者安心地瀏覽，卻是很僵化的版面，缺乏躍動感與魄力。要讓頁面變得更活潑，有時需要放棄井然有序的感覺。

隨機配置！

比起井然有序的排列，不規則的配置方式更活潑，也更歡樂。這個範例將照片做成立可拍照片的形式，再利用角度創造了動感。

渡假村管理研究課程2021

本企画は社員の見識を高める研修です。海外の文化や習慣に直接触れることで、日本文化との差異を学びます。また、優良企業を視察して先端のビジネスモデルやその企業独自のマネジメント手法を理解することができます。リゾート地の自然環境を満喫しつつ、身と心を磨くビジネスマンのための短期研修です。

井然有序的照片很穩定

利用角度營造動感與快活的印象

132 Key word ▸ 裁剪

對應軟體 ▸ P W X

想強調拍攝主體的某個部分

情況照片或是風景照片都是資訊完整的照片，但有時會想要強調拍攝主體的某個部分，或是構圖的某個角落，藉此強調主旨。

直接使用原始照片的狀態

After

透過裁剪聚焦於局部

裁剪功能可擷取照片的一部分（參考 108 頁）。本範例將焦點放在拍攝主體的手部，再放大裁剪的部分，以「互相接觸」主題進行訴求。

利用裁剪功能強調手部

對應軟體 ▸ P W X

符合一般的長寬比例

若是依照一般的照片或螢幕上的長寬比裁剪，通常可以裁剪成比例正常的圖片，此時可從「圖片格式」索引標籤的「大小」點選「裁剪」，再從「長寬比」選擇需要的比例。早期數位相機拍攝的照片是「4：3」，但最近與高清畫質一樣，都以「16：9」為主流。L尺寸的照片，或單眼無反相機的照片則可選擇「3：2」。

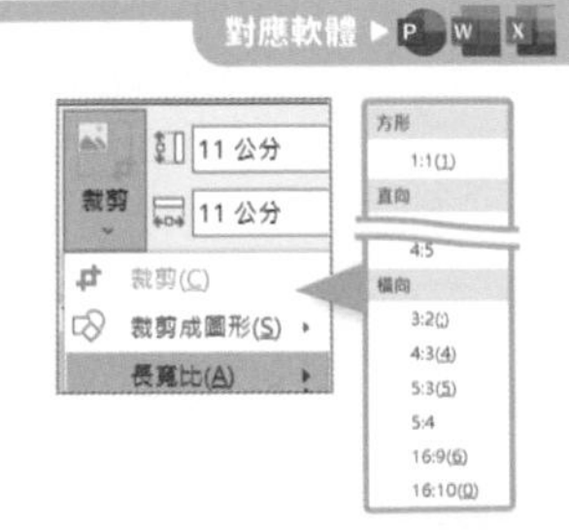

133 Key word ▸ 裁剪

對應軟體 ▸ P W X

Before

明明是難得的照片，
卻沒說清楚訊息……

光是「放入照片」的頁面是無法感動人的。若不利用裁剪功能讓拍攝主體與構圖的魅力隨著訊息一起傳遞，放上照片就沒有任何意義了。

光是放上照片也無法傳達照片的魅力

利用多種構圖
改變質感！

舉例來說，將一張照片切成好幾個景，再將這些景色排在一起。當一個資訊呈現了不同的風貌，就能設定拍攝主體的可塑性或潛力這類主題。

像是利用多張照片進行訴求的感覺

對應軟體 ▸ P W X

儲存裁切之後的照片

要從一張照片擷取多個場景，可複製照片，再裁剪需要的場景。將裁剪的照片存成圖片檔也比較容易管理。選擇照片，按下滑鼠右鍵，再從選單點選「另存成圖片」即可將裁切的照片存成圖片。

134 Key word ▸ 矩形裁剪

對應軟體 ▸ P W X

想營造動感

將照片裁剪成矩形是最能營造穩定感的方法。原封不動呈現資訊固然很有臨場感，卻缺少了動感。

三位知名人士的演講會企劃

主旨
これから企業の面接活動が本格化していきます。卒業する学生を対象に、3人の著名人にご自身の体験談を語っていただきます。自分の可能性を広げるには、どのようにして仕事を選べばいいのか、その心構えに耳を傾けてもらいます。就職活動の不安を取り除き、自信をもって就職活動を行う応援企画です。

テーマ
「可能性を広げる仕事の選び方」

講演者候補
池下　彰（ジャーナリスト）
岸田博幸（大学教授）
高山尚子（五輪メダリスト）

明明是精彩的照片，卻讓人無法想像箇中情景。

After

舖滿背景，
提升臨場感！

照片、頁面、畫面都是矩形，所以將照片裁成矩形會是比較好的選擇。利用這項性質讓照片舖滿整個背景，就能營造動感。記得讓照片上的文字更清楚好讀。

照片的動感迎面而來

135 Key word ▸ 圓形裁剪

對應軟體 ▸ P W X

Before

希望拍攝主體
更可愛一點……

矩形剪裁的照片雖然方便配置，但有時卻顯得太過正經，而且有時候會希望透過排版讓照片可愛一點。

希望拍攝主體可愛一點

圓形裁剪
照片！

將照片裁剪成圓形之後，就能營造柔和可愛的印象。圓形裁剪很常用來特寫拍攝主體與營造重點。

讓拍攝主體位於圓形範圍之內

將拍攝主體放在正圓形範圍之內

對應軟體 ▸ P W X

要圓形裁剪照片，可在「圖片格式索引標籤的「大小」點選「裁剪」，再從「裁剪成圖形」選擇「橢圓」。接著在「設定圖片格式」取消「鎖定長寬比」選項，然後將高度與寬度設定為相同的值，就能將照片裁剪成正圓形。此外，盡可能利用依照圖形裁剪的「填滿」以及讓整張照片塞進圖形的「最適大小」調整照片的位置。

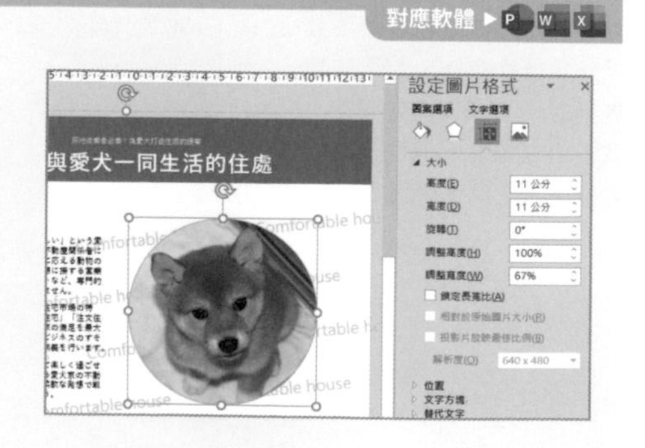

136 Key word ▸ 去背

對應軟體 ▸ P W X

想拿掉
照片的背景

有時候照片背景的人、陰影或顏色很礙眼，而且有背景色或背景填滿圖樣的頁面，也不太適合有一張方方正正的照片。

方方正正的照片看起來很突兀

After

只替目標物去背

若只想使用照片裡的目標物，可以替照片去背。由於是沿著拍攝主體的輪廓裁切，所以不會出現照片之中的其他資訊，當然也就能強調拍攝主體的形狀。

強調目標物的形狀，營造特別的印象。

137 Key word ▸ 去背

對應軟體 ▸ 

想讓照片
顯得更活潑

配置幾張方正的照片的確能讓頁面變得活潑，但該怎麼做，才能透過拍攝主體的特徵，營造「更活潑」、「更快樂」的感覺呢？

這是照片大小各有不同的標準版面，看起來是還不差……

利用去背的圖形
營造更活潑的氣氛！

替照片去背之後，照片就變得更有動感，而且將這種照片放入版面後，就能賦予版面變化。根據拍攝主體的表情與構圖選擇搭配的圖形，就能找到讓主角顯得活力十足的觀點。

增加動感與變化，就能營造活潑與隨性的氣氛。

138 Key word ▸ 出血

對應軟體 ▸ P W X

想更直接了當地
呈現照片的張力……

在照片為主的版面使用方正的照片，有時會覺得照片不夠大氣。這種照片雖然能吸引注意力，卻無法呈現照片本身的張力。

看起來只是一般的風景照片

After

讓照片塞滿
整張版面！

讓照片的一部分超出版面，即所謂的出血。這種將照片延伸到版面之外的作法，讓讀者感覺空間不斷延展。單一方向的裁切有時也很有效果。

汽車的厚重感與交通的混亂，就像是在眼前發生一樣。

139 Key word ▸ 留白

對應軟體 ▸ P W X

Before

想以照片為主要訴求……

想利用照片的特色傳遞訊息，但照片也不是越多張越好，否則整個版面反而會變得鬧哄哄而沒有重點。

帶著笑容買回家

MARCHE DE SUZUKAKEDAI
令和3年11月21日（日）
第3回 鈴懸台マルシェの開催が決定いたしました。
開催内容と出店者募集などの詳細は、当ブログと
facebookページにて公開いたします。

元素太多，讓人目不暇給。

在周圍留白，強調照片的存在感！

留白可營造律動感（參考118頁）。在照片或文章的周圍留白，就能讓照片或文章更加吸睛。利用留白提升版面的質感。

帶著笑容買回家

MARCHE DE SUZUKAKEDAI
令和3年11月21日（日）
第3回 鈴懸台マルシェの開催が決定いたしました。
開催内容と出店者募集などの詳細は、当ブログと
facebookページにて公開いたします。

利用一張照片與留白打造美觀的版面

140 Key word ▸ 描邊文字

對應軟體 ▸ P W X

Before

壓在照片上面的文字很難閱讀⋯⋯

當背景是照片，或是配色的明暗差距過大時，就算讓文字變粗或是調整文字的顏色，有時也看不清楚。這時候必須想個辦法讓照片上面的文字變得更清楚。

照片的顏色或構圖讓文字變得難以閱讀

After

將文字設定為描邊文字

替文字描邊，文字就會變得清晰易讀。這種做法可讓大標題或關鍵字變得更分明，也更容易閱讀。

換成描邊文字，易讀性就提升了。

對應軟體 ▸ P W X

調細描邊

設定描邊文字時，要先選擇粗體字，再執行下列的步驟

1. 選擇要描邊的文字。
2. 在「圖片格式」索引標籤的「文字藝術師樣式」點選「文字外框」。
3. 選擇顏色與粗細。

由於是替文字描邊，文字會因為邊框而變細，所以請盡可能調細邊框。此外，若想讓文字更清楚，還可以在文字底層鋪一塊半透明的圖形。請大家多嘗試，找出最佳的方法。

利用視覺效果十足的圖表提升說服力的企劃書

在圖表放入直軸或圖例，也不見得能強化説服力。刪除與訊息無關的資訊之極簡圖表，反而更能説明重點。以「約2.6倍」這種詞彙強調訊息可説是最佳策略，也不會造成任何的誤會。

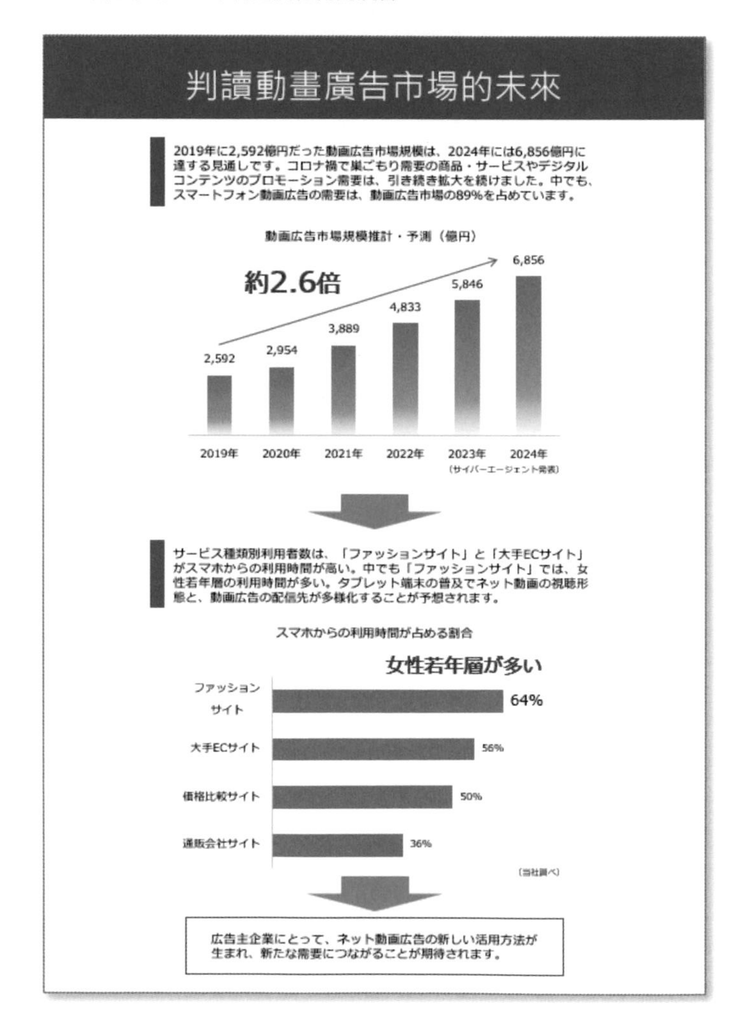

利用兩種不同的字體強調「男女大不同」的企劃書

字體往往是左右頁面印象的一大重點。柔和的游明朝能營造女性的陰柔，剛硬的游Gothic字體可突顯男性的陽剛。本範例在左右的內文使用了不同的字型，利用字體本身的質感打造了對稱的版面。

狙い ▶ ニーズの違いを鮮明にする

何といっても大切なのは見た目。女性はカラフルな色やスタイリッシュなフォルムに惹かれるもの。でも手の込んだ造形美ではなく、あくまでも「自然で美しいカタチ」です。強く主張せずとも存在感がある。気づくとちょっと気になってしまう。そんな、何気なく日常の生活に溶け込むデザインが好まれます。

もう一つは、当社ならではのユニークさがあるかどうか。「これは面白い」「今までにない発想だ」「エッジが効いている」そんな当社ならではのセンスが、どの商品からも感じられることが大切です。これまで女性層の支持を得てきた商品のほとんどから、そうした声が聞かれます。

デザインに関しては、内部のデザイナーだけでなく、各方面で活躍する気鋭のデザイナーとのコラボレーションも継続すべきです。購買力があり流行に敏感な30代を中心に、デザイン性と楽しさのある商品を訴求します。

美觀比機能性更重要！

女性に対しては、デザイン性と楽しさを訴求する

装飾性

機能性

機能性比美觀更重要！

男性に対しては、機能性と価格を訴求する

使う人のニーズに応えた機能性があるかどうか。男性の多くが求める視点です。美しさや楽しさよりも、使う人の日常生活を便利にできるものかどうかを求めます。

商品開発において、当社は一般家庭のリアルな生活習慣や解決すべき問題点、必要とされているものを継続して調査しています。生活の中で生じる興味や不便を吸い上げ、それを商品開発に反映することが、機能性の高い商品を生みます。シビアに評価される機能性は注力すべき分野です。

同時に、手頃な価格は当社の大きな魅力の一つです。商品の梱包、輸送方法、素材の研究と加工技術の開発など、資材の調達から製造まで見直しが求められる工程は、多岐にわたります。

他社に先駆けて低価格を実現した当社の実績は、今後より追求すべきカテゴリーです。機能性の追求と製造原価の削減は、市場で競争力を高める必須のノウハウでもあります。

▶ 3

以說明明細的圓形圖，與說明擴大的圖解為主角的說明資料

這是以圖解代替冗長說明的版面。將目前的核心技術放在正中央，再於周遭配置新事業的圓形圖，可讓讀者知道目前正從核心技術往周圍技術發展。整理成一句話與關鍵字的事業內容非常簡單易懂，也能讓讀者了解弦外之意。

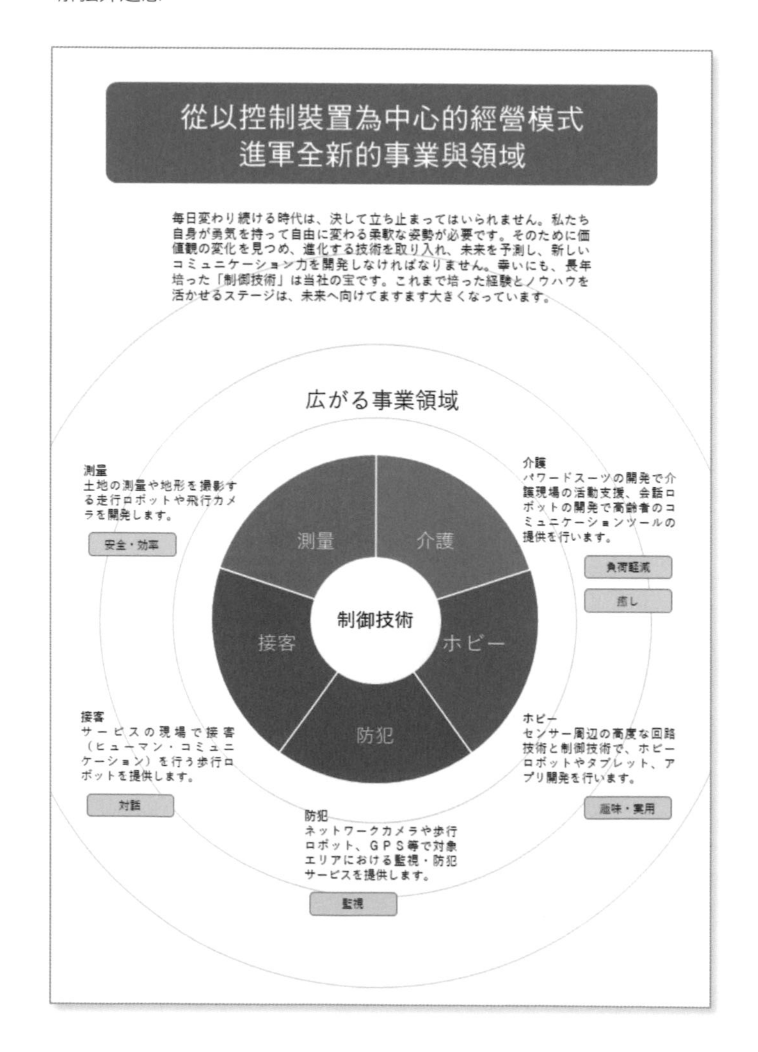

利用照片與圖形營造視覺效果的公司內部資訊，光看就讓人覺得很歡樂

若整個版面只有問卷結果或是採訪結果，那就是無聊透頂的文字資訊。將版面打造成貼在公布欄上的感覺，或是加了幾張照片，就能讓整個版面顯得更加真實。如果資料有好幾頁，就算只有第一頁採用這種視覺設計，也能強化要傳遞的訊息。

利用動感十足的圖表與數值，製作吸睛又簡單易懂的說明資料

這是利用圖表、數值、標題說明各元素的公司說明資料。為了更直覺、更動態地傳遞訊息，刻意拿掉了文字。這種版面可以當成封面使用，部分的設計還能當成頁面共通的視覺效果使用。本範例將Excel製作的圖表貼入PowerPoint的投影片，當成圖版使用。

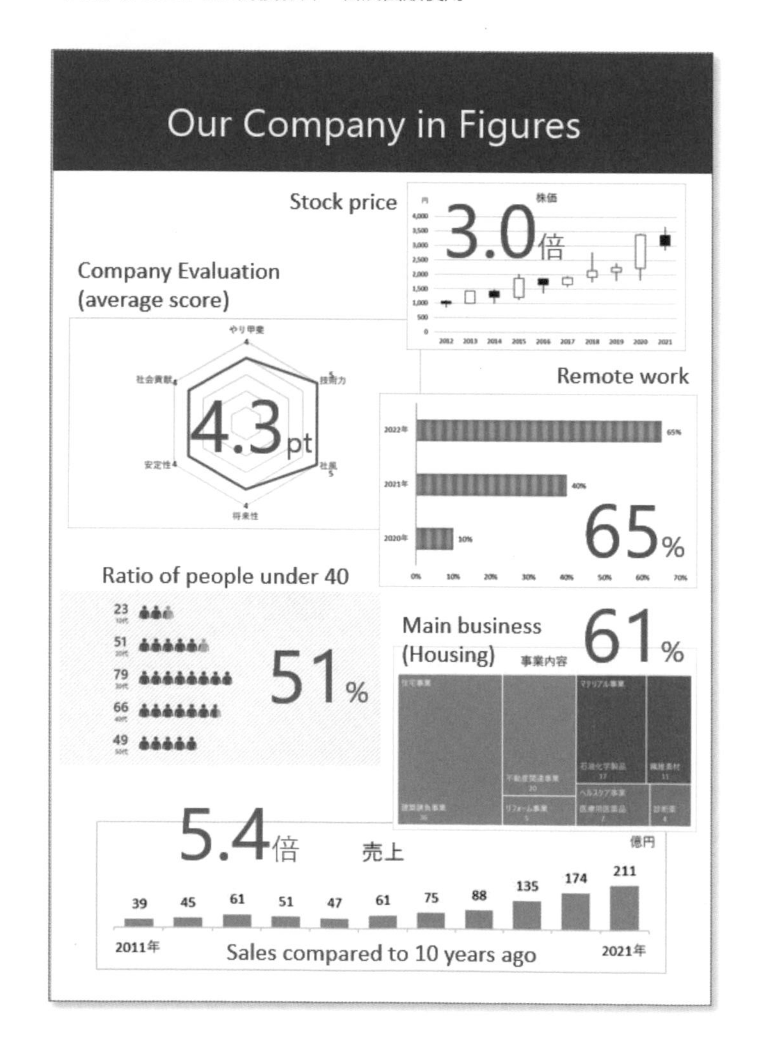

利用美觀的留白，打造沉靜氣氛的頁面企劃書

故意在版面放入密集與鬆散的區塊，藉此與其他的元素形成平衡的版面。這種沉靜的版面會讓人想要慢慢閱讀。若以Word製作，可在左側預留多一點的列印邊界，再配置項目編號或是標題的文字方塊。

3

Background

在疫情時代的新生活之中，腳踏車的需求量越來越高

世界で増える自転車の利用

手軽なレクリエーションとして根強い人気がある自転車ですが、現在は、新型コロナウイルスの感染リスクの低い交通手段として注目を集めています。自転車は公共交通機関を使わずに移動できる上、外出自粛による運動不足の解消にも一役買うことから、世界的に利用者が増えています。

政府が打ち出した「新しい生活様式」のひとつとしても、公共交通機関と自転車の併用を推奨しています。WHO（世界保健機関）は、身体の免疫力を向上させるために、適度な運動としてサイクリングを推奨しています。

業界を見ると、世界的なシェアを持つ自転車の部品メーカー「シマノ」は、2020年の売上高は前年より4.1％増えて3780億円、最終的な利益は22.5％多い634億円となりましたまた、自転車専門店を展開している「あさひ」も、2021年2月期の売上高、純利益ともに過去最高を更新しています。

新車総販売台数

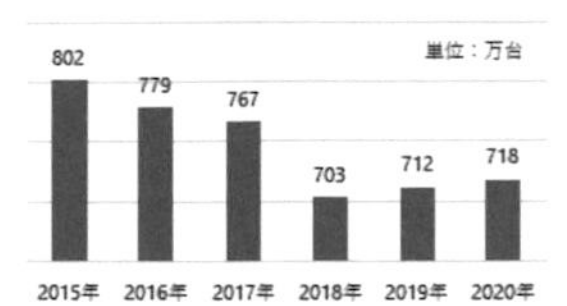

自転車市場は拡大する

自転車の新車総販売台数は、2018年から大きく回復しています。小売店に目を向けると、通常の電動アシスト自転車や、「e-バイク」と呼ばれるスポーツ車の売れ行きが好調です。アクティブ派には、クロスバイクやロードバイクといったタイプが人気です。部品の供給が追い付かないケースもあり、商品によっては1年以上待ちの状態も生じています。

新型コロナウイルスの感染拡大が長引けば、「密」を回避する移動手段として、自己の健康を維持する手段として、当分の期間において、この自転車需要は続くことでしょう。

3

大膽地放大圖示，正確傳遞主旨的宣傳單

這是利用單一圖示整理、強化內容的宣傳單。Microsoft 365提供的圖示不會因為放大而劣化，所以直接配置在版面的上方。這是除了內文之外，利用整塊紅色的配色、一緩一急的留白以及井然有序的元素打造的版面，的確令人印象深刻。

適度な運動とストレスの関係
ストレスは、こころや身体を守る防衛反応です。軽いダンスやランニングをはじめ、ストレッチやヨガもストレス緩和に適した運動です。生活の幅と質を高める運動を学びます。
▶時間20分・NSCA-CPT有資格 松本淳一

高血圧と毎日の健康管理
自覚症状がない高血圧は、痛みがないために放置しがちですが、心臓病や脳梗塞の原因となる重大な病気です。高血圧の最新予防法とこの病気との上手な付き合い方を学びます。
▶時間20分・千代田大学医学部準教授 林圭司

100歳まで歩く筋力づくり
「歩く」ことは筋への負荷は少ないのですが、反復回数を増やせば筋力の維持・向上につながります。肥満の解消、糖尿病の改善、高血圧の予防につながる正しい歩き方を学びます。
▶時間20分・理学療法士 河北健太郎

主催：株式会社ポップネス
後援：健康カルチャーセンター
運営：ヘルスウェルコンサルティング
URL：www.popness.co.jp

本書的使用方法／範例檔案

本書的範例檔案可從本公司的網站下載。使用範例檔案，實際操作 PowerPoint 或 Word，可進一步了解本書的內容，更有效率地學會相關的技巧。詳情請參考本公司的支援網頁。

■ 本書範例檔下載

http://books.gotop.com.tw/download/ACI035900

■ 密碼

TTWRdsgn

※ 半形英文字母與數字的模式。
請正確輸入大小寫的英文字母。

- 筆者與株式會社 Sotec 公司不對使用本書內容與範例檔案的結果負任何責任。請於個人範圍之內使用。此外，本書於撰寫之際已力求正確，但還是有可能有錯或不正確，也請恕本公司對此不負任何責任。
- 本書的說明與範例檔都是針對 Word、PowerPoint、Excel 的功能與資料操作所製作。沒有特別標記的文章或資料都是虛構的，與特定的企業、人物、商品或服務無關。
- 本書以熟悉 Word、PowerPoint、Excel 基本操作的讀者為對象，所以未針對應用軟體的操作進行詳盡的說明。若您是初學者，請在閱讀本書之前，先閱讀其他入門書籍。
- 範例檔可於 Microsoft 365、Word、PowerPoint、Excel 2019 ／ 2016 使用。不過仍會因為某些電腦環境而無法使用某些功能或字型，也有因為著作權而無法提供的照片或字型，還請大家見諒。

▪ 本書圖片的相關網站

フリー素材サイト「ぱくたそ」(https://www.pakutaso.com/)
クリエイティブコモンズの画像 (https://creativecommons.org/)
「写真素材 足成」(http://www.ashinari.com/)
無料の写真素材サイト「Unsplash」(https://unsplash.com/)
無料人物写真素材の「model.foto」(https://model-foto.jp/)
無料の写真素材「pexels」(https://www.pexels.com/ja-jp/)
ゆんフリー写真素材集 (http://www.yunphoto.net/jp/)
フリー素材のサイト「BEI Zimages」(https://www.beiz.jp/)
フリー写真素材サイト「girlydrop」(https://girlydrop.com/)
著作権フリー画像素材集「パブリックドメインQ」(https://publicdomainq.net/)
総合素材サイト「ソザイング」(http://sozaing.com/)
2000 ピクセル以上のフリー写真素材集 (https://sozai-free.com/)
無料素材サイト「フリー素材ドットコム」(https://free-materials.com/)

Purpose Index（目的索引）

顏色

圖表

照片

字體、字型

圖解

設計

表格

文字編排　文章

版面編排

Term Index（用語索引）

英文字母與數字

一劃

三劃

四劃

五劃

六劃

八劃

九劃

人人要懂的 Office 文件設計美學

作　　者：渡邊克之
譯　　者：許郁文
企劃編輯：莊吳行世
文字編輯：詹祐甯
設計裝幀：張寶莉
發 行 人：廖文良

發 行 所：碁峰資訊股份有限公司
地　　址：台北市南港區三重路 66 號 7 樓之 6
電　　話：(02)2788-2408
傳　　真：(02)8192-4433
網　　站：www.gotop.com.tw
書　　號：ACI035900
版　　次：2022 年 09 月初版
建議售價：NT$480

國家圖書館出版品預行編目資料

人人要懂的 Office 文件設計美學 / 渡邊克之原著；許郁文譯. -- 初版. -- 臺北市：碁峰資訊, 2022.09
面；　公分
ISBN 978-626-324-289-0(平裝)
1.CST：文書處理　2.CST：電腦程式　3.CST：套裝軟體
312.49　　111013341

讀者服務

- 感謝您購買碁峰圖書，如果您對本書的內容或表達上有不清楚的地方或其他建議，請至碁峰網站：「聯絡我們」\「圖書問題」留下您所購買之書籍及問題。(請註明購買書籍之書號及書名，以及問題頁數，以便能儘快為您處理)
http://www.gotop.com.tw
- 售後服務僅限書籍本身內容，若是軟、硬體問題，請您直接與軟體廠商聯絡。
- 若於購買書籍後發現有破損、缺頁、裝訂錯誤之問題，請直接將書寄回更換，並註明您的姓名、連絡電話及地址，將有專人與您連絡補寄商品。